人生课堂
口才三绝
——会赞美，会幽默，会拒绝

张 洋◎编著

民主与建设出版社
·北京·

图书在版编目（ＣＩＰ）数据

人生课堂 / 张洋著 . -- 北京 : 民主与建设出版社，

2019.7

ISBN 978-7-5139-2507-5

Ⅰ . ①人… Ⅱ . ①张… Ⅲ . ①人生哲学—通俗

读物

Ⅳ . ① B8421-49

中国版本图书馆 CIP 数据核字 (2019) 第 098582 号

人生课堂
RENSHENG KETANG

编　　著	张　洋	
责任编辑	刘树民	
封面设计	三石工作室	
出版发行	民主与建设出版社有限责任公司	
电　　话	（010）59417747　59419778	
社　　址	北京市海淀区西三环中路 10 号望海楼 E 座 7 层	
邮　　编	100142	
印　　刷	三河市天润建兴印务有限公司	
版　　次	2020 年 1 月第 1 版	
印　　次	2021 年 3 月第 4 次印刷	
开　　本	880 毫米 ×1230 毫米　　1/32	
印　　张	15	
字　　数	528 千字	
书　　号	978-7-5139-2507-5	
定　　价	108.00 元（全 3 册）	

注：如有印、装质量问题，请与出版社联系。

目 录

第一章
会赞美

　　每一个人都喜欢别人的赞美。一句赞美的话，可以让成功人士百尺竿头更进一步，也可以让悲观失望的人恍然猛醒奋起直追。确实，赞美的力量是不可小视的。它不仅能给人送去温暖和喜悦，带来需要的满足，还能激发人们内在的潜力，彻底改变他们的人生。

第一节　赞美是一门生活艺术

用赞美满足人的爱美之心

生活中我们需要赞美别人，真诚的赞美，于人于己都是一缕玫瑰的芳香。对于别人来说，他的过人之处，由于你的赞美而变得更加光彩；对于自己来说，你已经被他人的优点和长处所吸引。

19世纪时期，奥地利维也纳上流社会的美女流行一种遮颜的篷帽，这使人们难以区分老年妇女和中青年妇女，在一些宴会上常常出现尴尬的局面。

在一次晚宴上，主持人想出了一个妙招，他对女士们说："为了照顾中老年女士，请年轻的女士们脱下你们的帽子。"主持人刚说完，灯光下已经露出许多俊俏的脸。

这个主持人非常高明，他非常准确地把握住了"爱美之心，人皆有之"这条真理。中老年女士不愿脱帽，是因为怯于她们的色老颜衰被人看到，所以让她们脱帽会有伤大雅，而年轻女士风华正茂，应该极力展现美丽的外貌。

既然你们都爱美，那么就让你们去美吧！主持人用隐晦的方式满足了在场两个群落的爱美之心。

美国心理学家威廉·詹姆斯说："人类本性上最深的企图之一

是期望得到称赞。"渴望赞美是深藏于人们心中的一种基本需要。

人人都有闪光的地方，或许没有被发现，或许羞于启齿。中国人的骨子里头多多少少地遗留着儒家的谦恭之气或道家的不争之德，像维也纳的青年女士们把美罩在面纱帽中一样自我陶醉，孤芳自赏。其实心里总是希望别人合理地"揭发"自己的"美"，让风采普照周围。但是却无形中慑于世俗的礼节，囿于当下的风雅。

但不管怎样，在灯光下，当维也纳年轻女士在为自身美的解放心中暗喜时；老年的女士们也将自己的容颜罩在纱中时；主持人为自己的成功感到骄傲时，我们可以想知：这赞美给整个环境带来了多少的愉悦！

赞美的重要之处，就在于我们都会从中得到一缕玫瑰的芬芳。如果你是像上面说的主持人一样的角色，那么你就满足了别人隐蔽的渴望。或许他人的喜悦会使你获得一点欣慰，但你更应该清楚：你的赞美给他人带来了快乐，这已经足够了。

赞美是沟通人类爱美天性的契机。你想使自己的人生游刃有余地成功吗？首先，学会赞美，你成功后就会实实在在地叹服于它的巨大威力。

用赞美表达自己的由衷敬意

赞美有直接赞美和间接赞美两种，直接赞美是生活中比较常见的赞美方式，即将自己的赞美之情直接说过对方听。而间接赞美则通过一定的中介，将自己的赞美之情表达出来，它比直接赞美更具有说服力。

假借别人之口来赞美一个人，可以避免因直接恭维对方而导致的吹捧之嫌，还可以让对方感觉到其所拥有的赞美者为数众多，从而心里获得极大的满足。在生活中，要善于借用他人，特别是权威人士的言论来赞美对方，以达到间接赞美他人的目的。

权威人士的评价往往最具说服力，因此引用权威言论来赞美对方，是最使对方感到骄傲与自豪的，如果没有权威人士的言论可以借用，借用他人的言论也会收到不错的效果。

1997年，金庸与日本文化名人池田大作展开了一次对谈，对谈的内容后来辑录成书出版。在对谈刚开始时，金庸表示了谦虚的态度，说："我虽然跟过去与会长对谈过的世界知名人士不是同一个水平，但我很高兴尽我所能与会长对话。"

池田大作听罢赶紧说："你太谦虚了。你的谦虚让我深感先生的'大人之风'。在您的72年的人生中，这种'大人之风'是一以贯之的，您的每一个脚印都值得我们铭记和追念。"

池田说着请金庸用茶，然后又接着说："正如大家所说'有中国人之处，必须金庸之作'，先生享有如此盛名，足见您当之无愧是中国文学的巨匠，是处于亚洲巅峰的文豪。而且您又是世界的'繁荣与和平'的香港舆论界的旗手，真是名副其实的'笔的战士'。《春秋左传》有云：'太上有立德，其次有立功，其次有立言，是之谓三不朽。'在我看来，只有先生您所构建过的众多精神之价值才是真正属于'不朽'的。"

池田大作真不愧一位文化名人，在赞美他人时也独有高招，在这里他主要采用了借用他人之口进行间接赞美的赞美方式。这里的"有中国人之处，必有金庸之作"，此外还有"笔的战士"，"太上……三不朽"等，都是一些经典言论，借助这些言论来称赞金庸，既不失公允，也恰到好处地赞美了金庸一番。这比起直接赞美金庸的文学成就显然要胜出好几筹。

另外，还可以用具体的事实来表达赞美之意。用讲述事实的方式进行赞美，从实际生活中选取实例，以此来证明对方的价值，把赞美之意寓于生动朴实的事例之中。事实胜于雄辩这样的赞美方式显得亲切生动，感情真挚，具有很大的震撼力，也不会让人产生肉麻、吹捧的感觉，因此更容易打动对方。

中央电视台主持少儿节目的鞠萍是小朋友们最喜欢的节目主持人之一。她主持的《七巧板》节目开始播出后，一位老人写信说："您可知道，每逢您主持的节目一开始，我们家人和我5岁的孙子曹雷，都坐在电视机前，甚至大人说话他都要制止，神情专注地听您讲解。你对少儿的耐心和温和言行举止，给孙子的影响太深了。有一次他做错了事，气得我要打他，他说：'爷爷，您别打我，鞠萍阿姨从不打她身边的那些孩子。下回我听话了，听您的话，听鞠萍阿姨的话……'"

在这里，老人并没有直接地对鞠萍所主持的节目大加赞美，而是借用5岁孙子对于这个节目的痴迷，以及节目对于孩子日常生活的影响来赞扬，读起来真实，亲切，富有感染力。

赞美他人，也可以采用与之相关的人与事。例如，赞美一位女性，你可以赞美她的孩子能干、有出息，也可以赞美她的丈夫出色，婚姻美满。因为男人的成功更多地体现在事业上，而女人的成功则更多地体现在婚姻上，不过也有少数人例外。

以此类推，赞美一位男子，你也可以通过赞美他的太太漂亮、贤惠，而达到赞美他的目的。澳大利亚的心理学家贝维尔曾说过："如果你想赞美一个人，而又找不出他有什么值得赞扬之处，那么，你大可赞美他的亲人或和他有关的一些事物。"

当然，如果有必要，还可以让他人替你转达赞美之意。在日常生活中，背着他人赞美他往往比当面赞美更让人觉得可信。因为你对着一个不相干的人赞美他人，一传十，十传百，你的赞美迟早会传到被赞美者的耳朵里。这样，你赞美的目的也就达到了。众所周知的廉颇与蔺相如的故事，就体现了这种赞美方式所产生的重大作用。

　　蔺相如和廉颇是赵国的重臣，渑池会见之后，蔺相如被封为上卿，位居廉颇之上。廉颇心中很不服气，气愤地说："我身为大将，有攻城略地的大功，而蔺相如只不过靠耍嘴皮子，就位居我上，我怎甘心？"并扬言要借机羞辱他。

　　而蔺相如对廉颇却处处忍让，他说，廉将军是我国的戍边大将，我非常尊重他。但我并不是怕廉将军，而是怕我和廉将军相斗，让秦国得利，使国家吃亏。蔺相如的这些话传出去，廉颇听到非常感动，遂亲自上门请罪。可见，间接赞美对于化解矛盾，协调人际关系都大有好处。

俗话说："雾里看花花更美"。间接赞美比直接赞美更能够体现我们的诚意。不过，间接赞美时应顾及现场，如有旁人在场，措词一定要掌握好分寸，以免弄巧成拙，使旁人产生难堪和嫉妒的心理。

赞美他人要从细节入手

当有人对我们高度评价的时候，我们往往很难抵御自己心中对这个人的喜爱。人就是有这种心理。如果我们善于把握这种心理，那么，我们就会大大方方地夸奖别人，赞美别人。

在这种时候，我们的夸奖与赞美，会对我们有利。当然，夸奖与赞美的时候，一定要做得真实可信，不要让人觉得你在故意谄媚。否则效果可能适得其反。赞美他人，要从细节入手，要抓住他人的闪光点。

赞美需要真情，而细微之中更容易显现真情。所以，有经验的人常常抓住某人在某方面的行为细节，巧施赞美和感谢。这样很容易博得对方的好感。其实对方之所以在细节上投入那么多的心思与精力，一方面说明对方对此重视，另一方面说明对方渴望这一部分努力能够得到别人的关注与赏识，能够得到应有的报偿与肯定。

因此，我们在交际中应善于发现细微处的用意，不失时机地以赞美和感谢来回报对方，这不但会带给对方巨大的心理满足，而且会加深彼此情感沟通和心灵默契的程度。

　　法国总统戴高乐在1960年访问美国时，在一次尼克松为他举行的宴会上，尼克松夫人费了很大劲布置了一个美观的鲜花展台：在一张马蹄形的桌子中央，鲜艳夺目的热带鲜花衬托着一个精致的喷泉。

　　精明的戴高乐将军一眼就看出这是主人为了欢迎他而精心设计制作的，不禁脱口称赞道："女主人为举行一次正式的宴会要花很多时间来进行这么漂亮、雅致的计划与布置。"

　　尼克松夫人听了，十分高兴。事后，她说："大多数来访的大人物要么不加注意，要么不屑为此向女主人道谢，而他总是想到和讲到别人。"可见，一句简单的赞美他人的话，会带来多么好的反响。

　　戴高乐贵为元首。却能对他人的用意体察入微，这使他成了一位格外受尊敬的人。面对尼克松夫人精心布置的鲜花展台，戴高乐没有像其他大人物那样视而不见，而是即刻领悟到了对方在此投入的苦心，并及时地对这一片苦心表示了肯定与感谢。戴高乐赞美的言语虽然简短，但很明确，尼克松夫人深受感动。

赞美他人可采用不同的方法

　　卡耐基曾说过："当我们想要改变别人时，为什么不用赞美来代替责备呢？纵然部属只有一点点进步，我们也应该赞美他，因为，那样才能激励别人不断地改进自己。"

赞美他人，绝对算得上是一件好事，但绝不是一件容易的事。我们在赞美别人的时候，需要审时度势，还需要掌握一些方法.否则，即使你是真诚的，也会将好事变成坏事。

不同的人在赞美别人的时候，会用到不同的方法：有的人喜欢采纳直接的赞美方式："你真是太漂亮了"；有的人喜欢使用比较意外的方式："今天的菜格外美味，你的厨艺越来越好了"；有的人喜欢背着别人的面赞美他人，等到这话传到了当事人的耳朵里，效果却是出奇的好。

如何才能使赞美发挥出应有的效果，如何才能通过赞美来打动他人，这就需要我们在赞美他人时讲究一定的方法。方法对了，赞美的效果就会出来了，那时，你还会担心打动不了人心吗？

> 小王在与同事聊天的时候，随意说了几句上司的好话："张经理这个人真不错，处事比较公正，我来公司一年多了，他在各方面对我的帮助都挺大的，能够有这样的上司，真是我的幸运。"
>
> 没过多久，这几句话就传到张经理的耳朵里，令经理心中既欣慰又感动，就连那位同事在向经理传达这几句话的时候，都忍不住夸赞一番："小王这人真不错，心胸开阔，难得啊。"
>
> 年底分发奖金的时候，小王觉得自己这一年表现很不错，想争取一下。因此，他敲开了张经理的门，经理满脸热情："小王，有什么事吗？"小王有些不好意思："张

经理，又来麻烦你，真是不好意思。那个发年底奖金的时候，我想争取一下，你看我合格不？"张经理笑了起来："这事啊，好说，我老早就觉得你小伙子不错，放心，这件事我一定放在心里。"

有时候，在背后说他人的好话的功效比当面说似乎更有效果，小王那看似随意的几句话却是有意策划的，这样，自己在张经理心中的形象一下子就提高了，办事自然就容易多了。

其实，背后赞美他人比当面恭维的效果好得多，如果当面赞美，有可能会被认为是拍马屁，同时，对方脸上也会挂不住，会觉得赞美不够真诚。

那么，趁着对方不在场的时候，赞美几句，总有一天，这话会传到对方耳朵里，其心里自然是美滋滋的，这样一来，打动人心的目的也达到了。下面，我们就列举几种简单的赞美他人的方法：

1. 出人意料的赞美。赞美来得比较突然，也会令人惊喜。比如，丈夫下班回家后，见妻子已经摆好了饭菜，不妨称赞妻子几句.妻子本来看似应该的行为，却受到了丈夫的赞美，作为妻子来说，心情是愉悦的。而且，在生活中，如果你赞美的内容出乎意料，也会打动对方的。

2. 直接的赞美方法。在生活中常见的赞美方法就是直接赞美，比如下属与上司、老师对学生、长辈对晚辈等等，这样直接的赞美方法比较及时、直接，能够很好地鼓舞他人。如果你发现了对方身上有什么特点，不妨直接告诉他"你最近工作业绩不错，快破了上个月的销售记录了，继续努力"。

3. 夸张的赞美方法。夸张的赞美方法又称为激情的赞美方法，拿破仑曾这样赞美他的妻子："从来没有哪个女人像你这样受到如此忠贞、如此火热、如此情意缠绵的爱。"在这里，赞美可以使你获得爱情，同时，还可以缓和矛盾。那些无法掩饰的赞美之情，使得我们的另一半十分受用和满足。

4. 间接的赞美方法。有直接的赞美方法，就有间接的赞美方法。在日常生活中，如果我们想赞美一个人，不便当面说出或没有适当的机会向他说出的时候，你可以在他的朋友或家人面前，适当地赞美一番.而且，这样赞美收到的效果将会更好。

比如，当着下属的面赞美另一位员工"我觉很小王挺不错的，工作很认真，踏实能干，我很欣赏他"，等到这些话传到了员工耳朵里，他肯定会加倍努力工作来表达内心的感激。

赞美他人引以为荣的事情

有人认为，人，不过是组成历史的符号而已，同时在每个人发展成长的历史中，又充满着历史的记录。其中不乏自己引以为自豪，刻骨铭心的事情。对于这些事情，每个人都希望得到别人的首肯，如果可以得到其较高的评价和赞美，更是让人产生弗洛伊德所说的那种重要人物的感觉，以此为荣。

了解他人所引以为荣的事其实很简单。如果是经常来往接触的人，他的言谈中常常会流露出一些线索："在国外的时候……""当年我年轻时……""我上大学的时候……"所以，一个人真正引以为荣的事情是常常挂在嘴边的。

对于陌生人，则可以通过其职业、所处环境、年龄及历史年代大致判断其引以为荣的事情范围：一位将军引以为骄傲的资本往往是他取得的赫赫战功，或者是某次著名战役给他身上留下的一个枪眼；一个历史教授则必然对自己发表的论文和专著引以为荣。

如果我们想对历史教授尽一点赞美之意，不妨说："教授先生，你的学术论文和专著，在历史学界颇有影响力，久仰大名。"

律师则会以自己办的影响较大的案子而得意，碰到律师你可以说："能做律师的人不简单，你办的好几个案子都非常出色。"

即使是一个农民，也会为今年只有他多种了西瓜，又碰上西瓜涨价而有几分成功感，你买瓜时不妨说："老兄，你真有眼力，今年这西瓜行情算是让你瞅准了。"

赞美一个人引以为荣的事情，可以使他接受你的建议，从而改正自己一些错误的行为，让我们来看一个利用赞美过去而劝谏的例子。

楚汉之争的结果是刘邦打败了项羽，刘邦心里自然很骄傲，常常问群臣为何能打败项羽这个问题，群臣深谙刘邦胜者为王的心理，于是对他赞美不已，刘邦遂产生了自满情绪，执政的积极性慢慢懈怠下来。

一次他生病后整日留在后宫中，下令不见任何人，不理朝政。周勃、灌婴等许多身经百战的元勋都找不到办法。大将樊哙想出一个点子，闯进宫中进谏。

他掷地有声地对刘邦的过去进行了一番赞美：想当初，陛下和臣等起兵丰沛定天下之时，是何等豪情壮志！上下团结，同甘共苦，打败了项羽，建立了汉朝基业。

几句话激起了刘邦的自豪之情，然后樊哙话锋一转：

现在天下初定，百废待兴，陛下竟这般精神颓废，群臣皆为陛下之病终日恐慌不安，陛下却不见大臣，不理朝政，而独与太监亲近，难道就不记得赵高祸国的教训吗？

樊哙既称赞又巧妙地批评了刘邦，欲扬先抑，一片肺腑之言，终于使刘邦专心朝政，使百姓休养生息，汉朝一片欣欣向荣的景象。

在这里樊哙正是通过刘邦引以为荣的历史进行劝谏的，终于达到了说服刘邦勤政的目的。经常赞美老人一生中引以为荣的事情，可以使老年人更加幸福。

老年人奋斗一生，历经沧桑，如果你不了解、不赞美他们一生的成果，他们就会感到失望，许多老年人喜欢在晚辈面前谈起自己曾经历过多少风风雨雨，自己是如何艰难创业的，除了对你有教育意义之外，更希望得到晚辈的崇敬和赞美。

称赞一个人引以为自豪的往事必须注意以下三点：一是赞美的语言要表达准确，不能偏离事实。二是赞美必须是由衷的肺腑之言。三是赞美时要专心致志，让被赞美者感到你在分享他的快乐和光荣。正所谓"与人善言，暖若锦帛"，一拍即合的赞美艺术由此能达到至高的境界。

赞美他人的美好前程和未来

美好的前途，是人人都向往的。婴儿呱呱坠地之日起，就背负起了父母的殷切希望。从刚走进校门起，就开始立志成才，长大后要当医生、科学家、文学家……长大成人步入社会后，每个人都会为自己的将来设计蓝图。前途是一个既遥远又具体的东西，既不能确定它是什么样子，又会在现实中找到些许迹象。

每个人都很注意别人对自己的前途的预测和评价。也正因为如此，才产生了到现在兴旺依旧的算命先生。在现代社会，虽然我们以科学破除迷信，但赞美他人的前途和未来，仍是赢得别人满意的一大技巧。

伟人毛泽东的一句"你们是八九点钟的太阳，希望寄托在你们身上"曾鼓舞了几代青年人。在父母面前夸其子女有出息，将来准成大器，全家都会满心喜悦，甚至把话当真。

赞美一个人的前途会使他备受鼓舞，信心十足。同时你的权威形象也无形中塑造起来，将来他成功之日，他的大脑中第一个闪现的形象很可能就是你当年的样子。这就是我们经常说的"一句好话三冬暖"。如果说赞美他人前途是暖及三冬之举，那么在一些特殊的场合抓住他人生活中的一些细枝末节加以粉饰就是更高一着的险奇之道了。

日本著名心理学家多湖辉先生在一本书里举了这么一个例子：

有位杂志社的记者，有一次去采访一位地位很高的财经界人士。话匣一打开，就首先称赞对方的经济手段如何高明，继而想打听一些成功的奥秘。但由于这是初次采访，不能很快接触到问题的实质。

这时，那位记者灵机一动，将话题一转，说道："听说贵经理在业余时间很喜欢钓鱼，在钓鱼方面也是行家里手。在下偶尔也喜欢钓钓鱼，不知道你是否可以介绍一些这方面的经验？"那位大人物一听此话，笑脸顿开，侃侃谈起钓鱼经来。结果不消说，宾主双方俱欢，尔后采访中自然方便不少。

从这位大人物的心态来看，因为所处的地位，有关经营方面的"高帽子颂歌"已经听得耳根生茧了。而这个记者想到人物的另一面，从该大人物的业余生活开始入手，最后完满地达到预期目的，其手段令人叹为观止。

在这个例子中，我们可以看到得体的赞美行为的确威力无穷，可以自然地减轻我们交际的阻力。

包拯就任开封知府后，要选一名师爷。经过笔试，包拯从上千人中挑选了十个很有文才的人。第二个程序是面试，包拯把他们一个跟一个叫进去，随口出题，当面回答。

包拯面试题目出得也很别致，前面九个一一进去后，包拯指着自己的脸对他们说："你看我长得怎么样？"那九个人抬头一看包拯的脸庞，吓了一跳：头和脸都黑得如烟熏火燎一般，乍一看，简直就像一个黑坛子放在肩上；两只眼睛大而圆，瞪起来，白眼珠多，黑眼珠少。

他们想：如果把他的模样如实讲出来，那他一定会火冒三丈，那还能当师爷，说不定还会遭一顿打呢！不如循守常道，恭维一番，讨他个喜欢。于是一个个恭维他眼如明星，眉似弯月，面色白里透红，纯粹是一副清官相貌。气得包拯将他们一个个赶走了。

第十个应试者进来了，包拯也问相同的问题。那个应试者向包拯打量了一番，说道："老爷的容貌嘛……""怎么样啊？""脸如坛子，面色似锅底，不仅说不上俊美，实在该说是丑陋无比，特别是两眼一瞪，还有几分吓人呢？"

包拯一听，故意把脸一沉，喝道："放肆，你竟敢这样说起本官来了，难道就不怕本官怪罪于你吗？"

那人答道："老爷您别生气，小人深信只有诚实的人才可靠，老爷的脸本来就是黑的，难道别人说一声美就变美了吗？老爷虽然相貌丑陋，但心如明镜，忠君爱国，天下人皆知包青天的美名，难道老爷没有见过白脸奸臣吗？"

一席话说得包拯心中大喜，即日便任命他为师爷。

这个应聘者之所以成为十个顶呱呱的才子中的幸运者，是因为他的赞美更加有远见，足见其洞察力不一般，通过对他人真诚的赞美，由缺点推到优点，最终成为赞美他人的受益者。

赞美就像武侠小说中描绘的无影脚、隐身法，能在自然的程序中毫不矫揉造作地制胜，的确是大智若愚、高瞻远瞩之举。

第二节　赞美助你事业腾飞

领导的赞美是一种激励

赞美是管理者激励员工的一项重要技巧。其实，人们工作是为了更好地生活，有金钱和职位等方面的愿望。除此之外，更加追求的还有个人的荣誉。一份民意测验显示，98%的人希望领导给自己好的评价，只有2%的人认为领导的赞美无所谓。当被问及人为什么工作时，92%的人选择了"个人发展的需要"。

作为管理者要明白，人发展的需要是全面的，不仅包括物质利益方面，还包括名誉、地位等精神方面。

在一个企业里，大部分人都能兢兢业业地完成本职工作，每个人都非常在乎管理者的评价，而管理者的赞美又是员工最需要的激励。一般说来，管理者赞美员工有下列三个方面的激励作用。

1. 赞美可以使员工认识到自己在群体中的地位和价值

员工工资收入都是相对稳定的，人们不会在这方面费很多心思。但人们都很在乎自己在管理者心目中的形象，对管理者的看法非常敏感。因为，管理者的表扬与赞美往往具有权威性，是确立自己在本单位同事中的位置的依据。

有的管理者善于给员工就某方面的能力排座次，使每个人按不同的标准排列都能名列前茅，可以说这是一种匠心独具的激励方法。比如，某单位的领导赞美小马是单位第一位博士生，小李是单位"舞林"第一高手，小赵是单位计算机专家等。人人都有个"第一"的头衔，人人的长处都得到肯定，整个集体几乎都是由各方面的优秀分子组成，能说这不是一个领导有方、充满激励的集体吗？

2. 赞美可以满足员工的荣誉心和成就感

常言道："重赏之下，必有勇夫。"但是，奖金作为一种物质激励方法，有很大的局限性。奖金不是随意发放的，员工的很多优点和长处也不适用于物质奖励。相比之下，管理者的赞美不需要冒多少风险，也不需要多少本钱或代价，就能很容易地满足一个人的虚荣心和成就感。

无论员工所完成的事属于重要抑或次要，都应给予一定的称赞，例如"我没选错人""你又一次成功了""这是你的功劳"等，员工才会有成就感和继续努力工作的欲望。

如果一个员工很认真地完成了一项任务或做出了一些成绩，虽然此时他表面上装得毫不在意，但心里却默默地期待着领导对自己进行一番嘉奖，而管理者一旦没有关注，不给予公正的赞美，他必定会产生一种挫折感，对管理者也会产生看法，"反正领导也看不见，干好干坏一个样"。这样的管理者，怎能调动起员工的积极性呢？

管理者的赞美是员工工作的精神动力。同样，一个员工在不同管理者的指挥下工作劲头判若两人，这与管理者是否善于使用赞美的激励方法密不可分。

魏征是唐朝很有才能的一个人，原来侍奉皇太子李建成，因为直言进谏而不受李建成的赏识，李建成不仅对他的建议漠然处之，有时还批评他。

李世民掌权后，很器重魏征，为了鼓励魏征直言进谏，李世民每次都很虚心地听他献策，并经常赞美他敢说真话实话。

在唐太宗的赞美和鼓励之下，魏征至诚奉国，竭尽所能，知无不言，先后共陈言进谏200多次。后来，唐太宗说："以铜为镜，可以正衣冠；以古为镜，可以知兴替；以人为镜，可以明得失。我以魏征这样的良臣为镜，也就不糊涂，可以少做错事了。"

3. 赞美能够消除员工对管理者的疑虑与隔阂

有些员工长期受管理者的忽视，管理者既不批评他也不表扬他，时间长了，员工心里肯定会嘀咕："领导怎么从不表扬我，是对我有偏见还是妒忌我的成就？"于是，同管理者相处时不冷不热，注意保持距离，没有什么友谊和感情可言，最终形成隔阂。

管理者的赞美，不仅表明了对员工的肯定和赏识，还表明管理者很关注员工的事情，对他的一言一行都很关心。

有人受到赞美后，常常高兴地对朋友讲："瞧我们的头儿，既关心我又赏识我，我做的那件连自己都觉得没什么了不起的事，也被他大大表扬了一番。跟着他干气顺。"

双方互相都有好的看法，能有什么隔阂？能不团结一致拧成一股绳把工作搞好吗？

赞美员工不要错过机会

每个人都渴望得到赏识，无论是身居高位的人，还是地位卑微的人；无论是刚入单位上进心正强的小青年，还是升迁无望即将退休的老人。即使是每天都板着脸的人，赞美他时，他的面部肌肉也是放松的，因为人们普遍能接受赞美他的人。

知道了赞美的巨大力量，作为管理者就不必吝惜赞美，不妨自然大方地赞美员工。只要发现他们工作突出，就应立刻不失时机地给予赞美，不见得非要是惊天动地的大事。

例如，秘书起草的报告、文件书写得非常潇洒漂亮，可以赞美她的心灵手巧；看见车工师傅磨的车刀非常锋利，可以赞美他的技艺超群；看见锅炉工抬煤渣，可以赞美他的勤俭作风；对提批评意见的员工，即使提得不正确，也可以赞美他对单位的责任感。如果你留心，就会发现人们不少优点，都值得赞美。

美国著名财经杂志《福布斯》的领导人深深懂得赞美的奥妙，因此总是及时运用"赞美"这一武器。布鲁斯·福布斯是个很有魅力的人，他和员工接触很多，大家对他的印象都非常好。

在发圣诞节奖金的时候，为了避免给人以施舍的印象，他会走到每个人的桌子前面，连邮递室的员工也不漏掉，然后握住他们的手，真诚地说："如果没有你的话，杂志就不可能办下去。"

这句话让听到的每个人都感到心中温暖如春，油然而生一种敬业感和责任感。

马孔·福布斯同样深谙此道，而且运用得更为巧妙。

有一次，《IAI周报》的承包印刷商送给马孔·福布斯一瓶香槟，恭贺这份刊物的订户超过2.5万大关。马孔·福布斯当即派人把那瓶香槟送给雷·耶夫纳，并且还在上面附了一张纸条说："这是你的功劳。"

当时，《IAI周报》在雷·耶夫纳的调整下，重振雄风。而收到这份意外礼物，雷·耶夫纳自然会加倍努力了

《福布斯》的领导人之所以不吝惜赞美，是因为他们深知唯有管理者和员工的关系和谐，才能增加企业组织的正能量。正如《福布斯》的创始人柏地·福布斯提到的，他对于值得夸奖的人绝不会吝惜夸奖，因为"一般人一被夸奖，就算他没那么好，他也会因此尽力做好的"。

有些员工经常对领导溜须拍马，并以此为天经地义的事，而要让领导拍员工的"马屁"，就有点儿让人难以接受了。其实，出于把单位搞好的目的，管理者对员工奉承也是有道理的。

一般人总爱听赞美话，聪明的管理者就不妨大方点，不要放过每一次机会，多赞美员工吧！"这个意见不错，就这样做吧！""真棒，你给我提供了一个好办法"，此后，他会更努力地为你付出。

赞美下属应选择适当的方式

给予员工赞美，要选择适当的时机、适当的场合和适当的方式，这很重要。管理者对于员工的工作表现给予肯定和赞美，越是

时机、场合、方式适当，他们就越有动力像以前一样努力工作。

选择适当的表扬方式，要考虑以下这些因素。

1. 能否找到适当的时机

你多久才能见到某位员工？你与他是否在不同地方工作，或者他只通过电脑终端与你联系？是否有类似定期会议这样的场合，让你有机会公开表扬某位员工？

2. 员工的偏好

你知道某位员工是否愿意被他人公开表扬吗？你是否与他讨论这一问题？例如，某位性格内向的员工，可能会更希望收到书面的表扬信或电子邮件形式的表扬，而并不喜欢被人当众赞美。

3. 管理者本人喜欢的方式

作为一名管理者，你喜欢采用什么样的方式去称赞美员工？你可能觉得当面称赞别人很尴尬，所以，即使你觉得应该这么做时，也不会这么做。如果你不喜欢当众称赞员工，也可以采取另外一种更亲切、更真诚的方式。

在单位中，管理者对员工的赞美，必须基于员工的工作表现，这样才能有效调动员工的积极性。有的单位在周五的时候为员工发放食品和水果，或者，在员工生日的时候，送给他们生日贺卡，不知不觉，单位里就形成一种惯例，这些变成了理应享受的某种权利。

最终的结果却是，员工会期望更多。因此，对于员工的肯定和认可，必须基于员工的工作表现和工作业绩是否达到所期望的标准。这样，员工才会更加珍视这份荣誉，效果也会更好。

管理者认可员工，需要采取多种方式，有的放矢，心诚意切，而不要反复使用某一种表扬方式，否则，效果就会越来越差。

下属赞美领导要不卑不亢

赞美领导是一门特殊的艺术。无论怎样，领导和下属之间都存在很多不可改变的差异，双方的地位、处世观念，生活方式……诸多方面都是有鸿沟的，加上不同领导又有不同的特征，不同的文化水平，心理素质，癖好等，所以赞美领导不但要考虑各个细枝末节，而且要自然、得体，做到这些非常不容易。

但是从另外一个角度来讲，领导也是人，也具有与常人相同的人性弱点。也渴望得到下属的认可和尊敬。所以赞美领导也并非绝对的艰难，只要下属能够正确地运用各种交际方式，谙熟人际关系中的焦点，就能很合理地赞美领导，并从中得到益处。

作为下属，对领导赞美时首先不能自卑，不能自贬身价或唯唯诺诺。因为这种态度是退缩、依赖、懈怠的象征，会使领导对你的能力产生怀疑，不敢放手使用你，也不相信你能做出成绩，最终失去领导的信任。

自卑者的赞美往往是诚惶诚恐的，他们面对领导时，首先想到提"我应该怎么表现装出什么样子，才能让领导认可和满意？""我应该选择哪些词语来奉承领导？"有时还没有想好，就慌慌忙忙地说出几句，因为太注意自己所说的话，所以往往会言词紧张，脸色不正，结结巴巴，使领导误以为你对他有成见。

自卑是一种心理缺陷，唯唯诺诺者一般都只会服从，不会反驳，更不敢与领导进行合理的争辩。这类人在领导者眼中，一般都不是能够欣赏的对象。

在赞美领导的时候，不能把自己的地位放得太低，否则赞美就变成令人讨厌的阿谀奉承。你要清楚，下属与领导在人格上是平等的，我们不能在有损自己人格的基础上去获取因奉承而回报的蝇头小利。有道是，志士不饮盗泉之水，仁者不受嗟来之食，这是任何一个下属应该遵守的生存原则。

当然，在不自卑的同时，也不能成为飞扬跋扈、轻视领导权威和作用的下属。满招损，谦受益，恃才傲上者不认真对待工作，不听从领导的调用，不会善待自己的才能，对上司的才能不以为然，与领导关系不协调，最后往往会被领导厌恶，然后踢开。

恃才傲物而让后人叹惋可惜的人，古今中外举不胜举。三国时的杨修就是一个典型的例子。《三国演义》中称杨修"博学多才，胆识过人。"但由于他屡犯"曹操之忌"，结果是聪明反被聪明误，最终送了性命。

　　曹操授意建造一座花园，建成以后，曹操亲自去察看，却没有说好说坏，只是在门上写了个"活"字便扬长而去，众工匠不解其意。杨修却在一边说道，门内添个"活"字就是"阔"字，宰相是嫌门太宽了。

　　于是工匠们马上进行改造，然后再让曹操来观看，曹操十分高兴，问道："谁解吾意？"众人答是杨修，当时"操虽称美，心甚忌之"。

　　还有一回，曹操命人送来一盒酥，上写了"一合酥"，杨修看到了，竟把一盒酥与众人一起分吃了。曹操问起他这件事的缘故。杨修说："盒上明书一人一口酥，岂敢违丞相之命乎？"这时曹操"虽喜矣，而心恶之"。

到后来建安二十二年，刘备出兵定军山，老将黄忠杀死曹操手下的夏侯渊。曹操领兵回到汉中，与刘备两军对垒，欲进不能，欲退不肯，心中正犹豫不定，忽见手下人送来一碗鸡汤，碗中有鸡肋，顿时感怀不已。当时正值夏侯惇入问夜间军号，曹操便随口说："鸡肋，鸡肋。"

杨修听到"鸡肋"两个字，便让手下军士收拾待归。夏侯惇得知，惊问其故，杨修答道："鸡肋者，食之无肉，弃之有味，现在我们进不能胜，退又恐人笑，在此无益，不如早归。来日魏王定会班师回朝，所以先收拾行李，以免临行慌乱。"

夏侯惇听了，十分信服，也回去收拾东西准备回家了。于是军中大小皆知来日即归，都忙着拔寨起程。曹操知道后大惊，忙问是谁下令起程，有人告诉他是杨修所为，曹操听了大怒，遂以"扰乱军心"之罪将其斩之。

杨修是一个很有才华的人，但他身为下级，在领导面前不能隐藏自己的才能，更不懂赞美的学问，而是以自己的才能与之对峙，最终招致杀身之祸。

如果杨修懂得适当地赞美一下曹操，收敛一下自己的傲气，那么三国历史就要改写了。

综上所述，"卑亢"的态度都是人格不健全的表现，在与领导相处时要处处谨言慎行，不卑不亢，才能得到领导的信任。

在赞美领导时，也应表现得大智若愚，妙语生辉，才能使自己的人生之路顺畅无阻。

赞美领导多用请教式赞美

在生活中，我们经常听到这样的赞美"你的手工做得太好了，怎么做出来的，能教教我吗？"如此别具一格的赞美就是请教式赞美。什么是请教赞美呢？顾名思义，就是赞美对方的某些方面，而话语中带着请教的意味，似乎对方的优秀程度已经将其摆在了"老师"的位置上。

大多数人听到请教式的赞美，虽然表面上不做声，但其内心早已兴奋异常了。下属要想赞美领导，就可以多用请教式的赞美。

杰克大学毕业后，分配在美国的一家化妆品公司工作。刚进公司，他对业务一窍不通。幸运的是，他被分配在一个优秀的"推销冠军"詹姆斯手下当业务员。

杰克很好学，他谦虚地对他的上司詹姆斯说："你是推销冠军，一定有很多好的经验，我才走出校门，对这门工作可以说是什么也不懂，麻烦您传授给我一些经验好不好？"

杰克的请教式的赞美令詹姆斯很满意，他对杰克说，你有这种谦虚好学精神，不愁学不会业务，也不愁没有业绩，跟着我学习，你会成功的。

有一天，詹姆斯带着杰克来到一个顾客家，向顾客推销公司里刚推出的一种化妆品。刚开始的时候，女主人对他们的产品没有一点兴趣。这时，詹姆斯突然看到阳台上摆着一盆美丽的盆栽，他立即转移了话题："好漂亮的盆栽啊！平常似乎很难见到。"

女主人来了兴致："你说得没错. 这是很罕见的品种。同时，它也属于吊兰的一种。它真的很美，美在那种优雅的风情。"

"确实如此。但是，它应该不便宜吧？"

"这个宝贝很昂贵的，一盆就要花700美元。"

"什么？我的天哪，700美元？那每天都要给它浇水吗？我一直很喜欢盆栽，但对此一窍不通，我能向你请教是如何培育出这样美丽的盆栽吗？"

"是的，每天都要很细心地养育它……"女主人开始向詹姆斯和杰克倾囊相授所有与吊兰有关的学问，而他们也聚精会神地听着。

最后，这位女主人一边掏钱，一边说道："就算是我的先生，也不会听我叽叽喳喳讲这么多的，而你们愿意听我说了这么久，甚至还能够理解我的这番话，真的太谢谢你了。如果改天有空，我会乐意向你们传授种植兰花的经验，希望改天你再来听我谈兰花，好吗？"女主人爽快地接过了化妆品。

走出女主人的家，杰克说："詹姆斯先生，您今天给我上了一课。其实您今天采取的也是请教式的赞美方法。您通过向女主人请教关于盆栽的问题，引起了女主人的谈话兴致。而且，在交谈过程中，您一直以请教式赞美来夸奖女主人，使得女主人的心理得到了极大的满足。最后，没等您再开口，女主人就主动掏钱购买了化妆品，而且，还发出了希望改天你再来听她谈兰花的邀请。"

杰克的一通赞美令詹姆斯非常高兴，詹姆斯说："杰克，你的领悟能力非常高，我相信你做这一行，一定会做出成绩的。"杰克在詹姆斯的领导下，果然在一年内就取得了不凡的成绩。

杰克那几句请教式赞美，恰到好处地温暖了詹姆斯的心灵，融洽了彼此之间的关系。可以说，请教式赞美，是一种非常有效的赞美方式。先给他人戴上一顶高帽，再虚心地请教。想必，一个再倨傲的人也会被打动，这样一来，自己的目的就很容易达到了。

1. 请教式的赞美更能彰显其价值

请教式赞美一般很容易让对方接受，让对方体验到自己的价值，从而在心中产生某种成就感。这样的赞美方式大多适用于下属对上级、学生对老师、晚辈对长辈，由于对方身上有自己不具备的一技之长，遂以请教的赞美方式表达自己的仰慕之情。

在这个过程中，对方往往能在请教式赞美中答应自己的请求。或者，他们有可能主动帮助你渡过难关。

2. 请教式赞美是一种鼓励

其实，请教式赞美不仅仅是在请教，还表现出一种鼓励的意味。当然，这样的一种赞美方式不止局限于下属对上级。很多时候，上级为了鼓励下属，也可以向下属发出"请教式赞美"。

在日常生活中，还有许多家长更是将请教式赞美当作了一种很好的教育方式，以此来鼓励孩子。我们不妨放低自己的身价，虚心请教，再说几句赞美之语，说不定能取得意想不到的效果呢。

第三节 赞美使你家庭幸福

赞美爸妈享受天伦之乐

尊敬长辈是中华民族的优良传统。长辈们给我们创造了大量的物质、精神财富，在我们的成长道路上，又倾注了他们毕生的心血。因此，在日常生活中，尊敬他们，赞美他们，是我们每一个晚辈应尽的责任。

"生我者父母，育我者亦父母也，父母之恩，何以为报？"一位海外游子在异国他乡临终前发出感叹。可见他唯一觉得内疚的是没有报答父母。父母辛辛苦苦地把我们拉扯大，耗费了他们一生的精力，即使我们把世上最好的赞美词加诸于父母，也表达不完我们对他们养育之恩的深深谢意。

孩子小的时候，父母是他们眼中的万能人，什么都知道；孩子上学后，父母是他们的良师益友；孩子走上社会后，父母是他们最坚强的后盾，无论你成败与否，回到家中，你仍是父母眼中的乖孩子。孩子人生的每一个阶段，父母都有值得孩子赞扬的地方。

在日常生活中，我们可以称赞父母对孩子的无比慈爱，对孩子无微不至的关怀，对孩子耐心持久的教育，以及他们的自身品质、才能等。父母爱孩子胜过爱自己，他们宁愿自己现在多受苦也要让孩子将来幸福。一位来自农村的大学生讲述了他的故事：

他们那儿穷，可他父母坚持让他上学，小学、初中在本地还好，消费不高；自从了上县城的高中后，家中就开始支撑不起了。他多次想出去打工以挑起家庭的重担，但父母每次都坚决拒绝。

特别是高二开学没学费时，父母含泪把家中最值钱的大黄牛牵了出去。当牛贩子从父母手中接过牛绳时，父亲竟然忍不住抱牛痛哭，那场面现在想起了都令他不能控制自己的眼泪。以后的岁月是父亲驼着背在前面拉，母亲弯着腰在后面推的过程。后来幸亏有位好心叔叔答应帮助他，才打消了父母卖房子的打算。

每当这位学生拿到奖学金或荣誉证书时，他拿回家的都会先恭恭敬敬的拿给父母："这里面有你们一半的功劳。儿子永远不会忘记你们的支持，永远不会忘记你们的辛劳。"这时，父母眼中往往会露出幸福的笑容说："这点苦算不了什么。"

父母宁愿坐到12点也要陪孩子完成作业，父母宁愿放弃早晨的美梦也要起床为儿女做饭；父母宁愿自己省吃俭用也要孩子"走出去像个人样"，父母宁愿自己把苦水往肚子里咽也要让孩子开心……这一切的一切，作为孩子，我们都应该感恩、称赞。

父母有他们自己的长处、兴趣、爱好等，这也是你赞美的一个方面。如你父母会做一手好菜，你不妨在吃饭的时候馋相大露，然后就菜的颜色、味道等一一加以比较表扬。

这样，他们不但高兴，而且会想着下次练一手绝活。如你母亲做的一手好针线活儿，穿着你妈织的毛衣上街时，你可以向周围的人大加称赞你妈妈的手艺。

另外，父母相对于你来说，许多美好的事已经成为过去；当你玩着高级玩具的时候，他们会忍不住给你讲他们小时候的"铁环""飞棒"等，当你和同学们出去春游时，他们也会想起当年他们背着锅、碗去外面野餐；当你拉着你的另一半走向教堂时，他们也会想起当年的罗曼蒂克史。

每当你们谈起这一切时，都会把他们带入一个美妙的境地。这时你不妨再认真听他们诉说加以赞叹，"你们那时玩的东西真有趣""你们那时的野餐真令我们羡慕""想不到爸妈当年这么浪漫"等等。

赞美父母还要注意以下几点：

1. 含蓄优于直述

父母与孩子一起相处的时间是比较多的，如果你整天就几句"爸爸……好，妈妈……好"，"爸爸……厉害，妈妈……强"，你不烦，你父母也烦了。这时往往含蓄优于直述。

　　黄宁的妈妈做的一手好菜，一次吃饭的时候，黄宁对他妈妈说："妈，我现在才知道爸当初为什么娶你了。"

　　他妈疑惑地说："小孩子知道什么？"黄宁得意地说："爸一定是天天想吃你做的菜。"

　　爸听了笑道："你妈除菜做得好外，还有很多优点呢……"他妈当时也乐得直骂："这个小鬼头。"

黄宁较好地掌握了这一点。以前他肯定说过妈妈做的饭好吃，如又重复一遍，肯定没有什么效果。

2. 赞美要"量体裁衣"

就是要讲究语言的合适性，既不要夸大也不要不及，这样才能达到赞美的最佳效果。

当孩子渐渐长大后，感觉到父母的艰辛，想到应该好好报答他们时。说不定为时已晚，因为岁月不留人。与其这时空悲切，不如在平时对他们多一份体贴，多一份赞扬，这就是一种报答了。

赞美公婆打造和谐之家

公婆与媳妇的关系是自古以来家中最难念的一本"经"。这其中主要有两种原因促成的，一是他们分属两个年龄阶段的人，对事物的看法、观点不同，公婆显得保守，媳妇显得激进、新潮。二是他们没有血缘关系，公婆对媳妇总有一种隔膜感。

其实，处理好公婆与媳妇的关系也非想象中的那么难。公婆固然要关心爱护媳妇，更重要的是媳妇要孝敬公婆，体谅公婆，使他们觉得这个媳妇像自己的亲人。在引起争端时，要尽量多容忍一下他们，毕竟你是晚辈，你的丈夫是他们一生的心血，你敬爱丈夫也理所当然应该爱他们了。

另外，我们应多与公婆联络情感，经常称赞他们的功劳，公婆辛苦一生，养育一个儿子不容易，我们应该站在他们的角度，多理解他们的苦衷，平时嘴巴甜一点，多恭维他们，称赞他们。针对婆婆也是个女人的特点，同婆婆搞好关系，就等于和公婆都搞好了关系。因此，我们可以从婆婆入手，多称赞婆婆。

婆婆是一个女人。首先女人有爱美之心，尽管她年岁已高。你就得细心观察一下，你公婆的穿戴、身体等情况，适当地加以赞美。如你公婆都50多岁了，可保养得比较好，你就可以说，"妈，你可真是驻颜有术，稍为装扮一下，别人怎么也看不出我是您的媳妇，准以为您是我的大姐。"

　　这时，公婆肯定会假装骂你几句："乖媳妇，就别取笑我了，头发都白了一大片，还怎么怎能和你们年轻人比"这类的话，可心里乐滋滋的，说不定晚上还偷偷地照照镜子欣赏一下自己。

　　其次，你要满足她的虚荣心。在外人面前，她总把自己看做是一家之主，丝毫不让人侵犯她的威严。这时的你就得满足她，其实他也只是要个面子罢了，实际情况还是你们夫妻把握着。

　　如有客人来访，你让公婆做主角，你乖乖地站在他旁边或下厨做饭，吃饭时当然先把公婆扶上主座了。同公婆一起出去，不管他是否用得着，小心地扶着，看见熟人，首先介绍一下他们。

　　这样，他们就会得到很大的满足。另外，生活中的其他小事也要随时注意。如公婆做的饭菜你一个劲儿地称赞，公婆收拾的房间你称赞整齐等。

　　除此之外，我们还要注意公婆是长辈这个特点。虽然说有的公婆相对来说不太老，但至少比你年龄大多了。他们对人世间的风风雨雨已经经历的很多了，走过了一个挫折——前进——挫折——前进的过程。他们现在已不再风华正茂了，但他们曾经也年轻过。

　　抓住他们这些特征你就可以在称赞他们时显得毫不费力，毫无造作之感。当公婆对一个问题提出她的看法，即使不正确，也肯定蕴藏着他们的某些人生经验，你可以透过问题看到这点加以赞扬；

当你公婆对你谈起他们过去的光辉亮丽的岁月时，你要为他们那时的美丽而高兴、而赞美；当你公婆对你谈起当年他们是怎么走出困境，走向成功的时候，你更应赞美他们那种不怕艰难，不屈不挠的精神和勇气。

公婆一生最大骄傲和幸福就是他们的儿子，"儿荣父母亦荣，儿辱父母亦辱"。当他还小的时候，考试考了第一名，最高兴的肯定不是你而是他的父母。他开始关心自己的朋友、亲人的时候，最觉得欣慰的是他的父母，当他考上好的大学，他的父母肯定是天下最幸福的人了……

因此，在公婆面前称赞她的儿子你的丈夫也是获得公婆欢心的一个重要内容。你丈夫关心体贴别人，你说是公婆从小的感化；你丈夫事业有成，你说他是踩在公婆的肩上站起来的；你丈夫体格强健，你说是公婆的恩赐。总之，你丈夫所有的优点都与公婆有着密不可分的关系。

如果你能做到这些，公婆就会觉得你妈也同样生了你这个好女儿。他们的儿子娶你为妻，是他们儿子的福气，也是他们的福气。

假若生活细节中处处都可以充满你赞美的语言，那么，你的公婆也会因此而认为你是天下最好的儿媳妇。下面，再向你们推荐几种赞美公婆的技巧。

1. 适其口味

公婆的个人好恶肯定与你不同，你赞美的时候一定要根据实际情况着手。如你公婆喜欢心直口快之人，当家中来了一位说话含蓄的朋友时，你大赞含蓄之好，这肯定会惹公婆气恼。你可以当着公婆的面，称赞心直口快人的豪爽、坦白，并表示出钦佩之色。这样，公婆也许就会因为和你有这么一点共同点而更喜欢你。

2. 侧面反衬

天天说公婆这好那好，她也会听烦的。这时，你不妨试试侧面反衬赞扬法，你可以当着街坊邻居称赞公婆的好处，也可以当着你的丈夫说，这样当你公婆知道后肯定会更高兴。

郑燕和她公婆的关系是街坊邻居都知道的。郑燕的公婆是一对出了名的难相处，开始郑燕看他们整天唠唠叨叨说个不停，对什么事都指手画脚，烦得不行了。她公婆也嫌她脾气大，不听使唤，两方时常斗气。但郑燕有个最大的好处，就是和街坊邻居谈话时绝不说公婆的一点不好，让邻里们美慕得不行。

当邻里们碰见郑燕的公婆时总称赞他们会待媳妇，开始，这两老还不自在。后面渐渐高兴起来了，对郑燕态度好多了，也不再指手画脚了，当然郑燕也对公婆多了一份理解。后来，他们家连续几年被评为模范家庭。

只要你能注意到以上细节并运用于实际当中，保证你会发现原来和公婆处好关系也不是难事，并发出"我的公婆，原来也很好相处"的感叹。

赞美男友使恋爱更加甜蜜

恋爱存在于两个人之间。一般来说，既然在恋爱，双方肯定都是互相恋着对方、爱着对方的。而你要恋对方、爱对方就应不断地寻找出对方的优点和值得你爱恋的地方，并不断地去肯定它、赞美它，让对方从自己的语言或行为中知道你是在爱着他。

可以说，真正的恋爱关系是建立在双方彼此欣赏与赞美中的。在相互的赞美中能得到被尊重、受保护的感觉，对对方就会更加倾心，更加爱慕。作为一个男人的女友，要想证明你爱他和敬仰他，就一定要学会赞美。

一个男人只有在女友的赞美声中，才能知道对方是否爱着自己、仰慕自己。他在生活工作中之所以有自信，很大程度上是建立在女友的赞美声中的。

也许这个男人是优秀的，有无数的人曾真诚地赞美过他，但这些都抵不过女友的一句赞美。因为一个热恋中的男人，他觉得他所做的事一切都是为了他心爱的人。因此，他要求的不是众人的肯定，而是他所爱的人的认可与尊敬。

有位爱情心理学家曾说过，彼此敬慕是浪漫、充实的爱情最有力的支撑系统和最坚实的感情基础。男方受到了你的敬慕，就会有受重视、被爱、被理解的感觉，从而更加关爱你、呵护你，为你做出更大的努力。而你也就达到了自己的目的。男友更加疼爱你，更加的优秀，使自己得到充分的满足感。

所以，在你赞美你热爱的男人时，不要羞涩，也不要使语言含糊不清，应把你内心深处真实的感受一股脑儿倒出来，用最热情洋溢、最炽烈的语言来真实地赞美他。

这种充满着感情的语言，才能令他相信你所说的每一句赞美都是肺腑之言，而每一句话中都注满着你对他的浓浓爱意。

让对方都感觉出来这一切，才能更加催他上进，使他心灵上大受鼓励，心甘情愿地为你付出一切，而又无怨无悔。

恋人之间是没有羞涩的。既然你们双方共同选择了对方就是对对方有那种吸引力，有着让对方为自己如痴如醉的魅力。因此，用怎么火热的语言都只能是代表你爱他的一种方式而已。

除了用热烈的赞美之外，你也可娓娓地倾诉，给男友的心里灌满蜜。男人们大多喜爱女人对他又爱又敬，而敬的含义中也就包括了希望女人能把他放在神一般的位子上，处处体贴着他。

所以，你轻轻的话语会加强男人的自豪感，认为自己有保护你的使命，全身心地为你去努力。

当然，具体用什么手法，都是根据二人的性格和二人的相处方式来决定的。不必只限定于这两种方法。

赞美妻子使婚姻美满幸福

妻子是一个男人接触最多的女性。夫妻间的和睦相处，是构成家庭稳定的最主要因素。作为一家之主的"丈夫"，应该勇于承担家庭的重担，体贴爱护自己的妻子。

很多人把婚姻视为爱情的坟墓。其实，并不见得，如果采取适当的相处方式，婚姻就会是很幸福的，而男人则扮演着更重要的角色。要获得妻子的理解，就要赞美妻子，满足她的心理需要。

一般的妻子都认为丈夫是自己的依靠。希望从丈夫那里获得安全感。因此，作为丈夫，应该在困难面前保持沉着、冷静，面对危险，要挺身而出，保护自己的妻子。但在日常生活中，男人应该细心观察生活，多赞美妻子为自己的付出。

丈夫不失时机地赞美自己的妻子，会给妻子一种骄傲的感觉。

对她的美德时常加以赞赏，做她们最热心的观众。无论她说了什么机智风趣的话，穿了什么衣服，或是做了什么可口的菜，你都应该给予赞美，向她流露出自豪和喜悦的神情，让她因为你的赞赏也毫不吝惜地赞赏你。

丈夫应该无条件地接受和支持妻子。不要"爱之深，责之切"，要重视女性的自爱心理。比如，你和妻子购物，当妻子征求你的意见时，应该肯定赞美妻子的眼光。在妻子做错事的时候，应该显示出男子汉的气度和胸襟。要耐心开导妻子，而不是呵斥责骂。

要注意同妻子沟通。在生活中遇到的各种琐事，要借助于同妻子的沟通来解决。许多专家认为"有优良的沟通，才有成功的婚姻"。而中国的传统家庭中，丈夫的地位至高无上，这就决定了他们很少同自己的妻子沟通，当然，更少有对妻子的赞美。而当今社会，夫妻之间的地位是平等的，作为一个好丈夫，要获得妻子的爱戴，就要尊重妻子的意见，要赞美妻子为家庭、为自己所做的一切。

在结婚之前，丈夫对妻子的话永远觉得悦耳动听，可是婚后，亲密和赞扬的话变得越来越少，妻子也变得越来越啰唆。这往往使许多男性越来越感到厌烦。

恋爱时，男人往往能耐心倾听女人的话，而婚后则漠然置之。这样做是非常不对的。一位妻子曾对自己的丈夫说："如果有一天，我不再向你唠叨了，那就说明我们之间结束了。"

其实，妻子的诉说很多来自关切。作为一位丈夫，只有肯耐心地听妻子的诉说，才能真正同自己的妻子沟通。对妻子的成绩，要不吝言词的赞美，对于妻子受到的遭遇和挫折给予同情和鼓励。只有这样善于倾听妻子讲话，并随时赞美妻子的丈夫，才会是一个真正的好丈夫。在各种地点场合都要尊重妻子。在同自己的熟人、朋友谈话时，不要只顾自己，而冷落妻子，对妻子的关怀体贴要给予尊重和赞赏，不要认为理所当然。这样，才能使自己的婚姻幸福美满。

赞美丈夫使生活锦上添花

在一个家庭中妻子需要丈夫的赞美，反过来而言，丈夫也非常需要妻子的赞美。这种赞美是相辅相成的。赞美是保持你的爱情的持续性的技巧之一。多年来，一大批的婚姻家庭学著作中都谈到了丈夫对妻子的赞美，却往往忽视了妻子对丈夫的赞美。

其实，这是不对的。在一个家庭里，绝不能说谁的赞美应高于另一人的赞美，这种赞美应该是平等的。妻子没有丈夫的赞美会失去信心，丈夫得不到妻子的赞美也会一蹶不振。因此，作为妻子的同样也应该做好对丈夫的赞美。

妻子称赞丈夫时，要把自己放在次于丈夫的位置上。对他表示出崇敬、仰慕、依赖，这样来表达出自己对他的爱与赞美。丈夫由此而感受到崇拜的感觉，就会更加奋进，给你更多的幸福。

也许会有些妻子感到不满，觉得凭什么要把我们女性放在次要的位置上，好像整个家庭就男人最重要似的。其实，并不是这样。家庭生活中谁付出的多少是不能用天平来衡量的。若你真的在乎那么多，也就不是真正地爱着这个家庭。事事都不能平均的。

而说实在的，在外的丈夫所受的压力真的很可能超出妻子几倍，作为妻子表现出对丈夫的依赖也是理所当然。事实上也确实是如此。所以，做个好妻子就适当得满足丈夫这种"大男子主义"感觉，这对你并没什么害处。

妻子称赞丈夫，要从小事做起。家庭生活中，夫妻恩爱的点点滴滴都展现在一些琐碎的小事上。因此，不要只看到丈夫在外的比较明显的优点，以此来称赞，而要在平日里的生活细节中发觉出丈夫的优点，大大地夸赞一番。

丈夫听了之后，一定会觉得你是个细心的女人，能在事事中都察觉出他的优点，你对他是真心相爱的。他也就会自然而然地多注意起你平日里的优点，这样二人的感情就会越来越深厚。

例如，看见丈夫修理好家用电器，你可赞他一句"真能干"。看见丈夫下厨做饭，你可赞他一句"真体贴"。丈夫为你买了一件衣服，也可赞一句"真好"。总之，多去发现丈夫的好处，多去称赞，肯定对你是有益的。

另外，妻子还应该多向丈夫表达谢意。他送了你一朵玫瑰，要谢谢他对你的爱意；他下班时顺路买了菜回家，要谢谢他为你分担家庭责任；他陪你去看电影，要谢谢他在繁忙之余还能陪伴自己；吃完饭他主动收拾碗筷，要谢谢他很疼惜你。还有很多很多，你都可以向他表示谢意。

人人都爱听别人的谢意，丈夫也是如此。他每为你做了一件事，都向他表示一下谢意，丈夫一高兴就不怕没有第二次了。这种谢谢的话不是多多益善吗？

妻子不仅在家里要多称赞丈夫，在外人面前也应该赞美他。男人都有种自负心，妻子在外人面前多赞一赞丈夫，会使其自负心得到充分的满足。这样，丈夫就会觉得自己的妻子知书达理，有眼光，而且以嫁给自己为光荣，就会感到十分的荣幸。

由于你的赞扬向外人证明了自己的能力，他就会觉得不应辜负妻子对自己的期望，也不能背叛妻子在众人面前对自己的赞扬，就会更加爱护自己的妻子，把自己在事业或是在其他方面的目标都定于"为了妻子"的前提之上。

除了赞美外，妻子还要给丈夫广阔的空间，不能处处束缚着他。男人在外不免会遇到很多的麻烦，承受的心理压力十分大，所以偶尔也会出外找找朋友，回家回的比较晚。可就因为如此，有些妻子就大呼小叫，认为丈夫背叛了自己，甚至有时丈夫真的是因为要加班而归家晚了，也要兴师问罪。

虽然，妻子是希望丈夫能多陪伴自己，但并不是说一个男人娶了你之后就完完全全属于你了。他还是自己的独立体。总是牢牢地抓住丈夫，粘住丈夫，增加丈夫的心理压力的女人，时间一久定会受到丈夫的排斥，从而逐渐失去丈夫的爱。

赞美孩子使其健康成长

孩子的成长是一个漫长的过程，对孩子的赞美也是一件长期的事。不可能像"春天播种，秋天收获"那么简单。当一道极复杂的数学题摆在你面前，令你找不着半点头绪时，你可以不耐烦地把它扔到一边去，说明天再做或索性放弃它，但孩子不是数学题，不是你烦了就可以放弃对他们的教育的。

另外，由于儿童个性的不稳定性，你们必须要有耐心，要有打持久战的心理准备。这里所说的耐心可以从两方面理解：

1. 在某一件具体事上的耐心

特别是比较细小的事上，父母要有耐心。其实由小见大，许多小的细节往往成为孩子们以后能否成功的关键。

莱特兄弟从小善于想象，当他们9岁的时候，一次，两人在一棵大树下玩，抬头看见密密麻麻的树叶丛中有一轮皓月正挂在树梢上，于是他们就想把月亮摘下来带回家玩。结果，两人还没爬上树就摔了下来，还跌伤了腿。

父亲知道孩子们的想法后，非但没有批评反而加以赞扬："你们想爬上树摘月亮的想法是新奇的，是伟大的。可是月亮距我们那么远，岂是爬上树就能摘到的。我希望你们将来制作一种有神翼的大鸟，骑着它到天上摘月亮去。"

小哥俩听了父亲的赞扬，可来劲了。此后，他们开始实现他们的梦想，不断地设计那种能去天上摘月亮的"神鸟"，父亲也一直不停地鼓励、赞扬他们。后来，他们成功地造出了世界第一架飞机。

可能很多孩子都有摘星星、摘月亮的奇想，可是否每个家长都像莱特的父亲那样从一件小事激发孩子创造力，并长期不懈的给予支持和赞美呢？对孩子的称赞一定要把道理讲明白，不要就几句"对""做得好"，你一定要给他分析清楚。在这件事中他做了什么，对人对己有什么好处，别人会怎么看等。

2. 在整个教育过程中的耐心

在孩子还很小的时候，你觉得他们还小，一点事也不懂，所以苦口婆心是应该的。可是当孩子渐渐长大后，你的耐心是否依然存在呢？当孩子还在幼儿园里时问你"鸟儿为什么不造个飞机，那么它们就不用自己飞了"之类问题时，你觉得自己应该告诉了鸟儿不是人，人可以做很多东西；鸟儿的力量小，鸟儿自己有翅膀之类。

凡你所知道的，凡认为孩子能听懂的。一下子全说出来，直到孩子点头说是为止。但如果孩子到了中学还问你这类问题，你能保证自己还可以那样不厌其烦地说给他听吗？这就能证明你是否有耐心了。

其实你不妨想想，孩子既然问，就肯定是不知道；既然问你，是相信你有能力解决它。无论他问什么，你告诉他就会令他增加一份知识，你又何必在乎他问的题目是幼稚还是可笑呢？

　　我在一所大学读书时，大家都在认真看书，一位同学站起来问教授："这个逗号为什么要打在这儿，可以不用逗号用顿号、句号吗？另外，你是否能告诉我逗号是怎样产生的？"大家听了哄堂大笑，可教授却严肃地从字意、上下文等方面回答了这位同学，只是对后一个题答得比较有趣："逗号在当人们觉得需要它时，它就产生了。"

这虽然像没回答一样，他给了问者一份尊重，更表现了他无比的耐心。有耐心地持久赞扬孩子，对孩子成长有很多好处。

1. 有利于孩子改正缺点

缺点的形成也有一个过程，只是我们没有看到质变为缺点以前的表现方式。因此要改正缺点也非一朝一夕之功了。如孩子久而久之形成了挖鼻子的习惯，你骂他、打他一顿，他当时可能不敢了，但你一走开，他又会那样。但如果你耐心地赞扬，效果就好多了。你可以先指出挖鼻子的危害，当孩子没有挖的时候，再不失时机地给予表扬。这样，孩子就能不知不觉地放弃这个坏毛病。

2. 有利于孩子个性的形成

著名的心理学家弗洛姆曾经说过："家庭是社会的精神媒介，通过使自己适应家庭，儿童获得了后来在社会生活中使他适应其所必须履行的职责的性格。"

当父母老是支配孩子时，孩子会形成了消极、依赖、顺从的个性。当父母不关心孩子时，孩子又会形成攻击、情绪不稳定，冷酷、自立的个性。但如果父母对孩子多多赞扬，孩子则会形成合作、独立、温顺的性格。这说明只有耐心的赞扬才能使孩子培养出适应社会生活的个性。

3. 有利于孩子特点长处的形成。这里的特点是指孩子所擅长的技能。每个人都有自己的一技之长，其形成与家长从小的赞扬分不开。

如果家长耐心持久地赞扬孩子所做的某一件事，那么孩子对这件事的兴趣就会有所增加，在这方面下的功夫也会增多，渐渐会突出于本身其他的优点，加上一点天分就会在同龄的孩子中显得出类拔萃。意大利著名歌唱家卡鲁索的成功就是一个很好的例证。

卡鲁索很小的时候便想成为一位歌唱家，他的老师知道后说："你不可能成为歌唱家，你根本没有好的歌喉，你唱歌的声音像穿过百叶窗的风一样。"

可他的母亲却给他以莫大的支持和赞扬说："你的想法很好，我很相信你，只要你有信心，认真地练，一定能行。"以后的日子，他母亲经常陪着儿子练习，并是儿子最忠实的听众，每当他有了新的突破时总加以表扬，最后卡鲁索终于如愿以偿成为著名歌唱家。

第二章

会幽默

　　幽默是一种轻松的人生态度。大凡幽默的人，往往生性豁达、洒脱恬淡，即使在人生路上遭受风雨，依然不改本色。大凡幽默的人，即使面临难以承受的挫折哀伤，仍会坦然地用执著裹住泪水，在成功的道路上轻舞飞扬。

第一节 幽默使生活妙趣横生

幽默是一门说话的艺术

正所谓，笑可以缓解人们的情绪，能表达出人类征服忧患的能力，也能增进人们的友谊、信任和联系。而幽默的笑，则是一种有趣的、高尚的、会心的、意味深长的笑。

在演说、谈话中，一些就地取材的诙谐语言；灵机一动的智慧闪光；不露痕迹插进的成语典故和幽默笑谈，即使讲话者调节了节奏，也使听者解除了疲劳，从而给人以美的享受。

在人际交往中，当矛盾发生时，对于那些缺少幽默感的人，会把事情弄得越来越糟；而幽默者则能使交际变得更顺利、更自然。

幽默是一种优美、健康的品质的体现。一个幽默感强的人，往往在悲苦时会显得轻松，欢乐时会显得含蓄；危险时而显得镇静，讽刺时不失礼，孤独时不绝望。

不仅如此，幽默还可作为一种避免得罪人的"火力侦察"。当一个人准备向自己的友人提出某项要求又摸不准对方态度时，可用幽默之语"放气球"，若对方由于某种原因不能或不愿满足你的要求的话，可以用开玩笑的方式加以推脱。

这样就不至于因为拒绝而陷于尴尬境地，双方的自尊心也都不会受到伤害，若以幽默含蓄的方式提出的要求被对方应允了，则可以继而转入进一步的讨论，落实此事就不在话下了。

　　大学寝室。新生初到，争排座次。老七心直口快，与老八争执了半天，见比自己稍小几日的老八终于排在末座，便说道："好啦，你排在最末，是咱们寝室的宝贝疙瘩。你又姓王，以后就叫你'疙瘩王'啦。"

　　说者无心，听者有意。原来老八长了满脸的疙瘩，俗称"青春美丽痘"，每每深以为恨，此时焉能不恼？

　　老七见又惹来了风波，心中懊悔不已，表面上却不急不恼，揽镜自顾道："'蹙在两腮分，依在耳翼间，迷人全在一点点'。唉，老八，我这真是'一波未平，一波又起'呀！"老八听了，不禁哑然失笑。原来，老七也长了一脸的雀斑。

老舍先生说过："幽默者的心是成熟的。"幽默的语言能使矛盾的双方摆脱困境，使僵局打破，并在笑语中消逝。

　　英国戏剧家萧伯纳堪称幽默大师。有一天，年迈的萧伯纳在街头被一辆自行车撞倒，虽然没发生可怕的事故，但毕竟这一惊吓非同小可。骑车者立即扶起戏剧家，并连连地大声向他道歉。

　　萧伯纳打断了他，说道："不，先生，您比我更不幸。要是您再加点儿劲，那就可以作为撞死萧伯纳的好汉而永远名垂史册啦！"

萧伯纳这几句戏谑，使本来紧张的气氛倏地消失于嬉笑之中。

有的幽默能启发人在忍俊不禁的大笑中引起思索，体会到蕴涵的哲理。有的幽默又能在人们嬉笑之后引以为自省。

有一次，生物学家格瓦列夫在讲课，突然，一个学生在下面学鸡叫，课堂里顿时一片哄笑。这时，格瓦列夫却镇定自若地看了看自己的挂表，不紧不慢地说："我这只表误事了，没想到现在已是凌晨。不过请同学们相信我的话，公鸡报晓是低等动物的一种本能。"

这种"张冠李戴"的幽默式批评，给学生们起到了警告的作用。此外，幽默还有稳定情绪、减低愤怒、"化险为夷"的功能。在一个团队中，假如即将爆发尖锐的冲突，这时，如果有人插科打诨，运用几句妙趣横生的言辞，则很可能化干戈为玉帛，使剑拔弩张变为过眼烟云，从而避免发生一场"针尖对麦芒"的交锋。

幽默可以提升个人的魅力

具有怎样特征的人才更吸引他人呢？一般人会说出友善、热情、开朗、宽容、富有、乐于助人、幽默、有责任感、工作能力强等许多的特征，但相关专家提出："在这些所有特征中间，最重要的莫过于幽默了。"这并不是说其他的特征不可贵，因为在人与人的交往过程中，没有太多的机会展示那些特质。

假若把各种优良特质比作钻石的各个侧面，幽默感则是钻石直接面向我们的那一面，可以直接折射出智慧的光辉。

在古代，"桃李不言，下自成蹊"是为人称道的交往观念，意思是说：桃树、李树虽不说话，却因为它们的鲜花和果实而把人们都吸引过来，以至于树下都被踩出了小道。

在当今社会中，人与人的交往强调以吸引力为基础，即使你再优秀再能干，如果你不会"自我展示"也不太容易引起他人的注意。

在有限的时间和空间之内，哪怕是初次见面和一次晚餐上，幽默都能让你一展才华，从而给人留下深刻印象。

幽默的特征之一是温和亲切，富有平等意识和人情味。学会运用幽默的方式，能够提升你的个人品位和绅士风度。

巴顿将军由于职业和性格的关系，他对自己家庭的内部管理，也采取了准军事的模式，凸显巴顿的风格。

在儿子的卧室，他写的是"男兵宿舍"；在女儿的卧室，他写的是"女兵宿舍"；在客厅，他写着"会议室"；在厨房，他写着"食堂"。那么，他们夫妻的卧室应该挂上一块"司令部"的牌子吧！

不是。那上面写的是——"新兵培训中心"。

能够在施展幽默时，保持平稳，有绅士风度，能够控制好各种情绪波动，将幽默的语言平淡地说出来，这是高手。因为越是这样越能和一般的幽默所产生的效果形成强烈反差。因此，温和亲切，不仅能提升自己的品位和风度，更能增强你的语言幽默效果。

幽默能带给你意想不到的吸引力。你总是可以在幽默中发现睿智的光芒。思路清晰、反应敏捷、妙语惊人，是具有幽默感的人的共同特征。他们总是可以从容地面对各种纷繁的场合，下面就以几个竞选的故事，来展现一下具有幽默感的人是怎样用其独特的魅力来保护自己，赢得胜利。

造谣中伤在欧美官场上是常有的事：

　　加拿大的一位外交官斯切特·朗宁，生于中国湖北的襄樊，是喝中国奶妈的乳汁长大的。他回国后，在30岁时竞选省议员，当时反对派多次诽谤、诋毁他说："你是喝中国人的奶长大的，你身上一定有中国人血统。"

　　朗宁沉着地回击道："据权威人士透露，你们是喝牛奶长大的，你们身上一定有奶牛的血统。"

这真是绝妙的反击，同时又展示了他的机智，朗宁最终赢得了竞选。

　　约翰·亚当斯参加美国总统竞选时，共和党人指控亚当斯曾派竞选伙伴平克尼将军到英国去挑选四个美女做情妇。其中两个给平克尼，两个留给他自己。

　　约翰·亚当斯听了哈哈大笑，说道："假如这是真的，那平克尼将军肯定是瞒过了我，全部独吞了！"

如果当时亚当斯怒不可遏指责对方的不义，不但不能解释清楚，反而会"越描越黑"。以幽默的语言作答，这种反击不是更加有效吗？最终亚当斯凭借着他的机智、才干和令人羡慕的幽默感当选了，并且成为美国历史上著名的总统。

幽默展示你的知识和品位

有句谚语说："笑是力量的亲兄弟。"而幽默的笑则是有趣的意味深长的笑。"幽默是一种优美的、健康的品质。"幽默也是一种修养，一门学问。知识是幽默的沃土，幽默是知识的产物。广博的知识使幽默得心应手，左右逢源。我们看下面一个例子：

> 两个乡下财主站在村头说私房话儿，农夫老田见了，同他们打过招呼就走了。忽然，其中一个财主喊道："黑老田，站住！"
>
> 农夫站住了，对匆匆赶来的瘦财主说："您有什么事儿？"
>
> 瘦财主喘了喘气无中生有地说："你打断了我们的话把子，赔三石谷，折合洋钱五十块，必须三日之内交清。"
>
> 老田回到家里，愁眉苦脸，茶饭不进，只差寻短见了。他的妻子问怎么了，老田照实说了。他的妻子就说："这有什么可怕的？到时由我对付！"
>
> 到了第三天，田妻叫老田上山打柴，自己便在家门口等着。瘦财主来了，劈头就问："你家老田呢？"

田妻不慌不忙地回答说："他上山挖漩涡风的根去了。"

瘦财主一听，喝道："胡说，漩涡风怎么还有根？"

田妻反问："那么，话还有把子吗？"

瘦财主无言以对，只得愤愤地走了。

幽默是建立在知识与经验的基础上，想成为一位幽默家，必须对古今中外、天南地北、历史典故、风土人情都有所了解，必须对天文地理、声光电化、文法哲经、名人轶事、影星趣闻都有所关注。

"世事洞明皆学问，人情练达即文章"。只有多读书多阅世，多积累知识，扩大知识面，懂得并熟练地按技巧操作，才能登堂入室，修成正果。

隋朝时，有个人很聪明，但说话结巴。官高气盛的杨素，常常在闲暇无聊的时候，把那人叫来说说笑话。

年底的一天，两人面对面地坐着，杨素开玩笑地说道："有一个大坑，深一丈，方圆也一丈，让你跳进去，你有什么办法出来吗？"

那人低着头，想了想，问道："有有有有梯子吗？"

杨素说："当然没有梯子，若有梯子，还用问你吗？"那人又低着头想了想，问道："是白白白白天，还是黑黑黑夜？"杨素说道："不要管是白天还是黑夜，你能够出来吗？"

那人说道："若不是黑夜，眼眼眼又不瞎，为什么掉掉掉到里面？"

杨素不禁大笑。又问道："忽然命你当将军，一座小城，兵不满一千，只有几天的口粮，城外有几万人围困，若派你到城中，不知你有什么退兵之策？"

那人低着头想了想，问道："有救救救救兵吗？"

杨素说道："就因为没有救兵，才问你。"

那人又沉吟了一会，抬头对杨素说："我审审审慎地分析了形势，如如如如像您说的，不免要要吃败败败仗。"杨素大笑了一阵，又问道："你是很有才能的人，没有事情不懂得。今天我家里有人被蛇咬了脚，你能医治医治吗？"

那人应声答道："用五月端午南墙下的雪涂涂涂涂上就好了。"杨素道："五月哪里能有雪？"

那人说："五月既然没没没有雪，那么腊月哪里有有有有蛇咬？"

总而言之，幽默只有扎根知识的沃土，饱吸知识的营养，才能茁壮地成长起来。所以，一个幽默高手，一定要提高自己的知识修养。

幽默是人与人沟通的法宝

幽默感，是一种高雅而可贵的情趣，是智慧和感情的结晶，幽默思维是一种愉快的思维。具有幽默感的人，往往是乐观主义者，为人处世比较灵活，能比较容易地与周围的人，包括上司和下属建立良好的人际关系。

人与人交往，难免发生矛盾、误会和摩擦。但只要我们来点儿幽默，就等于在摩擦得发烫的齿轮中，注入了几滴润滑剂，不致碰得火星四溅，撞得疤痕累累。这是因为幽默具有把人带出尴尬境地，引发笑声化干戈为玉帛的特殊功能。

大家都有这样的体会：和幽默风趣的人相处，会觉得非常轻松愉快，气氛融洽。枯燥的会议，因他在而谈笑风生；朋友聚会，因他而红火热闹；面对严肃的上司，他出语诙谐，松弛其拉长的面孔；面对拘谨的下属，他用轻松的妙语，缓和其紧张的心情。

假如是参与紧张的商业谈判，在激烈的讨价还价之余，来点儿幽默，将有助于顺利地达成协议。反过来，一个不苟言笑、缺乏幽默感的人，其人际关系也会大打折扣，人们见了他往往会"敬而远之"。

幽默对于事业的发展也很有帮助。得体的幽默有助于人们形成良好融洽的人际氛围，良好的人际关系又有助于事业的成功。

幽默者最有人情味，与幽默者相处，每个人都会感到快乐。深受美国人民爱戴的美国前总统林肯的容貌很难看，这本来是讨人喜欢的一个障碍。林肯认识到这一点，但并没有回避它，反而利用它拉近了与人们的距离。

一次，林肯的政敌说林肯是两面派。林肯以平和的态度说："现在，让听众来评评看，要是我有另一副面孔的话，我还会戴这付难看的面孔吗？"

幽默，显示了林肯对自己的达观态度，体现了他的真诚，赢得了人们的理解，更表露了人们所需要的人性和人情味。

幽默是心灵沟通的艺术。人们凭借幽默的力量，打碎自己的外壳，主动地与人交往，触摸一颗颗隔膜的心，通过幽默使人们感受到你的坦白、诚恳与善意。

在严肃的交谈和例行公事般的来往中，往往给人一种戴着假面具的感觉，也似乎只能让人了解你的外表，却无法探知你的内心，这样的交流是极难深入下去的.而没有心灵沟通的社交，不能算是成功的社交。幽默可以让人们看到你的另一面，一个似乎是本质的、人性的、纯朴的一面，这是人性的共同之处。

美国总统里根曾回到他的母校，在毕业典礼上致辞时，他嘲笑自己在学校的成绩。他说道："我返回此地，只是为了清理我在学校体育馆里的柜子……但获此殊荣，我心情十分激动，因为我过去总认为只有得到第一名才是荣誉。"

这一番展示自己另一面的讲演，取得了很好的效果。

奥地利精神分析大师弗洛伊德讲过："最幽默的人，是最能适应的人。"的确，幽默能使我们在社交场合应付自如，轻松化解各种各样的危机和困境。我们都知道丘吉尔那段著名的幽默：

有一次，英国首相、陆军总司令丘吉尔去视察一个部队。天刚下过雨，他在临时搭起的台上演讲完毕下台阶时候，由于路滑不小心摔了一个跟头。

士兵们从未见过自己的总司令摔过跟头，都哈哈大笑起来，陪同的军官惊慌失措，不知如何是好。

丘吉尔微微一笑说："这比刚才的一番演说更能鼓舞士兵的斗志。"效果的确如丘吉尔所戏言的，士兵们对总司令的亲切感、认同感油然而生，必定会更坚定地听从总司令的命令，去英勇战斗。

可以说，幽默是社交成功的法宝。运用幽默的力量，我们就能通过成功的社交，走上成功的道路。

幽默能促使人际关系和谐

幽默在人际交往中的作用是不可低估的。美国一位心理学家说过："幽默是一种最有趣、最有感染力、最具有普遍意义的传递艺术。"

幽默的语言，能使社交气氛轻松、融洽，利于交流。人们常有这样的体会：疲劳的旅途上，焦急的等待中，一句幽默话，一个风趣故事，能使人笑逐颜开，疲劳顿消。

在公共汽车上，因拥挤而争吵之事屡有发生。任凭售票员"不要挤"的喊声扯破嗓子，仍无济于事。

忽然，人群中一个小伙子嚷道："别挤了，再挤我就变成相片啦。"

听到这句话，车厢里立刻爆发出一阵欢乐的笑声，人们马上便把烦恼抛到了九霄云外。

此时，是幽默润湿缓解了紧张的人际关系。

在人际交往中，还可以寓教育、批评于风趣的幽默表达之中，具有易为人所接受的感化作用。

在饭馆里，一位顾客把米饭里的砂子吐出来。一粒一粒地堆在桌上，服务员看到了很难为情，便抱歉地问："净是砂子吧？"

顾客摆摆头说："不，也有米饭。"

"也有米饭"形象地表达了顾客的意见，以及对米饭质量的描述。运用幽默语言进行善意批评，既达到了批评的目的，又可以避免使对方难堪的场面。

幽默还有自我解嘲的功用。在对话、演讲等场合，有时会遇到一些尴尬的处境，这时如果用几句幽默的语言来自我解嘲，就能在轻松愉快的笑声中缓解紧张尴尬的气氛，从而使自己走出困境。

一位著名的钢琴家，去一个大城市演奏。钢琴家走上舞台才发现全场观众坐了不到一半。见此情景他很失望。

但他很快调整了情绪，恢复了自信，走向舞台的脚灯旁对听众说："这个城市一定很有钱。我看到你们每个人都买了二三个座位票。"

音乐厅里响起一片笑声。为数不多的观众立刻对这位钢琴家产生了好感，开始聚精会神地欣赏他美妙的钢琴演奏。正是幽默改变了他的处境。

需要指出的是，幽默虽然能够促进人际关系的和谐，但倘若运用不当，也会适得其反，破坏人际关系的平衡，激化潜在矛盾，造成冲突。

在一家饭店，一位顾客生气地对服务员嚷道："这是怎么回事？这只鸡的腿怎么一条比另一条短一截？"

服务员故作幽默地说："那有什么！你到底是要吃它，还是要和它跳舞？"顾客听了十分生气，一场本来可以化为乌有的争吵便发生了。

所以，幽默应高雅得体，态度应谨慎和善，不伤害对方。幽默且不失分寸，才能促使人际关系和谐融洽。

要知道，每种幽默形式都有它的缺点和不足，当我们了解到它们的缺点和局限性后，在运用时，就会有很大的益处。

著名作家布莱特的仆人就很清楚这个道理。

有一次，布莱特因故迫不得已辞退那个仆人，并给他写了推荐信，他说："我在信中说你是个诚实的人，并且忠于职守，但是我不能写你是个清醒冷静的人。"

那个仆人说："您不能写上我经常是清醒的吗？"

有位不同意禁酒的人说话也有意思，他在引诱他人相信喝酒的害处后，却旗帜鲜明地表明了自己的观点。

有位演说家在讲到喝酒的害处时，不禁喊道："我看应当把酒统统扔到海底深处去！"

听众之中有个人说："我赞成。"

演说家更加激动："先生，应恭喜你，我觉得你是一位富于牺牲精神的男士。请问你从事什么工作？"

"我是深海潜水员！"

以上的例子告诉我们，只要运用适当的幽默方式，不仅可以为人与人的沟通创造条件，而且有助于推销自己。

比如，在同事工作出现了失误时，千万不要用刻薄的语言去挖苦，那样你会失掉他的信任和支持。这时，不妨借助于幽默，如能和对方一道笑起来，效果就会更好些。

一位经理对下属说："我急需4份报表，请立即复印，快一点！"

下属立即动手，按动了快速复印的按钮，印了14份报表。

经理说："真笨！我用不着这么多！"

下属只好笑着说："真对不起！可是您已经急到这种程度了。"

两人都笑了起来。

这个幽默顿时缓解了紧张的空气，使这位上级接受了下级巧妙的批评并且与下级建立了亲密的共事关系。

在日常的市场交易中，当公司与客户之间发生某种问题时，幽默也能起到作用。比如，"三角债"问题。客户欠账越来越多，偏偏这客户又是老主顾，只好由经理出面来解决。

经理在约对方吃饭时说："感谢你同我们做了许多生意。只是你的账已延期了近一年，是不是留着钱给我们公司'下崽'？"

这样用半开玩笑的方式委婉地表达了经理"讨债"的话题，有助于问题得到解决。

幽默可以摆脱沉闷气氛

在生活中，我们有可能要去应付不合理的要求、令人不快的行为，或者闹得不像话的场面。这时你如何应对呢？

当百货公司大拍卖，购货的人又推又挤的时候，每个人的脾气都犹如枪弹上膛，一触即发。有一位女士愤愤地对结账小姐说："幸好我没打算在你们这儿找'礼貌'，在这儿根本找不到。"

结账小姐沉默了一会儿，说："你可不可以让我看看你的样品？"那位女士愣了片刻，笑了。

有人想平息餐桌上的争论，便提出了一个十分意外的问题："诸位，刚才是一道什么菜？大概是鸡！"

"是的。"一位客人回答。"一定是公鸡！"这人一本正经地说，"原来是鸡在作祟，难怪大家要斗起来。"说完他举起酒杯："来点灭火剂吧，诸位！"一场餐桌上的舌战顷刻间平息了。

作家欧希金也曾以幽默摆脱了一个困境。他在他的《夫人》一书中，写到了美容产品大王卢宾丝坦女士。

有一次，欧希金在家宴中，有一位客人不断地批评他，说他不应该写这种女人，因为她的祖先烧死了圣女贞德。其他客人都觉得很窘，几度想改变话题，但是都没有成功。谈话越来越令人受不了，最后欧希金自己说："好吧，那件事总得有个人来做，现在你差不多也要把我烧死了。"

这句话马上使他从窘境中脱身出来，随后他又加上一句妙语："作家都是他的人物的奴隶，真是罪该万死！"

作为一个社会人，在与别人交往的过程中，难免会遇到一些尴尬的场合，如果在那种情况下，你能从容地开个玩笑，令人紧张的气氛就可能消失得无影无踪，你的朋友还会被你的魅力所吸引，被你的宽广胸怀所感动，进而钦佩你，真正接受你。

幽默能够使人摆脱困境

幽默的话语，可使人反败为胜，摆脱困境，赢得他人的尊重。

有一位叫阿芳的姑娘，虽然没有出众的容貌和迷人的身材，但为人性情开朗、正直、幽默，许多人在和她交往几次之后，往往就被她的幽默所吸引，不知不觉地感受到她的魅力。

有一次，阿芳参加同学聚会，和同学们回忆着大学时代的美好生活。不料主人在招呼客人时，一不小心将一盆水打翻，全洒在了阿芳的脚上，把她那双新皮鞋泼湿了。

主人不知所措，显得十分尴尬。阿芳却不慌不忙地说："一般正常情况是洗脚之前先脱鞋。"一句话，使满屋的人都笑了起来，难堪的气氛也一扫而空，大家更加佩服阿芳姑娘。

在社交场合，说话带些风趣和幽默更能体现出一个人的修养和礼仪，也表现出其人格魅力。在生活中，可依靠幽默化解尴尬的情况是非常多的。

某高校一位姓严的古汉语教师，学识渊博，治学严谨，教学时严格训练，严格要求。一日，当他走进课堂，见黑板上赫然写着"严可畏"三字。该老师不愠不怒，只见他停下来，对学生朗声说道："真正可畏的是你们！"

学生们一时不知所措。严老师接着说："不是吗？后生可畏嘛！为了让你们这些后生真的可畏，超过我们这些老朽，我这严老师怎可名不副实呀！"（掌声笑声）。

由"严可畏"三字，严老师准确地捕捉到学生们因严格训练、严格要求而生发的"积怨"与"不满"。先是冷静地予以宽容，进而曲解"可畏"二字，并且一语双关，含蓄幽默地表达出必须"严"的道理以及要继续"严"下去的决心，既宽容有度，又严格适中。

一个冬晨，郊区开来的火车到站时又晚了25分钟，一位常遇见这种情形的旅客问列车长，这次又是什么缘故。列车长说道："碰到下雪，火车总难免误点的。"

"可是今天并没有下雪啊。"旅客说。

"不错，"列车长说道，"可是，根据天气预报今天下雪。"

虽然列车长并未回答旅客的问题，相信听了列车长的话，旅客一定生气不起来了。这就是幽默的力量之一。

下面这个例子，也是用幽默化解别人的指责的"经典之作"：

在美国的一所学校里，一位女教师在课堂上提了个问题："'要么给我自由，要么让我死'，这话是谁说的？"

教室里鸦雀无声，女教师脸上一片失望。这时，有人用不熟练的英语答道："1775年，美国国务卿巴特利克·亨利说的。"

"对，同学们，刚才回答的是一位日本同学。你们生长在美国却回答不出来，而来自遥远的日本的同学能回答，多么可怜哟！"

这时，从教室的一角突然发出一声怪叫："把日本人干掉！"

女教师听到叫声，气得满脸通红，大声问道："谁？这话是谁说的？"

静了一会儿，教室的一角有人答道："1945年，杜鲁门总统说的。"

1945年，杜鲁门总统对日作战宣言，可说是美国人的精神原子弹。而教室里冒出的这句话，只能是笑的"原子弹"。妙的是，那位学生引用得那么贴切、合时。

失言，是容易被人谅解的，因为有很多是出于无意的。正所谓"马有漏蹄，人有失言。"在日常交谈中，难免说滑了嘴，出现了纰漏而使自己陷入窘境。

有一个人在一次会议上和一位要人谈话，为了想使谈话活泼轻松，于是很随意地说道："看那一位穿圆点花衣服的女人，看到她我就反胃！"

没想到对方这样说："那是我的太太。"

可想而知，当时我的朋友听到这话时的处境是多么无地自容。

这也难怪，这样的窘境总是特别地难以补救，但并不是所有的困境都是这样。

果戈理有一句话："理智是最高的才能，但是如果不克制感情，它就不可能获胜。"如果说，我们在遇到尴尬的局面时都是心慌意乱，不能控制自己的感情的话，在这种特殊的场合下自然会穷于应付。这时，我们不妨来个将错就错。

　　清代著名学者纪晓岚机巧善辩，机智过人。有一次，乾隆想开个玩笑为难纪晓岚，便问他："纪爱卿，忠孝怎么解释？"

　　纪晓岚答："君要臣死，臣不得不死，为忠。"

　　乾隆立即说："我以君的身份命你现在去死！"

　　"这……"纪晓岚没料到他竟然会这么说，"臣领旨！"

　　"你打算怎样死？"

　　"跳河。"

　　"好，去吧！"

　　但纪晓岚走了一会儿，又跑回来了。

　　乾隆问："纪爱卿，你怎么没死？"

　　纪晓岚答："碰到了屈原，他不让我死。"

　　"此话怎讲？"

　　"我到河边，正要往下跳时，屈大夫从水里出来，拍着我的肩膀说：'晓岚，这就不对了，想当年楚王是昏君，我不得不死。你应该先问问当今皇上是不是昏君，如果皇上说是，你再死也不迟啊！'"

就凭这一句，不仅抑制了皇帝的"圣旨"，也化解了困境。一场尴尬就在轻松幽默中消失。

第二节　幽默使工作锦上添花

幽默能融洽上下级关系

身处高位的各企事业单位负责人，在人们的心目中往往有一种高不可及的印象，以至于使人有时避之唯恐不及，他们自己也要唏嘘感慨：高处不胜寒！

故而，有远见的高层人士，往往希望运用幽默力量来改变他们在公众之中的形象，改善大家对他所领导的公司的看法。

有一次，美国300多家大公司的行政主管，参加一项幽默意见调查，发现了许多人们以往所忽略的事实：

97％的主管人员相信："幽默在商业界具有相当的价值。"

60％的人相信："幽默感能使人决定一个人的事业成功的程度。"

克雷夫特公司总裁毕尔斯认为：幽默对于主管人员是十分重要的，"它是表示一个主管是否具有活泼的、有弹性的心态的重要指标。"毕尔斯认为："这样的人通常不会把自己看得太严重，而且比较能做出好的决策。"

当你作为一个部门的主管人或者一个组织的决策者，你也应以欣赏他人的方法来赢得部属的拥护。在这种情况下，你首先应该考虑，如何才能让下属真正喜欢你。所以，你就必须注意捕捉那些发生在下属身上的有趣的事情，并以有趣、幽默的方式加以赞赏，这样，就会增加部属对你的喜欢和爱戴。

一家大公司的财务主管在开完业务会回到办公室时，发现职员们聚在办公桌旁，哼唱着，谈笑着，但他一出现在门口，职员们立刻各就各位，马上埋在公事堆里，仿佛一刻也没离开过各自的座位。

这位主管人并没有表示不高兴，而只是笑着说："看来你们还不精于此道，还是让我发现了。"

职员们不由得微笑着抬头望着他。

他这样做只是更增加了部下对他的喜欢和了解。同样，也就沟通了他和部下的交流。

如果你是个领导者，更应该表现出开明豁达的领导者风度。特别是当别人取笑你时，你就更应该用幽默的方式，以关心他人的方式，来邀请他人同你一起笑。

一位经理对天天见面开电梯的小姐说："请尽快把我送到第19楼。"

"对不起，经理，这座大楼只有18层啊！"小姐为难地说。

"没关系，小姐！尽力而为。"经理充耳不闻地说。

小姐先还一呆，马上不禁笑了起来。

这位很有幽默感的经理故意这样说，是想让这位工作单调的小姐能有轻松一下的时候。这样的上级谁不喜欢接触和尽力工作呢？只用一个小幽默，就融洽了上下级关系。当然，人们可以有理由认为，这位经理在处理更为重大的事情时，应该是有能力的。

通过幽默使自己的形象更人性化。幽默是一门社会交往的艺术，是人与人相处的润滑剂。幽默的上司不但受员工爱戴，公司的气氛也会为之开朗，从而提高员工的工作意念。在座谈会上就常有人表示："我的上司幽默有趣，深具开朗的气质，我做起事来也格外有干劲。"

幽默可以缓解工作压力

在当今竞争异常激烈的社会，工作压力已经成为上班族的主要压力，如果能处理好这方面的压力，那么压力有可能转化为动力。但如果处理不好，就会使人心烦意乱，失去工作积极性，压力就会成为阻力。因此，为了提高工作效率，使自己工作轻松一些，可以采取自我调节的方法来缓解一下工作压力。

幽默作为自我调节方法中重要的一种，它能帮助我们消除因工作而来的紧张，驱逐挫折感，并有助于解决问题。

马氏一家人专门从事危险的行业，就是用炸药毁坏建筑物。我们可以理解他们做这一行工作，心理上会有多紧张。但是马氏一家人用幽默力量来消除紧张，他们常和当地记者聊天，说些荒谬的故事。

有一次在大爆破工作之前，新闻记者问他如何处理飞沙和残砾？马明一本正经地解释道："我们向一个生产包装袋的公司订制了一个特大的塑料袋，然后直升机在大楼上空把它扔下来。"

记者为这虚构的笑话笑弯了腰。而第二天马氏兄弟从报上读到这一则新闻时，也爆发出阵阵笑声而松弛了紧张的心情。

幽默的语言可缓解人们在工作中的紧张情绪。用它来缓解工作压力，会比一些抽象的理论更奏效，显示出语言的最佳效能。有时候，与同事开开玩笑也能缓解工作中的压力。

两位保险公司业务员争相夸耀自己的保险公司付款有多快。第一位说，他的保险公司十次有九次是在意外发生当天，就把支票送到保险人手里。

"那算什么！"第二位取笑说，"我们公司在李氏大厦的23楼。这栋大厦有40层高。有一天我们的一个投保人从顶楼跳下来，当他经过23楼时，我们就把支票交给他了。"

我们和同事开玩笑，与同事一同笑的过程中，我们在缓解了自己的工作压力的同时，也用幽默帮助同事用更轻松的态度工作。有时候，一个职员要负责的工作种类很多，头绪纷杂，很容易因工作压力过大而产生烦躁情绪。这时候他们尤其需要幽默的帮助。

小丽是一家大公司的总经理助理。她得应付访客、电话、同事和老板。空闲的时候，还必须打字。小丽在繁杂的工作中需要幽默，拥有它，并运用它。有时，某些自以为是的人来电话，还会给她出难题。

那人在电话中说："我要和你的老板说话。"

"我可以告诉他是谁来的电话吗？"小丽问。

"快给我接你的老板。"来电话的人坚持道，"我现在马上要和他说话。"

"很抱歉。"小丽温婉地说，"他花钱雇我来接电话，似乎很傻。因为十个电话中有九个是找他的。"

来电话的那个人笑了，然后把他的名字和电话号码告诉了她。

小丽巧用幽默，恰当地帮自己缓解了工作压力。幽默可以在帮助人们缓解工作压力上起到一定的作用，但是幽默不是万能的，造成工作压力的原因也是多种多样的。

工作是我们赖以生存和发展的手段。工作中，我们有成功的欢乐，也有失败的酸楚；有晋职的喜悦，也有加薪的愉快。但更多的是人际关系的不协调，上下左右的不相容。如果运用幽默，我们的工作肯定会一帆风顺，卓有成效。

无论是在人事变动时被派到分公司，或转任较低职位的工作，都无须气馁颓丧。因为世事变化无常，就算被分至分公司，也是培养实力的大好机会。

某公司的职员被外调至分公司服务。决定人事变动的经理以安慰的口吻对他说:"喂!你也用不着太气馁,不久以后,我们还是会把你调回总公司来的!"

那位被调的职员以第三者旁观的口气,毫不在乎地说道:"哪里?我才不会气馁呢!我只不过觉得像董事长退休时的心情而已。"

这才是一个能做精神上深呼吸的人,面对外调,他不气馁,他懂得靠幽默来调节自己,从而能够使自己以良好的心态投入到新的工作中去。面对工作中的困难,我们除了要调节好自己的心态外,还能通过运用幽默与人分享笑,寻找一个共同的目标。

不论你从事的是什么行业,不论你是个生手或熟手,老板或属下,幽默力量都能帮助你与他人的沟通和交往,帮助你解决工作中的问题并顺利渡过困难的处境。

工作中,面对自己的成就不能骄傲自夸,这会拉开你和别人的距离,使自己站在了所有人的对面,这时不妨运用幽默,调侃一下自己的光荣和优点。

1950年,当布劳先生被任命为美国钢铁公司董事长时,有人问他对这个新职位的感想。他不愿表示兴奋,也不准备庆祝一番。

"毕竟,"布劳先生说,"这不像匹兹堡海盗队赢了一场棒球。"

布劳先生的幽默以对,显示出他为人不骄傲不自夸,能以新的眼光看待自己的荣耀，强化了自我形象，也更能赢得别人的尊敬。

我们认为"谦虚是美德"，并不是说凡事都要过于谦让，不与人争。在靠着自己的才能取得工作成绩时，我们一方面要强调那只是"幸运"或"大家的帮忙"，另一方面也要用委婉的方式表明自己的努力也是取得成功的关键。必要时，甚至不妨幽默地吹嘘一番。

一位外语能力很强，兼通各国语言的人，他可以很幽默地自夸说："我可以用英语、法语、德语、西班牙语来保持沉默，可是一旦有话要说，则只说英语。"

乍听之下，好像他说的仅仅是很谦逊的话，事实上他幽默的话语中却充满着自信的自我宣传。有时候，对于工作成绩非常明显的人来说，即便是幽默的自我夸耀也是不必的，因为，他所做的一切都早已经在别人的眼里和心里了。

这时候，他可以通过批评自己工作中的小失误的幽默方式来表现自己的谦虚，赢得员工、同事、上级等人的好感。

亨利在26岁时，担任了福特汽车公司的总裁，以前公司亏损严重，他上台后，大胆变革，扭亏为盈，虽然工作中也有许多小失误，但最终还是取得了很大成绩。

有人问他，如果从头做起的话，会是什么样子。他回答说："我看不会有什么非同寻常的作为，人都是在错误和失败中学到成功的，因此，我要从头来过的话，我只能犯一些不同的错误。"

亨利回避问话者的语言重点，故意避开自己的成绩不谈，反而拿自己在工作中的失误做谈论的话题，给人谦虚和平易近人的感觉。

最后，还要注意，面对工作成就，当你以幽默的方式表达出来的谦虚应该是一种发自内心的，真诚的表达。

幽默能解决工作难题

在人们的日常工作中，常常会遇到这样那样的难题，这个时候，如果能够巧妙运用幽默，说不定无形中就解决了很多问题。

麦克·阿里斯特是某大航空公司的主管工程师，被派去参加会议，讨论要不要将新型喷气引擎装在逾龄的飞机上。会上争论非常激烈，装与不装对立的两方争执不下，最后讨论会的主席打破了这种沉闷的气氛。

他说："这些老飞机就像老祖母，为老飞机装新引擎就好像替老祖母隆乳，虽然可能很浪费，也可能不浪费……不管怎么样，老祖母一定觉得很开心。"

笑从口出，思绪也同着笑，而更加敏捷。

幽默帮助人们解决了工作中碰到的难题。实际上在我们的工作中常常会碰到像上面所举的例子或其他类型的难办的事，用正常的方法很难解决，有时还得向幽默求救。

有一家航空公司的统计工程师，每年依惯例要向飞行员简报飞机性能的标准。统计工程师担心飞行员不会注意到他制作的统计图表，甚至怀疑有的飞行员不了解图表上曲线的含义。

他灵光一现，就在曲线的一端画上耀眼的太阳，表示性能良好，曲线的另一端画雨云表示性能差。

飞行员对他这一招非常喜欢，因而特别注意他的讲解，从统计表图中学到更多的东西。这位工程师用幽默达到了他的目的。

幽默不仅能有效地解决问题，而且还能改变工作中与上级、下属和同事的关系，这对你出色的工作是万不可少的。

有时，做错了事情，如果一本正经地去解释，领导可能不会谅解，而使用幽默的态度，效果反而不错。

上班迟到了，用什么方法来解围呢？"哎呀！我昨天加夜班，今晨好累，搭车竟然睡过了站。"可能会得到上司的同情。

　　杨杰所在公司的社长对下属非常严厉，公司员工都叫他雷公。

　　杨杰到外面办事回来，看到社长位子是空的，以为社长不在，就对同事说："雷公不在吗？"

　　说完发现屏风另一边，社长正在与客户谈生意。社长听到了他的话。他坐立不安，以为大祸临头，客户走后，杨杰来到了社长身边，惊恐地向社长道歉。

　　没想到社长微笑道："我们的雷公并不一定夏天才会响的。"杨杰听到了这句话，比平常挨骂效果好上百倍。从此，他再也不敢叫他雷公了，因为他有了反省的机会。

由此可见，上司在责备下属时，最好在言语中带有幽默语气，面带笑容地说出，这样一方面保住了对方的自尊心，又能达到责备的效果，你的下属只会更爱戴你。

办公室是工作的场所，建立良好的工作环境是十分必要的，如果你常给人们带来幽默，带来笑声，不仅可以活跃气氛，还可以招来同事们的喜欢。

当然，也可以用俏皮话与同事开玩笑，比如可以说："你们这些家伙够快了，才来一星期，工作进度已经落后一个月了。"再有"你的工作算是轻松的，我们那儿人事变动太快，桌上不用年历，只有周历"等，都可树立你幽默风趣、讨人喜欢的良好形象，为与同事们的相互支持、相互协调打下好的基础。

幽默能提高经济效益

现代生活，是以经济组合的，利用风趣幽生活一默，有时可达到经济的实现效益。

本田一郎是日本家庭配置药的推销员，负责配制药到各个家庭，几乎每半年就要拜访一次客户，如补充药物或是收取费用。本田一郎要访问家庭时，就会送些小孩的玩具，或是变些魔术，耍些小把戏，给那些人家的小孩欣赏，逗得他们哈哈一笑。

那些玩意都是很单纯的，不需要舞台道具就能表演，因为很受孩子欢迎，所以推销往往很成功。

他道出其中的秘诀，他说："我的口才不好，因此常常输给其他推销员，所以我就学会变魔术，逗他们乐，甚至教些小孩子玩，这种魔术都是简单易学的，所以孩子们都喜欢我。"

本田一郎的口才并不好，但却取得成功，主要靠的是幽默手段，他通过变魔术这个逗人发笑的手段，取得了孩子们的信任与喜欢。好的人际关系，必然带来好的商业收获。

所以推销的时候，适当地发挥幽默，必能使对方印象良好，交易的成功率明显提高。

有一位王先生到李先生的公司拜访，当他二人一见面时简直吓了一跳，因为李先生的身高只有158厘米，而王先生大概有195厘米，这实在是相当大的距离。李先生马上说："哇！你好高我真羡慕你。"

王先生也笑着说："不！我太高了，应该跟你中和一下才刚好。"此言一出，二人都笑了起来，此后谈话便显得轻松又愉快，交易也很快谈成。

面带微笑的销售服务，不仅能给对方产生好感，同时，也可使你在顾客心中留下很好的印象。

有一位有些秃顶的男士在柜台前看商品，售货员走上去对他说："先生，买顶游泳帽吧，好保护您的头发。"

顾客说："笑话，我这几根头发，数都数得过来。"

售货员机智地说："可戴上游泳帽，别人就数不清您的头发了。"

风趣幽默最重要一点，就是能让彼此在笑声中，产生经济效果。

还有一位女士买了一条黑狐围巾，她去找商店说："你们真是是奸商，我花了大价钱，买了你们一条黑狐围巾，不料遇到雨，黑色褪了，变成了褐色。"

皮货店经理并没有急于辩解，也不生气，而是幽默地一笑说："狐狸精真厉害，做成了围巾，竟还能变化！"

幽默的话语，缓解了双方紧张对立的气氛，为下一步解决问题，奠定了良好的基础。

幽默使上司笑口常开

上司与下属的关系，首先是一种领导与被领导的关系，但是除此之外，双方还应该建立友爱合作的关系。作为一个下属，在恰当的时间、场合，和上司开一个富有幽默情趣的玩笑，在搞好同上司的关系方面，可以收到非常好的效果。

不过，俗话说：伴君如伴虎。在个人关系上还需要主动与上司保持合适的距离，距离太远了不好，距离太近了也可能会很糟。

其实，让老板笑口常开不仅仅是找到工作之后的事情，在找工作的过程中，求职者就可以运用幽默的力量逗得老板一开笑口。找到一份称心如意的工作，是求职者最大的心愿。但求职不易，有时我们在苛刻挑剔的雇主面前一筹莫展。这时，何不借助幽默的魅力让面试你的老板笑一笑，这对你取得面试的成功必然会有助益。

　　一个人在外面找工作，他来到麦当劳。老板问他会做什么，他说我什么都不会，不过我会唱歌。

　　老板说你就唱一首试试，于是他就开始唱了："更多选择更多欢笑，就在麦当劳！"

　　老板一听就乐了，接着问了他一些对麦当劳有什么了解之类的问题，最后，他被顺利录用了。

　　上面的例子中，求职者在面试中借助了幽默的力量，他首先就以唱歌的方式说出了麦当劳的广告语，表明了自己对麦当劳是很关注的，也有一定的了解。他在博得老板一笑的同时，获得了老板的好感。工作太累的时候，难免会偷懒，这时候如果被老板看见了，你该怎么办呢？

　　有一个建筑工人在工地里搬运东西，每次只搬一点。工头不得不开口说话。工头以纠正的口吻对他说："你想你是在做什么？你看看别人搬那样重的东西！"

　　"嗯哼，"工人说，"如果他们要懒到不像我搬这么多回，我也拿他们没办法。"老板被他逗笑了。

　　工人以幽默的口气为自己的偷懒行为辩解，老板即使会批评他，也会比较随和，责罚也会比较轻。假如你对于装疯卖傻的演技颇有心得，无妨也在对您颇有微词的老板面前，以若无其事的态度告诉他下面的小笑话，且看他的反应又如何呢：

"幸好我已经娶老婆了。"

当然，你的老板无法了解你这一句话的意思，必定会一副茫茫然的样子，莫名其妙地看着你！

就在这时候，你可以不声不响像自言自语地对自己说："所以我现在才习惯别人对我的唠叨了……"

如果你能够微笑着说的话，你的老板也必会露出会心的一笑！而就在你表现出沉着的大家风范，且老板又似乎对你放松敌意时，就正好有机会使他改变对你以往的错误观念。

让你的老板笑口常开，你的工作就能进行得更加顺利。

幽默能使你苦中作乐

幽默，可以让人觉得醇香扑鼻，隽永甜美。幽默，可以把别人的心吸入你的幽默磁场，在一起笑的时候，使彼此的感情产生交流。如果我们在工作中遇到了什么困难，难以解决，就可以适当地运用幽默这个武器，促进问题的解决。

一个居民的房屋漏雨，每次请求修缮都没有结果。一天，物业领导视察民情，也问及他的房子一事。

人们以为他会大诉其苦，却没想到他微微一笑说："还好，不是经常，只是下雨时才漏。"他的妙语博得领导一阵大笑。几天后，修房问题妥善解决。

凡人的幽默，可以使愁眉不展者笑逐颜开，也可以使泪水盈眶者破涕而笑；可以为懒惰者带来活力，也可以为勤奋者驱除疲惫；可以为孤僻者增添情趣，也可以使欢乐者更加愉悦。

唐恩是牛津大学哲学系毕业的，毕业后找不到工作，一直失业在家。后来，一位大学同学介绍他到动物园打工，他很高兴地去了。原来动物园有只老虎生病送医院，要他穿上虎皮暂代一下。他想反正也没人看得出是他，就答应了。

穿上虎皮进了兽笼后，他就很尽职地走来走去装老虎。没多久，兽笼打开，竟然又进来一只老虎，他吓得一直往角落退；而那只老虎一直向他逼近……最后退到无路可退时，那只老虎说话了："老兄别怕！我是剑桥哲学系的！"

工作中有苦有乐，这位牛津大学哲学系的唐恩同学在困窘之中的一份工作经历就让人忍俊不禁，他认为自己一个名校生去装扮动物有些不好意思，谁知另一个装扮老虎的竟然是剑桥的。名校生去动物园工作的现实，揭示了职场竞争的残酷。

第三节 幽默智慧的运用提高

妙趣横生的装傻充痴法

装傻充痴法就是一个正常的人故意装傻充痴，从而达到幽默的喜剧效果。请看下面的例子：

> 一浴池招聘员工。
>
> 老板："若你走错了房间，进入了女浴室并看到一女士在淋浴，而且她也看到了你，你该怎么办？"
>
> 甲："什么也不说，赶快退出来。"
>
> 乙："对不起，小姐。"
>
> 丙："对不起，先生。"
>
> 结果丙被录取了。

有时最高的社交智慧在于显得一无所知。不必真是白痴，看来像就可以了。你懂得装蠢，你就并不蠢了。这种技巧最为简单：把你的聪明放在冰山下面，跟没有任何智力一样。

言语交际中，故意说"痴言呆语"，会使你的语言幽默风趣，妙趣横生，创造轻松、活泼、诙谐的交际氛围。故作"痴言呆语"

会让人诧异，感到"荒唐至极"，瞬间思考后便恍然大悟，觉得巧妙绝伦，谐趣无穷，发出会心的微笑，赞美说话者超人的智慧和高雅的幽默。比如下面这个幽默：

> 一觉醒来后，妻子对丈夫说："我刚才做了一个梦，梦见你在情人节时送给我一串珍珠项链，你说这个梦是什么意思呢？"
>
> "今晚你就会知道的。"她丈夫回答说。
>
> 这天晚上，她丈夫带回一个小包给她，她满怀喜悦地打开一看：里面是一本书，书名就是《梦的解析》。

这种"装傻"的办法无疑要比直截了当地说："我没钱""不许买"来得更艺术一些，更能表现出幽默感。

故作"痴言呆语"是高超的社交幽默技法，具有是痴非痴的特点。在具体运用时，必须注意三点：

一是扮演痴呆人角色。只有这样，才能使人产生疑问，继而加以思索，随之理解用意，捧腹大笑。

二是让人明白你的用意。如果别人不理解你"痴言呆语"背后隐藏的真实用意，幽默感就不会产生。

三是打破生活常规。顺着生活中固有的逻辑思考便不可能幽默。

形象生动的比喻幽默法

比喻是用有相似点的事物打比方，用具体、浅显、熟知的事物作比来说明抽象、深奥、生疏的事物的修辞手法。

比喻是幽默艺术中常用的修辞格式之一，有明喻、暗喻和借喻三种。幽默艺术在运用语言移植技巧时常采取明喻和暗喻手法，在运用语言交叉技巧时常采取借喻手法。

明喻由本体、喻体和喻词三部分构成，暗喻由本体和喻体两部分构成，借喻则是以喻体代替本体。

在语言移植技巧手段中，本体、喻体和喻词之间的差距极大，褒贬色彩也截然不同，含蓄而又出人意料的比喻给人以意料之外、情理之中的感觉，产生意味深长、忍俊不禁的幽默效果。

在语言交叉技巧手段中，巧妙的借喻使表面意义上的喻体和其所暗示的、带有一定双关意义的本体构成交叉，令人在领悟了比喻的真正含义后发出会心的微笑，因而具有很强烈的幽默效果。

在口语表达中，运用恰当的比喻可使言谈话语既形象生动又风趣幽默。

1945年，当富兰克林·罗斯福第四次连任美国总统时，《先锋论坛报》的一位记者去采访他，请总统谈谈四次连任的感想。

罗斯福没有立即回答，而是很客气地请记者吃一块三明治。记者得此殊荣，便高兴地吃了下去。

总统微笑着请他再吃一块，他觉得这是总统的诚意，盛情难却，就又吃了一块。

当他刚想请总统谈谈时，不料总统又请他吃第三块，他有些受宠若惊了，虽然肚子里已不需要了，但还是勉强把它吃了。这时，罗斯福又说："请再吃一块吧！"

这位记者赶忙说："实在是吃不下了。"这时罗斯福方微笑着对记者说："现在，你不会再问我对于这第四次的连任的感想了吧！因为你刚才已感觉到了。"

罗斯福采用的就是比喻的方法制造的幽默。下面的这个故事中的主人公运用的也是以事喻理的比喻幽默法。

摩根先生家来了一位客人，说是要向他请教做生意的学问。可是摩根先生还没有开口，客人自己却滔滔不绝地大讲起来。

摩根先生听了一会，实在没有办法，就往客人面前的茶杯里倒水。水倒满以后仍在继续倒，流得到处都是。

客人终于忍不住了。"您难道没有看见杯子已经满了吗？"他说，"再也倒不进去了！"

"这倒是真的。"摩根先生停下来，"和这只杯子一样，你的脑子里已装满了自己的想法。要是你不给我一只空杯子，我怎么给你讲呢？要知道，是你来向我请教的！"

比喻在逻辑思维中虽有局限性，但在形象思维中则是个战无不胜的法宝。钱钟书先生在日本东京早稻田大学作演讲时，礼节性的开场白就不同凡响：

"到日本来讲学，是很大胆的举动。就算一个中国学者来讲他的本国学问，他虽然不必通身是胆，也得有斗大的胆。理由很明白简单：日本对中国文化各个方面的卓越研究，是世界公认的；通晓日语的中国学者也满心钦佩和虚心采用你们的成果，深深知道要讲一些值得向各位请教的新鲜东西实在不是轻易的事。我是日语的文盲，面对着贵国'汉学'的丰富宝库，就像一个既不懂号码锁，又没有开撬工具的穷光棍，瞧着大保险箱，只好眼睁睁地发愣。但是，盲目无知往往是勇气的源泉……"

钱钟书先生在肯定日本对中国文化各个方面的卓越研究的同时，用鲜明形象的比喻谦虚地表明自己是日语的文盲，并自然地导入正题。这段开场白既形象风趣，又不失礼节，主要得力于他素来对比喻的艺术功用钻研颇精，能灵活自如地运用比喻丰富自己的语言，使其言谈话语中妙譬巧喻，信手拈来，幽默陡增，成为"钱钟书风格"的一个显著特征。

比喻法是根据类似联想，选取乙事物（喻体）的某一种特征来描绘甲事物（本体）。它的主要功能便是造成语言的形象性。当然，一般的比喻与我们幽默范畴里的比喻是有区别的。要使比喻体现出幽默感，就必须使比喻参与创造"以言语条件使崇高鄙俗化"的"语言心理"结构。那么，比喻法如何参与这个语言心理结构的创造呢？

首先，所要描绘的本体事物自身存在着一定的缺陷。比喻法可以用形象的手法强化这些缺陷，使其缺陷更加显眼可笑。

其次，所要描绘的事物本体，原本是属于尊贵的、崇高的或严肃、重要的，而讲述者故意用低贱、卑俗甚至令人恶心的喻体去描绘。本体事物因此而被降格，导致鄙俗、滑稽。

比如，有人问一位采购员说："采购工作好不好？"

他这样回答："出门是兔子，办事是孙子，回来是骆驼。"

"兔子"是指出门为了抢时间，赶车赶船跑得快；"孙子"是指为了买到所需货物，不惜低头哈腰地向人家客客气气；"骆驼"是指回来的时候，不仅要办好货物托运还要给老婆孩子买东西，负载很重。他用形象的比喻说明采购工作是个吃苦受累的活。

比喻法的应用有一个原则，就是对一些人和事物的"降格"处置可能会招来反对或反感，所以故事的善后处理的艺术就显得十分重要和必要。

启发想象的假设幽默法

假设的幽默手段是智者的一种思想火花，是一种丰富的想象力的表现，这是它和其他手段相类似的地方。但是，它又可以取得其他的幽默手段所得不到的反馈：可以极大地发动对方的想象力。这种被启发出来的想象力，更增添了笑料的魅力。

由于假设的手段应用起来比较便当、简捷，因而常常被用于小幽默之中。报上曾登过这样一条消息：

某人为了治疗自己的脱发病，每晚都用妻子的尿液洗头，因为有人告诉他这种尿液里含有丰富的生长激素。

于是记者调侃道："幸好他的胡子长得还好，用不着这样。"

这样一段假设，把读者的想象尽带到幽默之中了。

正因为假设可以构成幽默，所以儿童的语言，常常构成一种天然而不带雕琢的幽默，因为儿童的思想常常含有假设的成分。

有一则小幽默：

爸爸给女儿讲他小时候家境贫寒、受尽苦难的经历。小女儿两眼含泪，十分同情地对爸爸说："哦，爸爸，你是因为没有饭吃才到我们家来的，是吧？"

这是孩子纯真的想象，也就是一种假设，孩子的"大概如此"，常常使大人感到了幽默。

假设是一种想象，幽默的假设则是一种大胆的想象。由此可以想见，一个富于想象的人，必定会是一个富于幽默的人；一个富于想象的民族，必定会是一个富于幽默的民族。

耐人寻味的谐音幽默法

运用谐音法，对不便明说的丑恶现象和人物，进行讽刺鞭笞。

宋朝时有个人喜欢咬文嚼字，动不动还咏诗作赋。

后来，他听说欧阳修擅长作诗，心中很不服气，就想去看个究竟。走到半路上，他看见一棵死树，诗兴大发，吟了两句：

"门前一古树，两股大桠杈。"想再吟下去，却再也想不出词儿来了。

正巧，欧阳修从后面来了，就替他续了两句："春至苔为叶，冬来雪是花。"

这人回头一看，是个老头，就说："老伙计，想不到你也会做诗。那我们一起去拜访一下欧阳修，看他有多大能耐。"

于是，他们便一同上了路。在一条河堤边正好有一群鸭子跳进水里，那人便吟道："一群好鸭婆，一同跳下河。"欧阳修听了，便又续了两句："白毛浮绿水，红掌拨清波。"

后来他们一同渡河，这人在舱里又做起诗来："两人同登舟，去访欧阳修。"

欧阳修便又帮他续上了两句："修已知道你，你还不知修（羞）。"

谐音幽默法在现代交往中也非常有用。

某日，王强带着11岁的儿子捧着一盒包装精美的糖果登门造访一位朋友。临走时，坚持留下那礼物，说："根号2啊，收下吧！"

"根号2？"主人愣住了。

哪知那11岁的鬼灵精接着说："根号2就是1.41421……就是，意思意思而已啦！"

人的心理，社会心理，在许多事情上是自相矛盾的。比如送礼就是。一方面主张"君子之交淡如水"，一方面又说"礼尚往来人之常情"，所以在送礼与收礼时，往往处在进退两难的境地。倘若说："根号2，收下吧。"那就大出新意，在心照不宜的笑声中，一切都"功德圆满"了。

根号2＝1.41421又与"意思意思而已"谐音，这是又转一道弯。幽默往往表现为曲线的。这样，就在笑声中，更耐人寻味了。

借此喻彼的张冠李戴法

一个学校进行考试，老师在监考时对学生说："今天的考试，我们要求同学们'包产到户'，不要走'共同富裕'的道路。"

这位老师的话引起了同学们的会心一笑，知道老师说的是不允许相互提供方便，要自己答自己的卷子。但老师的话妙就妙在没有直言考场纪律，而是用两个农村改革中的专业词语来代替："包产到户"代替"自己答自己的卷子"，"共同富裕"代替"相互帮助"。

由于"包产到户"和"共同富裕"的巧妙借喻与考场上紧张严肃的气氛格格不入，形成强烈的反差，所以产生了幽默感。这种不直接表述某种事物，或不直说某事某人的名称，而是用其他相关的词语、名称来取而代之的幽默方法，我们称之为"张冠李戴"。它与修辞中的借代基本上是相同的。

我们在观赏马戏团的演出时，经常会觉得那些穿人类服装的猩猩、猴子之类非常滑稽可笑，因为兽类本来不具有文明的特征，把人类文明的东西强加于动物身上，自然给人以不协调感，所以容易为之发笑。这就是张冠李戴造成的喜剧效应。

说话也是这个道理，故意地用甲来代替乙，并使之在特定的环境中具有不协调性，且意味深长，便是幽默了。

　　一个记者请某领导人谈谈他保持身体健康的经验。

　　那领导笑着回答："经验只有一条，那就是保持进出口平衡。"一句话，让在座的人都笑了。

"进出口平衡"本是外贸行业里的一个比较大的术语，却被这位领导借代到饮食养生问题上来，其言外之意是不言而喻的。既说明了新陈代谢对身体的重要意义，又在不协调的借代中造成一种大与小的反差，听之趣味无穷。

这位领导选择的"帽子"无疑是十分恰当的，因其恰当，才使人产生了丰富的联想，在联想中咀嚼出幽默的味道。

选择恰当的"帽子"，主要有两个渠道。一是从现成的行业术语、专业术语、政治术语中去选择，像前边提到的"包产到户""共同富裕"和"进出口平衡"等都属此类，相对来讲，这样的选择比较容易。二是在交际过程中选择适当的词语来完成换名，这种选择和应用相对要难一些，但只要替代得好，更有现场效果和机智的幽默感。

　　在一次访美期间，丘吉尔应邀去一家专门做烤鸡的简易餐厅进餐。丘吉尔很有礼貌地对女主人说："我可以来点儿鸡胸脯的肉吗？"

　　"丘吉尔先生，"女主人温柔地告诉他，"我们不说'胸脯'，习惯称它为'白肉'，把烧不白的鸡腿称为'黑肉'。"

　　第二天，这位女主人收到了一朵丘吉尔派人送来的漂亮的兰花，兰花上附有一张卡片，上写："如果你愿把它别在你的'白肉'上，我将感到莫大的荣耀——丘吉尔。"

女主人挑理见怪，非要称"胸脯"为"白肉"不可，弄得丘吉尔当时显得很被动。但丘吉尔很快就从被动中走出来，为了嘲弄女主人的咬文嚼字，他现买现卖地把"白肉"借用过来，以"白肉"来代称女主人的"胸脯"，这显然是把鸡和人扯到了一起，给人赋予了鸡名称，诙谐的讽刺中多了几分幽默感。借用现场的交际语来实现张冠李戴的幽默，体现了丘吉尔的聪明机智。

借用交际语必须有一个前提，就是双方都是当事人，都明白那个借体所用来代替的事物是怎么回事。如果你将一个地方的交际语拿到另一个交际场合去张冠李戴，由于对方不明真相，你的幽默力量便不会传递给对方，那么你的幽默也就失败了。

反差明显的夸张幽默法

夸张是根据表达需要，对客观事物的某些方面故意进行夸饰铺张，言过其实地进行扩大或缩小，而引起想象力的修辞手法。

"白发三千丈"是夸张名句而非幽默。夸张要产生幽默，还要同生活中错谬乖讹或滑稽可笑之处相联系，即通过对生活中乖讹可笑之处的极力夸大渲染，来揭示生活中某些不合理或不和谐的现象，进行善意的嘲讽和规劝。

一般常采取大词小用、小词大用、庄词谐用，并根据现有条件进行合理想象和似是而非的逻辑推理，将结果极力夸饰变形，产生诙谐幽默的效果。

有一位胖胖的美国女演员曾自我解嘲："我不敢穿上白色游泳衣去海边游泳；否则，飞过上空的美国空军一定会大为紧张，以为他们发现了古巴。"

这则谈话是拿自己的肥胖逗乐，发挥想象力进行了夸大渲染，使人听了这种绝妙而直观的夸张，不但能忽略了其身体肥胖臃肿的丑的一面，反而能从其充满调侃自信中感受到乐观生活态度的享受。

下面这则大家比较熟悉的幽默"心不在焉的教授"，也是运用了夸张这一手法的：

教授：为了更确切地讲解青蛙的解剖，我给你们看两只解剖好了的青蛙，请大家仔细观察。

学生：教授！这是两块三明治面包和一只鸡蛋。

教授（惊讶地）：我可以肯定，我已经吃过午餐了，但是那两只解剖好的青蛙呢？

皮哈开垦了一小块土地，并且种上豌豆，当他把一切完成后，他的邻居忽然来访。"你种什么了？"他问道，眼睛看着皮哈刚刚开掘的一个个深坑。

"豌豆。"皮哈大声答道。

"你忘了做一块墓碑。"

"做墓碑？"皮哈不解为什么要做墓碑。

"哦，"他摇着头说，"你把这些豆子埋到那么深的地下，它们就应当得到一块适当的墓碑。"

在运用夸张幽默法时，可以通过对生活中丑的因素的极力夸大、渲染，来揭示生活中某些不合理与不和谐的现象，对自己、他人及社会现象的嘲讽和规劝，从而产生幽默。

里根在竞选美国总统演讲时，抨击物价上涨说："妇人们，你们都知道，最近，当你们站在超级市场卖芦笋的柜台前，你们就会感到，吃钞票比吃芦笋还便宜一些。你们还记得当初你们曾经认为没有什么东西可以代替美元吗？而今天美元却真的几乎代替不了什么东西了！"

里根通过对美元贬值的夸张，激起了选民们对物价上涨的强烈不满，对当政者的不满，迎合了选民的心理，从而赢得了选票。

夸张法在操作过程中有几点应该注意：

首先，运用夸张时要抓住事物的关键特性，主次分明，轻重得当。

其次，夸张要有事物客观规律的内在依据和联系，也就是说，要合乎情理，给听众的跳跃性思维提供一块现实基础做跳板。

再次，要掌握好夸张的分寸感，不是越邪乎越好。项羽"力拔山兮气盖世"，他要改成"力拔地球气盖世"就不好玩儿了。

最后一点，作为幽默手法的夸张不同于文学修辞，它必须或巧，或怪，或奇，或新，以产生不协调，形成明显的反差，从而引人发笑。

一语两用的双关幽默法

一语双关是在说话时，故意使某些词语在特定环境中具有双重意义的方法。双关是利用词语的同音或同义的关系，发挥其在特定语言环境中的双重意义，言此喻彼，巧妙地传递蕴藏在词语底层潜在信息的修辞手法，即所谓"醉翁之意不在酒"，指桑骂槐。

比如，美国第三十八任总统杰拉尔德·福特，说话就喜欢用双关语。

有一次，他回答记者提问时说："我是一辆福特，不是林肯。"

众所周知，林肯既是美国很伟大的总统，又是一种最高级的名牌小汽车；福特则是当时普通、廉价而大众化的汽车。福特说这句话，一是表示谦虚，一是为了标榜自己是大众喜欢的总统。

双关分为谐音双关和语义双关两种，将其恰当运用于口语表达中，可以增添言谈话语的幽默感。

一位年轻的作者到编辑部送稿，编辑看后问道"小说是你自己写的吗？"

"是的。"年轻人回答：我构思了一个月，整整坐了两天才写出来，"写作太辛苦了！"

编辑突然大发感叹："啊！伟大的契诃夫，您什么时候又复活了啊！"年轻人红着脸悄悄地退出了编辑部。

这位编辑利用一语双关的方式批评了年轻人，"伟大的契诃夫您什么时候又复活了啊！"隐含着"你抄了契诃夫的作品"之意，既含蓄诙谐又具有强烈的讽刺力量。可以想见，这样的批评效果远比板着脸快语明言教训人要好得多。

有一则寓言说，猴子死了去见阎王，要求下辈子做人。阎王说，你既要做人，就得把全身的毛拔掉。说完就叫小鬼来拔毛。

谁知只拔了一根毛，这猴子就哇哇叫痛。阎王笑着说："你一毛不拔，怎么做人？"

这则寓言表面上是在讲猴子的事情，却很幽默地表达了"一毛不拔，不配做人"的道理，虽然讽刺性很强，却也委婉、含蓄。

利用字的谐音来制造双关的效果，会显得很有幽默感。

　　传说李鸿章有一个远房亲戚，胸无点墨却热衷科举，一心想借李鸿章的关系捞个一官半职。他在考场上打开试卷，竟无法下笔。眼看要交卷了，便"灵机一动"，在试卷上写下"我乃李鸿章中堂大人的亲妻（戚）"，指望能获主考官录取。

　　主考官批阅这份考卷时，发现他竟将"戚"错写成"妻"，不禁拈须微笑，提笔在卷上批道："所以我不敢娶你。"

"娶"与"取"同音，主考官针对他的错字，来了个双关的"错批"，既有很强的讽刺意味，又极富情趣。

第三章

会拒绝

拒绝是一门学问，有些时候，我们心里很不乐意，本想一口拒绝，但有时却碍于情面，违心点头应允，给自己留下长久的不快。其实，拒绝是一种权利，我们应该正确地运用这个权利，潇潇洒洒做人，快快乐乐处世。

第一节　拒绝是一种人生智慧

拒绝他人并没有错

我们生活在这个社会，每天要面对很多人。有时候，我们要请人帮忙，有时候，也有人找我们帮忙。但是更多的时候，我们会面对有些人无休无止的纠缠。他们总是要求我们去办一些自己难以办到或者不愿意办的事。但是，碍于情面，我们又不好意思拒绝别人，因为我们害怕伤害了别人。

下面来看两个案例：

有一个年轻人叫刘晓，今年28岁，在北京一家外资企业里任职。很多人都觉得，刘晓的生活很顺畅，从一个小城市出来，在北京站稳脚跟，还有一个漂亮的女友。所以，刘晓是很多朋友的榜样。

不过，刘晓却并不这么看。

有一次，他和同学吃饭时透露："我其实经常感觉自己特别窝囊。和咱同学或很多朋友有时候有分歧，还没说两句，我就蔫了，不再说话。你别看我文质彬彬，其实我的心里一点也不好过！和女友也是一样，每次都是我让着她。我越是客气，其实就越是痛苦，但是我没法发泄！"

同学很惊讶，问他为何不进行争论，拒绝他们呢？

刘晓懊恼地说："因为我害怕伤害他们，害怕伤害到我们的友谊。你说，即便我据理力争，到头来是我对了，可是又能怎么样呢？背地里，他们会不会觉得我太过咄咄逼人？"

再看另一个案例：

还有一个年轻人名叫边守国。这个人也因为一件事而无比纠结。有一次，他在酒后和一群朋友说："我现在根本不愿意回家，因为我女朋友天天和我逼婚。我觉得，自己还在上升期，等工作真正稳定下来，再好好举办婚礼。可是，哎，她天天缠着我问我是不是可以结婚了，我看着她的样子，根本就不敢说稍等两年。你们根本不知道，我这种痛苦！"

其中一个朋友无奈地说："可是，你也没必要为完全不伤害对方情感，就这么委屈自己啊。还是有办法解决……"

边守国打断了他："根本没有，我根本不知道该怎么办！我现在在外面天天喝酒，就是为了喝个烂醉，回家就可以直接睡了！"

现实中，如刘晓和边守国这样的人，丝毫不在少数。这些人有一个明显特点，那就是：不作出拒绝的决定，并非是因为理性的分析，而是出于害怕伤害别人。

所以，为了保证他人不受伤害，他们就呈现出一种似乎什么都可以接受的姿态。潜意识里，他们会幻想这样的画面：一旦说出了"不"，那么对方定会变得暴怒不已。正因为如此，他们只好选择委曲求全，选择了答应，就将痛苦留给自己承受。

一次两次如此，这本不是什么大事。生活于世，谁没有受过一点委屈？如刘晓和边守国这样，长期压抑自己的情绪，甚至带着胆战心惊的心态去生活，那么会导致怎样的问题？轻则，变得毫无自主能力，无论做什么事情，都要依赖他人；重则，产生严重的心理问题，出现抑郁、躁狂等精神类疾病。结果到头来，伤害的只有自己。

相信没有人愿意走上这样的道路。那么，我们究竟为什么会变得如此？一方面来说，这是从小的习惯造成的。小时候，因为很多事情都是由父母做主，所以我们习惯了听取别人的意见。如果这种情况没有在青春期阶段得到纠正，那么走进成年期后，就会发展成为一种心理障碍，从而呈现出一种懦弱的性格。

是的，你总是担心拒绝会伤害别人，这正是一种懦弱的体现，一种心理不成熟的体现。

而从另一方面来看，则是因为自己根本不懂得如何正确地拒绝。试想，你一开口，就是"不对，你说的都是错的！""不可以！你这么做就是自找苦吃！"这样的回答，怎么可能不伤害对方呢？

所以说，想要改变自己不敢说"不"的情形，一方面，要从习

惯入手；另一方面，要从拒绝的方式入手。以下几点，我们一定要
牢记在心：

尝试着换一种说法去拒绝

很多时候，我们可以用一种较为缓和的语气进行拒绝，这样对
方就能感受到被尊重。例如，当想要否定朋友的某个看法之时，不
妨这样说："的确，你说的是有道理。可是这中间有一个小细节，
是咱们都忽略了的……"

这样一来，你不仅回绝了对方，还用"咱们"这样的字眼儿将
彼此联系在一起，这就会让对方感受不到你的敌意。这时候，你再
去阐述自己的一些观点和道理，对方就会很容易接受。

同样，对于婚姻之事，倘若案例中的边守国可以这么说，也会
取得很好的效果："亲爱的，我很理解你的心理。但是，现在我们
都还在初级上升阶段，并没有完全稳定下来，这个时候如果大办婚
事，必然开销不小，不是咱们可以承受的。当然，我不会辜负你
的，要不然我们先领证，暂时不大办婚礼，然后等好一点了再给
你风风光光地补上，亲爱的，你看怎么样？这样，我就永远属于
你了！"

这样的语言，既透出了一丝甜蜜，又说明了现实情况，还能够
拒绝另一半的逼婚，怎会伤害对方？

明白拒绝并非有错的道理

其实，我们要明白一个道理：有时即便你的拒绝很合理，对方
依旧生气，但这并不是你的错。面对这样的情形，我们不要产生内
疚之情，因为有的人就是如此蛮不讲理，例如一些带有"公主病"
的女孩，或是那些从小被娇生惯养的男孩子。面对这种人，拒绝虽

然让他们感到受伤害，但这是他们自己造成的，并不是我们的错。

对于他们，即便拒绝让其不高兴，我们也应该毫不犹豫。相信如果有一天，他们学着开始长大和成熟之时，再回想曾经做过的种种举动，对你的怨言就会烟消云散。

拒绝是一种智慧

在日常生活中，我们都不可避免地会遇到需要拒绝的人或事，面对别人提出的不合理、不合适的要求和自己不愿意去做的事情，我们需要大声说"不"，不要忍受欺负，不要总是对别人言听计从。

虽然，拒绝是必然的，一旦拒绝时，你的方式却是需要考量的。直接地拒绝将意味着对他人意愿或行为的一种否定，无形中会打击对方的自信心，甚至伤害对方的自尊心。

那么，如何保全双方的面子，又巧妙地达到拒绝的目的呢？我们可以通过语言来向对方暗示"拒绝"，拒绝也是一种艺术，这样既能达到巧妙拒绝的目的，又不至于让对方心里产生不快的情绪，这才是最高明的拒绝。

某些时候，我们不得不拒绝。当然，拒绝并不是以伤害他人为目的，而是以和为贵，所以尽量要在保全双方面子的前提之下进行。

一位男青年被女播音员优美动听的声音吸引，来信希望见一见播音员本人，对此，播音员回信说："这位听众朋友，首先，我了解你的心情，感谢你的好意。你听过'知人知面不知心'这句格言吧，看来，交朋友最难的是交心。那么，还是让我们做知心的朋友吧！"

通过语言暗示"拒绝"，而且拒绝方式极其婉转，回应了男青年提出的唐突要求。

拒绝的话一向都不好说，说得不好很容易扫了对方面子，或者让自己陷入尴尬境地。所以，我们在拒绝他人时，需要讲究策略，最关键的一点就是用含蓄委婉的语言来传达"拒绝"的心意。

在拒绝的时候，我们需要考虑到对方的面子，而幽默的拒绝恰好可以巧妙地体现这一点。用幽默的方式来拒绝对方，让对方在毫无准备的大笑中"失望"。比如面对同事相约去钓鱼的要求，"妻管严"丈夫回答"其实我是个钓鱼迷，很想去的，可结婚以后，周末就经常被没收了"，同事哈哈大笑，也就不再勉强他了。

意大利音乐家罗西尼生于1792年2月29日，因为每4年才有一个闰年，所以在他过第18个生日的时候，他已经72岁了。在他过生日的前一天，一些朋友告诉他，他们凑集了两三法郎，要为他立一座纪念碑。罗西尼听了以后说："浪费钱财！给我这笔钱，我自己站在那里就好了！"

罗西尼本来就不同意朋友的做法，但他并没有正面拒绝，反而提出一个不合理的想法，含蓄地指出朋友的做法太奢侈了，点明了这种做法的不合理性。

拒绝是需要讲究技巧的，尤其是语言上的诀窍之处，只有掌握了这些技巧，才既不得罪人，又能让别人欣然接受。

拒绝是我们的权利

英国著名作家毛姆的小说《啼笑皆非》中有个故事让人感触颇深，甚至会让我们产生类似于书名的感受。

一个经常被人忽略的小人物，平时没人关心他，更没什么人乐意与他交往，以前的朋友也与他关系疏远。然而，否极泰来，这个小人物突然有一天出名了，大街小巷没有人不知道他，因此，上门道贺的人络绎不绝，认识的人和不认识的人，都自称是他的朋友。

这时候，他过去的一位老朋友也和别人一样前来道喜。到底要不要见一见这位老友呢？他心里很矛盾。这么久没有联系了，见面了，很难找到任何共同的话题，强颜欢笑也不过是浪费彼此的时间。然而，人家也是一番善意，专程来拜访自己，自己躲着不见人，难免显得小气。万般纠结下，他还是选择接受老朋友的拜访。

简短的交谈后，这位朋友向他发出邀请，请他到家中吃饭，本来这次见面就让他很勉强，马上还要再次见面，而且还要在对方家里就餐，实在让他为难。但是对方热情邀请，他很难把拒绝说出口，他还是假装很开心地接受了。

在朋友家吃饭时，为避免饭桌上冷场的尴尬，他刻意制造话题，但是气氛还是无法活跃，这饭吃得实在煎熬。

人们都讲究礼尚往来，两次见面令小人物都很痛苦，但是他得讲究礼节，朋友请他用餐，他也得回请人家，所以在饭后与朋友告别时，他又邀请了朋友来吃饭。

自己现在怎么说也是个名人，做事得有面儿，于是他开始苦思冥想：带朋友去哪里吃饭才妥当呢？既不失自己的身份也让朋友能够开心。去太高档的地方，担心朋友会多想，觉得自己出名了在朋友面前臭显摆，会伤了朋友的面子。去普通饭店吧，又怕朋友觉得自己小气，怠慢了朋友，思来想去，越想越烦……

小说中的故事经过艺术加工，多少有点儿夸张，但是艺术源于生活，生活中类似的事情比比皆是。

很多事情，本来一开始就该直截了当地拒绝，和对方讲清楚，说明白，就不会有以后连串的麻烦事儿。但是我们往往会受"不好意思"心理的影响，最后做出违背自己意愿的决定，答应对方的请求，最后搞得双方都很尴尬、窘迫，自己也疲惫不堪。

带着这种想法去做事，自以为考虑到了所有人的感受，但是对方未必是这么想的，可能你的好意对方根本没感受到，或者你的想法根本与对方的不一致，对方自然也就不会接受你的好意。每个人都有自己的人生观、价值观，因此，每个人对事物的感受也不一样，所以你无法令每个人都对你满意。

这就是生活，这就是现实，不是你的所有付出都会得到相应的回报。所以，你自以为考虑全面，做到尽善尽美，每个人都应该对你很满意，更不会损害某个人的利益，公事私事都处理得当，事实上这是不可能的。所以，我们不要忘记自己所拥有的那个权利——拒绝，要适时运用这个上帝的礼物。

生活中，我们常常会遇到很多难题：做事力不从心；别人送的礼物不合自己的心意；某人的行为违背了我们的做人原则；朋友求助，自己被琐事缠身无法帮忙；等等。当被这些难题所困扰时，要记得运用我们的拒绝权利，拒绝自己不想要的东西，坚守自己的立场，勇敢选择自己想要的东西。

漫漫人生路，我们需要拒绝的时候很多很多，因为我们在同一个时间只能做出一个选择，我们就不得不拒绝其他所有的可能。在我们纷繁复杂的生活中，时刻存在着拒绝，如果我们想要坐着，就只能拒绝与站、躺、跑、跳等一系列其他动作相关的活动；如果我们选择周末在家读书，就得拒绝出去游玩、和朋友聚会等其他活动；如果我们选择在乡村过安静、简单、淳朴的生活，就必然要拒绝大都市的灯火辉煌、繁花似锦、车水马龙；如果我们选定一人厮守终身，就必须要拒绝别人的深情厚意。

拒绝就像努力活着一样，是我们的权利，是我们活着主动追求自己想要的东西的权利，这是生命赋予我们的。

获得诺贝尔文学奖的中国作家莫言，在获奖后非常高兴，开玩笑说自己也要买个大房子住，而且在北京买，用他的奖金。某慈善家听闻后，主动提出送一套房子给莫言，自己的两套别墅让莫言随便选一套，选好随时人住。

莫言的父亲听了这话，直接就给拒绝了，说他们家是种田的，他儿子出身农民家庭，不需要什么别墅；流汗出力种田，收获粮食时，心里那是真的踏实，这个不是劳动换来的，他家莫言不要。

拒绝是上天赋予我们的权利，在生活中我们要学会运用这项权利，因为我们要经常面临拒绝的时候。我们不是圣人更不是超人，做任何事都不可能维护所有人的利益，考虑到所有人的感受，这时就要顺应自己的心声，尊重自己内心的情感，坚持自己的立场，拒绝我们不想要、不需要的人和事，唯有这样，我们的生活才会阳光普照。

拒绝本来就是我们的权利，我们要勇敢地拒绝；假如你仍然不敢拒绝，逃避拒绝，那说明你还是没有真正痛彻心扉。

生活就是如此，我们很多时候无法阻止事情的发生。然而，我们有选择拒绝痛苦的权利。所以，我们要珍惜这项权利，用这项权利坚守自己的信念，在面临选择和诱惑的时候，要敢于拒绝，更要敢于为拒绝所带来的后果承担责任。

拒绝别人的基本原则

拒绝他人对我们很重要，这是每个人的权利，同时也具有相当的艺术性。但你如果滥用你的权利，或过分地发挥你的艺术天分，结果则会弄巧成拙，给他人造成伤害，把事情搞得十分的尴尬。因此我们在行使自己的权利的同时要遵守拒绝的基本原则。

首先，以宽容雅量对待身边的人和事。这意味着，只要你能力所及，你是随时愿意帮助家人、朋友、同事和邻居的，也愿意跟他们在一起承担喜怒哀乐。这也意味着只要不带来重大压力或不便，或答应帮助别人而自己内心不会不安时，你都愿意帮忙。

另外，你也要多做一些"信誉良好"的事情，让别人对你产生为人宽容的印象。当你平日都怀着"喜欢做，自愿做"的精神为别人做事，一旦你真的无法答应别人的要求而必须说"不"时，你就可以更有自信地拒绝而不会有罪恶感。

其二是态度明晰。你不想答应，就要彻底，不要拖拖拉拉，暧昧不清。坚定地说"不"，也许有时会显得有点太不近人情，但是如果你的态度不是很明确的话，很容易给对方希望和期待，到最后时刻却一下子跌入失望的深渊。与其这样还不如把话说个清楚，免得对方产生误会，给彼此带来不必要的裂痕。

其三是"说得多不如说得少"。最有效的方法，就是言简意赅，要言不繁。但是，大多数的人却无法适当地说"不"，结果形成尴尬的场面。不管是我们告诉老板无法加班，或是跟邻居表示无法帮他们遛狗，我们都会觉得有义务要详尽解释为什么会拒绝。可是，那些说词有可能是虚构的。

事实上，多费口舌的解释不但没有必要，而且多说的理由也可能站不住脚。你所提供的理由越详细，对方越可能会有以下三种回应：一是对方会尝试提出"解决问题"的方法，让你帮他做他想要你帮忙的事。二是对方认为你说"不"的理由太牵强而生你的气，三是对方明白指出你在说谎。

但是，若你明确地说出"很抱歉，我不能去"或是"恐怕那一天我很忙"，那么你的表达已经够清楚坚决了。如果对方不死心追问为什么，那就是他的事了。让他去查吧！

这种事情发生时，你不要掉进陷阱，甚至还搬出一些新的借口搪塞他。相反，你要一再演练你的说词，你可以使用不同的字眼，或是变化一下言词的次序，或是说得更含糊一些。

譬如："那天我会很忙"，你可以改口说"那天我有些其他事情"，或改口说"我已经跟人有约了"，或"我已经有约没法取消"，再或是"这几个礼拜，我的行程排得满满的"都可以。

面对粗鲁无礼，一再提出的过分请求或邀约，你要坚守立场。没有人有权利迫使你违背你的个人原则。这并非表示，将说"不"的理由告诉别人是错误的，尤其当我们面对的是与我们关系密切的人时，若太故作神秘就越容易显得不自然。

但是切记，即使需要解释也只需稍作说明就可以，而且要经常练，如此才能保持坚定的立场。

其四是要耐心倾听请求者所提出的要求。即令你在他述说的半途中即已知道非加以拒绝不可，你都必须凝神听完他的话语。这样做，为的是确切地了解请求的内涵，以及表示对请求者的尊重。

这样拒绝接受请求的时候，会显示你对请求者的请求已给予了庄重的考虑，并显示你已充分了解到这种请求对请求者的重要性。

最后，切忌过分地表达歉意。拒绝接受请求时，你在表情上应和颜悦色。最好多谢请求者能想到你，并略表歉意。切忌过分地表达歉意，以免令对方以为你不够诚挚。因为你如果真的感到那样严重的过意不去，那么你将会设法接受他的请求而不会加以拒绝。

使用你的拒绝权利时，不要忘了对照以上几基本原则，以免误事误人。其实只要你真心诚意地对待他人，对待生活，这几条你就已经不知不觉地做到了。

不要轻易给别人承诺

中华民族是一个礼仪之邦，热情、助人为乐是中华民族的优秀文化传统之一。自古以来，中国人就十分重视人与人之间的情谊。一个篱笆三个桩，一个好汉三个帮，就是说的如此道理。

但春秋时期的哲学家老子在看待这个问题时，却一针见血地指出："轻诺必寡信。"他说，帮助别人是可以的，但是不能轻易许诺，因为轻易许诺的人必定信用不足。老子说这句话的目的，一方面是告诫我们不要上花言巧语之人的当，另一方面是让我们不要轻易许诺，不要做言而无信之人。

随着社会生活内容的日益丰富，人际交往的日益频繁，人与人之间的相帮相助也越来越多。助人为乐当然是人之美德。然而，学会拒绝，也是处理好当代人际关系的重要一环。

一方面，人在社会中，就难免要与别人产生各种各样的社会关系。不同的人在社会中扮演的具体角色不一样，所面临的实际情况也各不相同。每个人都应该始终明确自己的职责，做自己该做的事。

但是，我们又可能要面对各种压力或违背意愿的事情，如果我们懂得拒绝，就能巧妙地将自己从一些不必要的事物中解脱出来，自然会轻松许多。

另一方面，现实生活中，万能的人是不存在的。尽管你心肠很好，当他人有求于你时，你只能而且必须遵循量力而行的原则，自己办不到、办不好的事如果你不拒绝而硬着头皮接受下来，你的初衷和结果将会发生很大反差。

人们求助你而被你接受时，他就将成功的希望寄托在你身上。要是办到了，自然皆大欢喜。要是你不量力而行，勉为其难地接受，不啻是"顶着石臼做戏"，给自己带来种种麻烦和苦恼，甚至会因此耽误了他人的事，而使他人恼怒，给人留下"吹牛""自夸"的不良印象，你自己会因此承担很重的心理压力，这会让你活着很累。

当然，拒绝也要讲究艺术，说"不"是一门学问，我们必须学会有效的方法。拒绝的艺术性在于其技巧的灵活性，要学会友好地拒绝他人，关键是掌握拒绝的技巧，下面列举了一些拒绝的技法，希望大家在领会的基础上考虑其在现实生活中的应用，而不能不顾实际情况盲目照搬。

苏格拉底最喜欢和人辩论，他总是通过问一些对方不能不说"是"的问题，把对方诱导进自己设计的陷阱。我们可以不断重复对方的观点，找到共同点。最后，他会发现自己非常同意你的观点，愉快地接受了你的拒绝。

让你的拒绝听起来很顺耳。对于别人的一些想法和要求，先用肯定的口气表示赞赏，再来表达你的拒绝，这样不会直接伤害对方的感情和积极性，而且使对方容易接受，并为自己留下一条退路。

通常，你可以采用下面一些话来表达你的意见："这真是一个好主意，只可惜由于……我们不能马上采用它。""这个主意太好了，但我担心眼下的条件使我们不得不放弃它，我想以后肯定会有用的。""你是一个体谅朋友的人，我知道，如果你不是十分信任我，并认为我有能力做好这件事，你是不会找我的，但是我实在忙不过来了，下次有什么事情我一定尽力。"等等。

对于那些既没有什么实际意义又浪费时间与精力的活动，采用这种方法在玩笑的气氛中使自己全身而退。比如说，朋友邀你一起去玩电游，你就可以说："说出来不怕你们笑话，我学了几年始终玩得不像样子，你们看了都会觉得可怜，为了不影响你们的玩兴，我还是不去比较好。"

同时，你还可以辅以其他的事例进行说明，或者找一些比较好的借口增强自我贬低的效果。

在现实生活中，出于某种原因或目的，有些人要求我们对一些事情或人物作出评价或发表看法，以探明我们的态度。而事实上，我们又不宜把评价或看法具体化。这时，如果我们不能机智地应付，巧妙地作答，就可能陷入被动局面以至于无所适从。

比如说，有些人喜欢背后谈论他人，说长道短。碰上这种人，我们应该谨慎地对待，尽量少发言、少评论，让自己的发言少带倾向性。这时，采用模糊应答的方法，可以避免卷入一些不必要的麻烦之中，这对于我们走上社会处理人际关系也是很有益处的。

对于某些问题，我们可以巧妙地把对方设置在同样的情景，引诱对方作出判断，从而让对方明白自己的处境或意思，以巧妙地拒绝对方的要求。

总之，随着社会的发展，各种关系日趋复杂，这也就越来越迫切地要求我们学会"拒绝"，这不仅是一种人与人理性交往的方式，也是为自己适应生活的必要技艺。

不懂拒绝的人是可悲的

在日常生活中，的确有很多的人和事是很难拒绝的。譬如说，上司命令你加班，好朋友拜托你帮忙走后门，老熟人向你推销东西……很多时候，你明明很想大声说出"不"，但总是因为各种各样的原因，活生生地把这个字咽回去了。

但是，很难拒绝并不意味着你不需要去拒绝，学会拒绝对所有人来说都很重要。一个不知道该怎样拒绝的人是可怜的，同时也是可悲的。不懂得如何拒绝，就往往会被自己之外的人事所拖累，给自己带来麻烦不算，还有可能落得一个吃力不讨好的结果。

有一年的春节联欢晚会上，曾经演过这样一个小品：
一个小员工为了不让人看不起自己，就装作自己特别能干，不管谁求他办事，也不管会遇到多大的困难，他都会全部应允。

有一次，他为了帮别人买两张卧铺票，曾经亲自通宵去排队，结果不但害苦了自己，还闹出很多笑话……

演员们的表演或许有所夸张，但生活中的确不乏与小品中类似的人物。有些热心肠、好面子又不善于拒绝别人的人，因为担心拒绝别人会失去人缘或是朋友情谊，于是经常违心地答应别人的要求，结果不仅浪费了大量时间和精力，自己心里也常常觉得不自在。

小马是一个不会拒绝别人的人。一个周末，小马突然接到一个陌生的电话。打电话来的是小马同村的一个老乡，第一次来北京，因为听人说小马在北京发展得不错，就想跟他见个面，吃顿饭。

小马完全想不起来这样一个人，担心被骗，本来想拒绝，可是话到了嘴边，他又想："如果真是同村的老乡，人家大老远过来，人生地不熟的，就这样拒绝了，说出去也不好听。还是先答应下来吧，一会儿再打电话回家问问。"

于是，小马便和老乡约好了时间、地点，等那边高兴地挂了电话，才赶紧打电话回家打听。

父亲在电话那端告诉他，村里确实有这么一个人，之前一直在外面打工，所以小马并不熟悉。小马当下就松了一口气："幸好没有贸然拒绝！"

　　本来说好，随便找家餐馆吃饭的，可是到了约定的地方，老乡突然改变主意了："我听村里人说，你一个月能挣一万多块，要不你请我去吃烤鸭吧！我还没吃过呢！他们说，全聚德的烤鸭最有名了，咱们就上那儿吃吧！"

　　小马一听，心里不乐意了，月薪一万是没错，可是，他刚买了房，每个月都要还房贷，手头的钱其实并不多。全聚德的烤鸭，自己来北京几年了，也没吃过几次。

　　一看小马犹豫，老乡也有些不高兴了："算了，算了，还是随便找个地方吃吧！"这下，小马又有些不好意思了，心想，没准以后都不会有来往了，好歹是一个村的。于是他一咬牙，带老乡去了全聚德。

　　本来以为吃完饭就没什么事了，没想到，老乡竟要求去小马家住几天，说刚来，还没找到房子。小马心里叫苦不迭，却还是没办法拒绝，只好把老乡带回了家。

　　老乡这一住就是一个星期，小马吃住全包不算，还得带他买衣服，到处去玩。直到把老乡送走后，小马才算是松了一口气。

　　实际上，在与人交往的时候，能经常帮助别人当然是好事，因为经常主动去帮助别人的人，也更容易受大家的欢迎和喜爱。然而，每个人的时间和力量都是有限的。有的时候，我们更需要集中时间和精力，去做自己应该做和喜欢做的事。

假如不想被其他无意义的身外之事打扰，就一定要学会拒绝别人，这样既能节省大量的时间，还能避免很多不必要的麻烦。

譬如，周一你有一个特别重要的谈判，但你的好朋友却希望你周日深夜开车送他去机场，而朋友就住在闹市，他完全可以打车去机场。这时候，你就应该想办法拒绝。

假如你碍于情面答应朋友，就会不利于你的睡眠，进而直接影响到你第二天的工作效率。假如因为精神不佳，把谈判弄砸了，你还可能会因此丢了自己喜欢的工作，那时候就后悔莫及了。

因此，别总是因为想要得到别人的接受或赞扬，害怕给别人带来不快，又或者担心关系搞砸，就瞻前顾后、犹疑不定，违心地答应对方。在该说"不"的时候，就一定要大胆地说出口，只有这样才能节省有限的时间，做出更多更有意义的事情。

你无法令每个人都满意

很久以前，有一位画家，他一心想要画出一幅让所有人都喜欢的画。他花了整整一年的时间，总算画出了一幅他理想中的作品。他信心百倍地拿着那幅画到市场上去展示，还在画旁边放了一支画笔，并加上一则说明："朋友，假如你认为这幅画哪里有不好的地方，请你赐教，并在画上做一个记号。"

到了夜里，画家取回了画之后，发现整个画面都涂上了记号。画家心里极度失望，他想："居然没有一笔一画不被指责……"

这时候，妻子走到他的旁边，给他出了一个主意："你再画一张一模一样的画放到集市上去，不过这一回，你要求每位观赏者把他最喜欢的妙笔都做上记号，到时候再看看也不迟。"

画家听取了妻子的建议，结果居然和上次一样，整个画面还是涂满了记号，不一样的是，所有曾经被指责的笔画，现在却都换成了被赞美的标记。

这样的结果让画家感叹不已："不管我们做什么，怎么做，都不可能让所有人都满意。因为，在有些人看来是丑的东西，在另一些人眼里则恰恰是美好的。人活于世，只要能使一部分人满意就足够了！"

的确是这样的，生活在这个世界上，每个人都有自己独立的思想，也都会根据自己的想法和喜好来对待这个世界，我们不可能让所有人都满意。因此，在与人相处时，我们应该有自己的原则和底线，要学会拒绝，而不应该抱着"让所有人都满意"的幻想，轻易改变自己的坚持。有这样一个故事：

从前，爷爷带孙子去市场上买了一头小毛驴。回家的路上，孙子对爷爷说："爷爷，您腿不好，您骑着毛驴，我在后面跟着！"爷爷听了，感动得直夸孙子"孝顺"。

走了一段路后，爷孙俩遇上了一群妇女。妇女们不客气地指责骑在驴上的爷爷，说他不关心孩子，大人骑驴让孩子走路，不像话。爷爷听了感觉有理，就立即下来了，改让孙子骑驴，自己跟在后头走。

又走了一段时间，爷孙俩遇上一群老年人。看着跟在孙子后面一瘸一拐走路的爷爷，老人们气冲冲地指着小孩的鼻子骂："这小子真不孝顺！年纪轻轻的骑着驴，让老人走路！"孙子听了觉得有道理，就叫爷爷上来一起骑。

两人又走了一段时间，遇上一群养驴的人。养驴的人一脸不屑地指着祖孙二人说："这么小的毛驴，竟然两个人骑着走，就没见过这么狠心的人！这毛驴肯定会被累死的！"祖孙俩听了，想想也是，索性两人都下来牵着驴走。

途中又遇到了一群年轻人，年轻人指着两人风趣地说："你们两个傻瓜，有驴不骑，真是笑话！"祖孙俩人觉得也有道理。

但是，他们却不知道该怎么做了：爷爷骑驴有人责备，孙子骑驴有人指责，两人都骑有人非议，两人都不骑又有人取笑。最后他们只好抬着驴走。结果，经过一座独木桥时，两个人不小心把驴掉进山涧给摔死了。

祖孙二人可能是觉得路人的指责和建议都是出于好意，所以不懂得拒绝，没想到，最终却换来了这样的结果。

有的人在待人处世时，总是喜欢依着别人的意见去做，听到一种意见就改变自己做事的方式方法。别人怎么建议，他就怎么做，希望以此能达到"让所有人都满意"的结果，可常常会事与愿违，最后的结果很可能是大家都有意见，而且谁都不满意。

有一个小和尚非常苦恼沮丧，禅师问他是什么缘故，他回答说："东街的大伯称我为大师，西巷的大婶骂我是秃驴；张家的阿哥赞我清心寡欲，四大皆空。李家的小姐却指责我色胆包天，凡心未了。我想不明白，那我究竟算什么呢？"

禅师笑而不语，伸手指了指身边的一块石头，又拿起面前的一盆花。小和尚歪头想了一会儿，高兴地点头："我明白了！"

实际上，禅师的笑而不语，正是点破了生命的本义。他的意思是这样的：石头就是石头，花朵就是花朵，自己就是自己，根本无须因为别人的说三道四而心生烦恼。别人说的，就让别人去说，那仅仅是别人的看法罢了。

在现实生活和工作中，你也可能经常遇见这样的事情。当你做了一件好事，引起身边同事们的关注时，会听到各种天壤之别的评论。张三说你做得很棒，大公无私；李四说你野心勃勃，挖空心思往上爬；上司称赞你有爱心，值得表扬；下属则说你冷酷无情，毫无创意……

总而言之，千奇百怪的议论应有尽有，有的如同飞絮，有的恰似利剑，迎面扑来。到底该如何应对呢？最好的办法，就是抱着"有则改之，无则加勉"的态度，无须对每一个人都解释，千万别被他人的评论约束了自己，更无须为别人的言语而感到烦闷和困惑。你只要记住这样一点，你就是你，只有你才是自己的主人。

假如你无法学会拒绝，尤其是拒绝别人的某些不合理的看法和建议，你将会浪费大量的时间在自己厌恶的人和事上，也会丧失很多的乐趣。所以，我们一定要常常提醒自己，做自己该做的，不要一味地遵循别人的想法或听取别人的意见。勇敢地拒绝自己应该拒绝的，这样做才是最正确的选择。

第二节　职场生存的拒绝宝典

职场拒绝超负荷工作

职场如战场，某外资公司业务副总裁刘先生说："在面对同等的竞争和同样的机遇时，任何人都希望自己能够有一个出色的表现。为了能够在行业里站稳脚跟，超负荷工作是不可避免的事情。"

医学研究证明，超负荷工作会使人生理上出现血压升高、肠胃不适、失眠多梦等症状，同时会在心理上产生厌倦情绪，使工作效率逐渐降低。而"过劳死""亚健康"更是引起无数职场人士的关注和恐慌。那么，我们在面对不合理的加班要求时，应该如何拒绝，才能够达到避免超负荷工作的目的呢？

王丽是某日企的资深员工。在外人看来，王丽有着不错的工资收入，公司福利也相当优越，然而家家有本难念的经，在光鲜亮丽的外表之下，她也有着自己的不快之处。

"外企的工资不是好挣的。"王丽常常这样心有感触地说。原来，自从王丽5年前在这家公司做实习生开始，加班就成了家常便饭。刚开始，她还经常自我安慰，认为自己多做一点事情，就能有更大的业绩，从而会多一些得到上级赏识的机会。

于是，她也就把加班当成了一个优秀员工理所当然要付出的代价。顺理成章地，王丽因为表现优秀而成功度过试用期，成为极少数留下来的正式员工中的一员。

可是，当王丽认为自己成了正式员工，终于可以享受朝九晚五的合理待遇时，加班的问题又接踵而至，按时下班对王丽来说几乎成为奢望。直到后来她结了婚，有了孩子，把加班作为"潜规则"的公司也一直没有给她足够的休息时间。因为工作的原因，王丽少有时间陪孩子，这让她苦恼不已。

终于，王丽决定要严肃面对加班问题。这一天，临下班还有半个小时，项目经理又来宣布加班通知。王丽忙解释说自己要回家带孩子，暂时不能加班。没想到，这么一个解释，或者说请求，却遭到经理的一口回绝。为了保住工作，王丽不得已，只好硬着头皮继续加班。

接下来的工作中，她又尝试过多种方法来逃避加班。虽然偶有成功，但大多数情况下都被经理严词拒绝。以至于到后来，王丽上班的时候全部心思都放在怎么样和经理打游击战上面，完全失去了对工作的耐心，这让她的工作业绩直线下滑。

终于有一天，王丽再次要求正常下班未果时，拿出了她当初和公司签订的合同，甚至搬出了《劳动法》。虽然，那次之后王丽再也没有加过班，但是经理却经常因此事而刻意冷落地。最后，在经理不断的暗示之下，王丽递上了辞职报告书。

现如今，城市生活的节奏越来越快，给人造成的压力也越来越大。在一座座高级写字楼里面工作的白领们，却要为这些负面效应埋单。当有一天朝九晚五变成了朝五晚九之时，空发牢骚根本不能解决实际问题。

事实上，拒绝加班，不是和老板公然对抗，而是用更为智慧的方式来争取自身利益。否则，只能落得案例中王丽的被动局面。那么，你就要学会采用"金蝉脱壳"的方式，巧妙地拒绝加班，赢回本属于你自己的休息权利。

不论你是企业的资深经理人，还是公司的普通员工，如果你在签订劳动合同时，注意到加班和休息的权利，那么恭喜你，你已经为自己的休息权利找到了法律上的凭证。有了法律做自己的靠山，那么金蝉脱壳永远都不会等同于自寻死路。

想要拒绝加班，全权支配自己工作之外的作息时间，就需要学会下面这四种方法：

一是"编造理由"法。当已经忙了一天，即便主管按规定付给你加班费，你也不愿意加班时，可以适当地编造出一个理由来委婉地拒绝加班。在平时，利用和老板聊天的机会多"编"一些亲戚，在老板向你提出加班要求时，可以依靠这些"亲戚"帮你渡过难关。

如你的大表哥今天从外地赶来看你，或者小表妹正好有急事需要帮忙。即便工作再忙，主管也不会无动于衷，毕竟人心都是肉长的嘛。善用这些平日"编造"的人物，往往可以起到出其不意的效果。

二是提前准备法。若是身在小公司打工，每天都处在"受剥削"的状态，而你恰恰又不想加班，只想正点回家享受自己的小幸福，"提前准备法"无疑最有效果。利用每天下午下班之前的一两个小时，向老板询问有没有临时的工作安排。

你可以这样说："老板，我今天想要正点下班，请问您这里有需要临时处理的文件吗？"如此，不但让老板觉得自己得到了应有的尊重，而且在维护你正点下班这一权利的同时，还留下了可以协议的余地。在询问的同时，一定要坚持住自己的立场，千万不能使用探询的语气，如"老板，我今天可以不加班吗？"这样往往会招致反面的回应，从而让自己在老板的心目中留下一个好吃懒做的印象。

或者可以假装身上有不适的症状，也能助你暂时逃之夭夭。但是要记住，不能让自己总是生"同一种病"，如果那样的话，恐怕就会令老板起疑心。

三是用工作推工作法。这一招，最能表现你的勤奋和积极。告诉老板，你手头正在处理的这件事情非常紧急，或者还有更为重要的事情等着你去办。问清楚老板交给你的临时任务需要什么时候上交，然后问老板自己可否带回家去做。

如此，就可以避免你在办公室加班了。而且，老板一般也不会铁石心肠到非要你带回家去做的程度，他很有可能会把这项任务交给其他人去做。

四是严词拒绝法。当以上三招都不灵验时，那就只有拼死一搏，做"鱼死网破"状了。对于总是要你加班的老板，可以采用严词拒绝的原则，用劳动合同和国家法律来当武器，为自己拒绝加班找到理论上的依据。此时，你需要传达给老板一个明确的信息，那就是你不是随时随地都会无条件地答应加班。

当然，这一原则所带来的危险性就是，你很有可能"炒了老板鱿鱼"。所以，若非身处国企或者是严格按照章程办事的大公司，那这一招还是少用为妙。否则，你还得辛辛苦苦地寻找下一个饭碗。

当然，有些人加班并非是因其工作积极性高，而是因为平时工作效率低，在规定的工作时间里无法完成工作任务，所以只好留下来加班。面对这种情况，想要拒绝加班就先要从自我反省开始做起。

最后强调一点，对工作要尽心尽力，必要的加班还是要接受的。面对老板的时候，要做到不卑不亢，才能保证自己的合法权益不受侵犯，才能游刃有余地和老板和谐相处。

拒绝工作之外的安排

老板和下属之间，简单说来就是雇佣和被雇佣的关系。加班固然让人心烦，但那毕竟是为了工作。可当老板在下班时，向你提出工作之外的要求时，你该怎么办？或者是老板经常让你去做一些和工作完全不相干的事情，在耽误了工作进度之后还会对你埋怨半天，那你又应该如何去处理呢？

　　　刘石一见到他的朋友们，总会自嘲说自己是"忍者神龟"。要追究这个特别的绰号，还得从他的工作说起。
　　　刘石以优异的成绩毕业于北京某著名大学。然而，当他由"海投"变成"面霸"再到"拒无霸"之后，他才真正意识到想要找到一份称心如意的工作究竟有多难，才真正明白工作背后的无奈。

经过重重的面试关，刘石终于脱颖而出在一家私人企业得到了一个工作岗位。自小干活就任劳任怨的他很快得到了老板的赏识。老板是20世纪50年代生人，所以对电脑和网络等新鲜科技既着迷又陌生。恰恰刚刚进公司的刘石是一个大学毕业生，因为是在试用期，工作任务也不是特别重，所以老板经常让刘石帮忙打印一些文件。

刘石认为自己帮忙是理所应当的事情，因此总是很快地就答应下来。可是，随着时间的推进，刘石逐渐发现自己已经成了老板身边离不开的一个免费电脑操作员。每天在临下班还有5分钟时，老板就会抱过来一大堆个人文件要刘石帮忙打印。有时候，已经是晚上10点钟了，老板也会一个电话把刚刚要入睡的刘石从家中叫到公司、让其帮忙处理各种网络问题。

刘石能忍则忍，他担心因为一时的气愤而丢掉工作，否则，将要面对的依然会是茫茫的求职大军。

然而，这一切其实只是开始。发展到后来，刘石的义务工就更加身兼多职了。礼拜天的时候，老板会一个电话指挥刘石帮助去送东西，或者当刘石和女朋友约会的时候，老板还在不停地发信息让他处理公司事务。

所有这些事情，都不在工作范围之内，刘石又不能明目张胆地向老板索要加班费。有时候，在电话里面刘石好几次都想要发火，可是残酷的现实让他只能一忍再忍。所以，他在朋友的眼中，成了"忍者神龟"。

再后来，或许是看刘石人老实，更多的老员工开始指挥起他来。开会时，总有几个老员工自己在一边看报纸、喝茶水，反而让刘石帮他们做会议记录。这件事最终成了一个触发点，忍无可忍的刘石选择了辞职。他离开了这家公司，并且发誓，自己从此以后再也不做"杨白劳"。

"领导的要求就是我们的追求，领导的鼓励就是我们的动力，领导的想法就是我们的做法，领导的嗜好就是我们的爱好。"21世纪，一则诙谐、幽默而又不失自嘲的打油诗在职场人士中流传开来。作为职场"潜规则"之一，迎合老板的爱好，已成为众多人的共识。不管能不能从中得益，但至少，你跟老板有了共同的话题。然而，过分迎合老板的嗜好，可能会为自己带来不尽的烦恼。

所以，学会拒绝你的老板，不要永做"杨白劳"，才能为自己争得正当的权益。

在职场中，员工迎合老板的嗜好是一个普遍现象，大家都能理解。然而，员工们一方面认为迎合老板的嗜好、为老板做一些工作之外的事情，就能够讨得老板的欢心，也就多了一个升职加薪的机会，而另一方面，老板更应该反思自己，别只是为了一时高兴，而忽略了员工正常的休息权利。

当然，碰到一个好老板，这些事情很少发生。可如果碰到一个如同刘石老板一样的人，应该怎么办呢？

要明确自己的态度。不管你最终选择了答应或者不答应老板的请求，都一定要先明确自己的态度和立场。员工不是全年无休的机器，他们也有自己的私人生活。因此，在遇到老板提出一些额外要求时，你完全不必勉强自己，应该适时地拒绝老板的要求。

如果你只是一味地迎合，作为老板，他可能会认为你是非常乐意做这些事情的，以至于没有时间限制。而你的过分迎合，有时不光会给自己带来烦恼，也会引起领导的反感。比如你成天陪着他吹嘘拍马，工作却干得一塌糊涂，相信没有领导会喜欢这样的下属。

不能只听领导安排。有很多时候，不是领导不关心卜属的私人生活，只是当他们提出一些要求时，身为下级，不知道应该怎样去拒绝，所以总会茫然地答应下来，由此造成一次次恶性循环。在明确自己的态度和立场后，你要勇敢地向老板说明自己的实际情况。如自己为什么不能接受、什么时候有额外时间等内容，这样一来不但可以婉言谢绝老板的"邀请"，还能够因为自己的坦诚而赢得老板的信任。

投之以桃，报之以李。要明白，老板之所以把这些繁杂的事情交给你去办，一多半的原因是基于对你的信任。因此，在婉言拒绝老板的要求后，你是不是也应该有所表示？

当你自己不能够亲自去完成老板交给的"任务"时，那就给他找一个真正的帮手。这会让老板觉得你依旧是在热心帮他的忙，只是因为时间抽不开身才不能亲自上阵。帮老板找一个可以求助的对象，远远胜过你自以为是的解释。

又或者，你可以选择好言相劝，让老板最终放弃这个对自己和对别人都没有好处的选择。老板不但不会记恨你，相反还会把你当做真正的朋友去看待。

很多事情的取舍，往往都只在一两句话之间。其实，职场中没有所谓的分内和分外之分。做好自己的分内事，在工作之外，尽自己的最大能力帮助身边的朋友们，你收获的将不仅仅只是工作能力上的提升。

拒绝侵占你的工作时间

学会拒绝是非常重要的职场沟通能力之一。只有自己最清楚自己的工作情况，你必须对自己负责，管理好自己的时间与工作，不应让别人胡乱占用你的工作时间，从而让自己陷入忙乱的局面之中。

在决定该不该答应对方的要求时，应该先问问自己："我想要做什么？不想做什么？什么对我才是最好的？"你必须考虑到，如果答应了对方的要求是否会影响既有的工作进度，而且因为你自己在工作上的拖延而影响到其他人？

娟娟是一个性格温柔的女孩，在公司里很得同事们的喜爱和照顾。她虽然人长得并不很漂亮，但大家在经过她办公桌旁边的时候，都喜欢有意无意地和她聊上两句。因此，无论走到什么地方，她的身边总有几个好朋友在一起说笑不停。

起初，娟娟也感觉不错，可后来随着这种情况的延续，娟娟越来越发现其对工作的危害性。最初，和同事们聊天，仅仅限于吃饭和上洗手间的时间，或者是不经意地在走廊碰面之后打声招呼。

有时候，大家还会相约在下班后一起去逛街。后来，随着彼此交往的深入，大家的聊天时间就变得很不固定。

即使是在上班时间，大家一有闲暇就会讨论起下班之后去什么地方逛街。有时候老板会突然出现，娟娟就只得措手不及地装作什么事情都没有发生。

然后转到MSN聊天工具上，几个好姐妹已经在和她热火朝天地发着即时信息。这样的讨论，每一天都会有新鲜的话题。有时候，娟娟明明知道自己的工作很忙，但是好姐妹们总是生拉硬拽地把她扯进聊天话题之中。

每到月底总结时，娟娟总会发现自己的工作没有按要求达到任务量，即便达到任务量的工作，质量也不敢有保证。而且她还发现，很多时候自己一旦陷进了聊天之中，就经常会出现不由自主的现象。一上午的时间往往很快就会过去，娟娟一边感叹着又荒废了一上午的时间，一边继续和好姐妹们说个不停。

直到有一天，经理下了一纸生死令。如果娟娟这个月再完不成任务量，下个月就辞职走人！其实，娟娟完全明白自己现在的处境。每当看到桌子上厚厚的办公文件时，娟娟就知道自己必须好好工作了。可是，即便她给那些好姐妹们一些很明显的暗示，她们依旧会"毫不留情"地把她加入到讨论范围之内。

娟娟又不好意思直接拒绝对方的"盛情"，因此只得在心里面盘算着繁重的工作该怎样处理，在口头上还得耐着性子和对方聊着天。因此，她常常陷进十分无奈的状态中，也徘徊在随时走人的边缘上。

能够和别人成为聊得来的好朋友，本来是一件好事情，娟娟也是十分看重和同事之间的情谊，因此才会在别人"主动送上门"的时候，不知道应该怎样去拒绝。最后，娟娟的选择却直接导致她自己陷进焦虑情绪之中。

学着拒绝是你能够帮助自己脱离这一困境的唯一方法！因为这一"拒绝"不仅可以降低你的焦虑，释放你的压力，并且还保证了你有足够的时间来做那些真正重要的事情。

和同事谈天说地不是不可以，只是需要选择对的时机和地点。如果错把工作的时间滥用在一些无聊的嘴侃上面，那你不但浪费了公司为你提供的薪水，更浪费了自己宝贵的生命。想要拒绝他人占用你的工作时间其实很简单，你只需要做到：

直接以工作为由拒绝对方。办公室本来就是工作的地方，所以当你用工作来当挡箭牌时，绝对是百试百灵的良药。你只需要说："不好意思，我现在不能马上做这个。"这不是你向对方示弱的时候，所以一定要用坚决的语气面对对方，同时又不能失去无奈和同情的味道，这样一来可以为自己增加很多人情分。

如果不得不解释原因，你可以说这跟你的时间计划不符合，然后便转移话题。大部分通情达理的人都会接受这个答案，如果有人继续"进攻"，那样做就是他们失礼了，你完全可以重复那句"我很抱歉，这确实不符合我的时间安排。"

假装审查时间表，以表明自己真的没有空闲。如果对方执意要求你加入他们的谈话，为了不伤害彼此之间的感情，你可以选择一种迂回曲折的方法，以达到自己的目的。面对对方的积极态势，不要直截了当地拒绝，这很容易酿成彼此之间的误解。

此时，你可以这样说："让我考虑一下，然后跟你联络。"适时给自己一个台阶，然后假装去查看时间表，以表明自己真的是在确认到底有没有时间。

适当参与，适可而止。如果你遇到了对工作本身感兴趣的话题，那么不妨适当参与一小部分。你可以说："我不能做这个，但我……"告诉对方你所能容忍的限度，或者提出一个可以解决该矛盾的上上策，卷进去多少的决定权完全掌握在自己手中了。

要注意，自己是因为好人缘才会被同事们拉去。这虽然占用了你的工作时间，但他们也并不是故意要你完不成任务从而在领导面前难堪，所以在拒绝的时候也一定要考虑到同事面子上的问题。真正做到完美拒绝，一定要注意：

1. 坚定自己的观点，但是应该让礼貌先行；

2. 给对方希望，不要一棒子打死。但同时又不能给对方太大的希望，否则希望越大，失望也就越大；

3. 请记住，你不欠任何人的人情债。"这不符合我的时间安排"是最好的拒绝理由。

一天之中，工作的时间只有那么几个小时。这意味着无论你选择承担什么，都要限制你办其他事情的能力。所以，清楚选择什么是你该做的事情，才是最重要的。

拒绝你难以完成的任务

每个人的身体状况不同，所以能够承受的工作强度也不尽相同。当上司给你指派任务时，一定要首先弄清楚自己究竟能够完成多大的工作量。不要盲目地接收随时分派下来的指令，否则你只会在一阵手忙脚乱之后，才发现其实你把这份工作做得一团糟。

　　"没问题，这件事包在我身上了。"王鹏一拍胸脯，骄傲地说。主管拍了拍王鹏的肩膀，说："小伙子，好样的。我就知道，这样的任务只有你敢接。好好干，将来一定有大展宏图的机会。"说完之后，主管很满意地离开了。

　　王鹏一个人在办公室里，苦笑了一下。只有他自己知道，刚才那番豪言壮语的背后，隐藏着多么大的无奈和苦楚。

　　王鹏是一个爱面子的人。刚进公司时，他觉得自己处处不如人，因此在领导分派任务时，他总是抢着最棘手的问题去解决。他知道，要想在大城市里生存，就必须做出一些别人做不到的事情，只有这样自己才能有一展才能的机会。

　　渐渐地，王鹏凭借自己的努力在公司站稳了脚跟。原因很简单，他解决掉不少烫手山芋，因此得到主管的青睐。从此以后，一旦有别人解决不了的问题，主管第一个想到的就是王鹏，可谁又能想到他为了完成这些任务而在背后所做的艰苦努力呢？

　　那时候，王鹏还是一个毛头小子，凭着一股子冲劲，他在别人都下班回家后独自一个人在办公室里加班加点。为了从客户手里收回约定的钱款，王鹏不知道说了多少好话，一双嘴皮子都快要磨破了。只有付出才有回报，因此他能够日益承担重任并受到领导赏识。

然而，结婚生子之后，王鹏渐渐感觉到体力不支。而且，自己还要留出足够的时间陪家人，又怎能把这些难以完成的任务当成家常便饭去处理呢？他常常苦笑地说："大家都以为我是超人，可谁知道其实我这个超人并不会飞呢？"

因此，当主管一次次把任务书交到王鹏手里时，他只能在口头上硬着面子答应下来，之后再一脸无奈地去加班加点完成。为此，妻子和他吵过好几次架。可王鹏又不能直接拒绝主管的要求，在他看来，只要自己不再接手那么难以完成的任务，就证明自己能力不足，那么自己辛苦奋斗取得的成绩将只能成为过去。

男人，就应该对自己狠一点。所以，他依旧一次次把任务书放到自己的办公桌上。

然而，这样拼命的日子，王鹏还能坚持多长时间呢？他望着越来越黑的夜色，无助地叹息了一声。

有一句话说，"死要面子活受罪"。一点没错，为了所谓的"面子"而不去考虑自己的实际工作能力，盲目地接受他人的工作要求，最后只会把自己弄得精疲力尽。

如此一来，还不如从一开始就拒绝对方的要求，大胆承认自己的能力有限。谁也不是超人，所以谁都有完不成的任务，相信不论是上司还是同事都能够谅解这一点。只是像王鹏一样的人们往往自己不愿意承认，结果却是聪明反被聪明误，为了一时的面子，最后必定会丧失家人的支持和领导对其真正的信赖。

其实，无论拒绝还是接受这些不可能完成的任务，大家的一致目标就是，让这些难题能够得到顺利解决。选择了接受，是因为我们知道在自己的能力范围之内，可以很好地完成这项任务；选择拒绝，是因为我们不想看到失败，所以才会选择急流勇退，从而让能力更好的人接手任务。

想要拒绝上司指派给你难以完成的任务，必须把握住以下三点：

第一，提出充分拒绝理由，让对方相信你不是不想做，而是真的无能为力。首先设身处地表明自己对这项工作的重视，这是不至于引起领导反感的先发制人之策，然后再表明自己的遗憾，具体地说明自己为什么不能接受。只要把道理说通顺了，相信没有办不成的事情。

第二，一味拒绝并不可取。有时候，最危险的地方就是最安全的地方。尽管你拒绝的理由冠冕堂皇，但上司也许仍坚持认为非你不行，此时你若是再一味坚持拒绝，就显得有些不知好歹。

这时，更多的推脱之词反而会让上司认为你是在敷衍了事，从而怀疑你的工作态度和能力，以致对你失去信任。在以后的工作中，有意无意地会使你与更多的机会失之交臂。所以，这么做，完全是得不偿失之举。

第三，提出合理的解决方法，以表示你真的对这件事上了心。对上司所交代的事，你不能接受但又无法拒绝时，最好的办法就是寻找出一条十全之策，从而让问题能够不经你手而得到解决。

你可以与上司共商对策，或者说："既然这样，那过两天，等我手头的工作告一段落，就开始做。您看怎么样？"你也可以向上司推荐一位与自己的能力和资历相当的人，同时表示自己一定会在对方处理问题的过程中尽量予以帮助和支持。

如此，你不仅可以很好地拒绝上司的要求，而且可以进一步地赢得上司的理解和信任。因为，你真的是在为公司利益考虑。

拒绝员工的不合理要求

在工作中，一些领导者平时有可能同意的要求，在某些场合下却不得不拒绝。所有的人都想顺人意、讨人爱，但是领导者在工作中难免会拒绝员工的一些要求。因为有的要求可能合情合理，而另一些却可能是非分的要求。

作为企业领导者的你，如果遇到下面几种情况，你就必须坚决而又简单直接地说"不"。

1. 面对员工的请假要求

员工请假一般分两种情况，一种情况是他没有按照休假计划的规定办事，另一种情况是这段时间已经安排给其他员工休假了。

要是前一种情况就应让下属知道他没有遵守制度。你可以这样说："很抱歉，我们打算在那周盘点存货，一个人手也不能缺。你知道，正因为这样我们才规定员工都要提前一个月安排休假计划。"

有时，员工的请假要求与别人预先计划好的休假时间有冲突。遇到这种情况，你要让他明白，批假的原则是"先申请，先安排"，所以不能批准他的请求。不过，可以准许他与已安排休假的那个员工协商调换假期。

2. 面对员工的调岗要求

如果是一个可有可无的员工请求调动，那就可以赶快批准。但要是最得力的员工要求调动，而且是在大忙时节，或在一时找不到合适人选顶替的情况下，千万不要断然拒绝，因为那样会使一个好员工自此消沉下去。

领导者可以跟他坐下来谈谈为什么要请调。你会发现促使他调动的原因可他与工作无关，可能是他与某位同事的关系紧张，也可能是一些只有通过调整工作才能解决的问题。

通过你们的交谈会很快发现问题所在。如果沟通毫无结果，没有什么能使他改变调动的想法，你只有简单加以拒绝。但要尽可能减少给这名员工造成的消极影响，尽量地给他一些希望。比如你可以说："现在不能调动，过一两个月再看看有没有机会吧！"

这样做不仅为领导者赢来了考虑其他可能性的时间，而且在这段时间里，员工的想法也可能会发生变化。无论如何，对于员工的调动要求表现出关心，有助于减轻直接拒绝员工所造成的伤害。

3. 面对员工的升职要求

遇到那些特别尽职尽责的员工请求升职时，要开口拒绝实在是一件很为难的事情。特别是有时员工的职位早应该变了，但因其他因素使你无法对他们予以奖励，在这种情况下，要说"不行"更是难上加难。

这时，简单的处理方法是如实相告，向员工说清楚不能够提职的原因。处理这类问题时，切忌作出超出职权范围的承诺。有些领导者会承诺要视将来的情况而定，这样空洞的语言，员工仍有可能把它视为正式的承诺。

4. 领导者面对其他部门的借人请求

面对其他部门的借人请求，为了团结，只要能腾出人手，这类请求一般都应该予以满足。但要考虑下述问题：

在你忙得一团糟时，他能否助你一臂之力？被借调过去的员工本人会有什么想法？其他员工会不会拒绝顶替由于把员工借出去所产生的空当？你的上司会不会认为，既然你能腾出人手，你的部门是不是编制太多了？答应了这一次，有多大可能还会有下次？

如果出现了以上问题，你恐怕只有说"不"了，只是怎样拒绝对方依然至关重要，因为你不会希望别人认为你不合作，何况你将来也会有求于别人帮忙的时候。所以即使拒绝，也定要让他知道你很想帮忙，只是由于客观情况所限，才爱莫能助的。

一个肯拒绝、能拒绝、会拒绝的领导才是一个完善的领导者。"肯拒绝"就是不做老好人，"能拒绝"就是拒绝得干净彻底，"会拒绝"就是让自己的拒绝不伤人。

领导者的才能大都体现在这里，也只有这样的领导者才能立威，才能服众，才不致因为自己的拒绝而让员工没面子或意志消沉，从而损失能量、降低工作效率。这也是领导者管理能力的集中体现。

拒绝额外的加薪要求

任何一家公司的员工只要听见加薪的消息，都会很振奋。可是，作为老板的你一定不会这么想吧？是的，员工在公司里经过一定磨炼之后，加薪是一定会被提上日程的。

可是，真正令人头疼的问题是，那些本身资历还不够的新人们在看到别人被加薪时，心里总是有着太多的念头想要诉说。当他们向你提出加薪请求时，你会怎么做？

这是一起让人深思的真实事件。

经营豆腐店的李某和妻子在某市中学附近，遭3名陌生歹徒持刀抢劫。他们夫妻二人本是经营小本生意，并没有因为开店的原因而结下什么仇人。那么，到底是谁组织的这次抢劫呢？经警方侦查，行凶的歹徒原来是豆腐店的厨师曹某。

事情的经过是这样的。李某和妻子从老家来到城市打工，本身没有什么技术的二人决定在学校旁边开一家小豆腐店，做个小本生意，好攒下一些钱来供自己的孩子上学。

然而，因为李家豆腐店的生意从开店以来一直很不错，所以为了扩大经营，李某就聘请了曹某作为本店的新厨师。人手增加了，生意自然也就更好做一些。再加上曹某本身的手艺相当不错，因此这家不大的豆腐店时常是客人满座。

就在不久之前，曹某向李某提出了加薪要求。他认为自己的薪酬太低，而现在店里面生意兴隆的一大部分原因都应该归结到自己的手艺上。因此，在曹某看来，加薪应该是顺理成章的事情。

可是曹某来店才不到两个月，短短的试用期还没有过，提出加薪的要求自然就显得有些过分。本来已经想到要给曹某加薪的李某，在看到自己的厨子已经迫不及待地提出加薪时，就有些生气。李某严词拒绝了曹某的加薪要求，谁知却由此惹来了一连串的祸端。

谁也没有想到，曹某仅仅是因为加薪的要求被拒绝，就因此怀恨在心。"不能多挣钱，我也不能让你多挣钱。"这样的想法在曹某的心中开始滋生。后来，他纠结了自己在城里的几个小兄弟，事先踩点开始预谋实施抢劫。

某天晚上，当李某和妻子骑着电动车准备回家，在经过中学时，几个持刀的歹徒一拥而上将两个人围住，并且抢走了他们包里面的3万多块钱现金。在整个抢劫过程中，李某的妻子还因为和歹徒抢夺而被刀砍伤。

后来，李某在第一时间报了警。根据警方的侦察，发现这并不是一起随机的抢劫案件，更像是有预谋、有计划的活动。在逐个排除豆腐店员工的时候，警方发现了曹某的可疑性。后又经过一个多月的排查，终于把协同作案的吴某和林某一并抓获。

这虽然不是发生在职场中的事情，但教育意义却可以通用。当你的员工站在你面前提出加薪请求的时候，你会直截了当地拒绝吗？你有没有想过，在冰冷拒绝了你的员工之后，随之而来可能会出现一连串恶果？

或许，你正为公司的利润滑坡而头疼不已，所以当下属在这个时候提出加薪请求时，你定会在第一时间极其气愤。可是，静心想想，既不能盲目地答应，也不能一口回绝，只有委婉地拒绝才是万全之策。

作为公司的一名领导者，当一名恪尽职守的下属提出加薪请求时，你肯定会欣然应允，因为你虽然给他加了薪酬，但是他所能带给你的效益远远地超过了你给他加上的薪酬。而若是下属向你提出额外的加薪要求时，你会怎么办呢？很明显，他的要求和他现在的状况并不相符，如何拒绝才能避免打击其工作的积极性呢？

首先，表明态度，给对方吃颗定心丸。如果对方不够加薪标准，必须果断拒绝，不同意就是不同意，这是自己的基本立场。逃避或者拖延对方的要求，都不是明智选择。

如果你能够根据当前的形势做出准确判断，并且对未来公司的走向了然于胸的话，那就不妨直接拒绝对方。因为，你现在的拒绝只是在特殊情况下的特殊选择。等公司的业绩发展起来后，给员工加薪的事情自然会被重新提上日程的。

此时，你可以说："公司正在不景气的时候。你的成绩我看在眼里记在心中，只是我现在真的没有能力答应你的要求。如果你能信任我的话，我们不妨一起努力，等过了这个低谷，我自然会给你加薪。"

正常员工都能接受这样的答复，这不但肯定了他的请求，更给了他前进的希望。因为公司的壮大和他的努力密不可分，所以可以在短时间内化解你的危机的同时，还促进了公司的进步和发展。其次，拒绝的时候，一定要充满人情味。

"加薪？公司今年业绩不好，你也不是不知道。况且公司刚刚失去一个大客户，我还不知道怎么弥补损失呢，你还提加薪？现在工作都不好找，就算降薪都没什么可说的！"这样的话，不论何时都不能直接说出来。

试想，员工好不容易鼓起勇气向你提出了加薪的请求，你这一番批评反倒磨灭了他继续在公司供职的信心，最后损失的肯定会是公司大局利益。其实，拒绝不等于不近人情。即使要拒绝对方的要求，也应该巧妙而委婉地说。你可以根据对方的表现和公司的实际情况相结合，最后再去否定对方的要求。

再次，给员工个合理的理由。不论何时，你拒绝了给员工加薪，都要给对方一个合理的理由。让对方明白，你不是独断专行，也不是一时兴起，你的拒绝有着逻辑严密的理由。只有这样，才能让员工真正做到心服口服。并且，事出有因，所以你的员工也一定会理解你的难处。

当然，你若是能够细心听听员工加薪的理由，这对日后公司该如何发展和管理也必定是百利而无一害。

如果你实在不愿意拒绝自己的优秀下属，而同时又没有能力提升薪酬的话，不妨尝试着把加薪换成其他方式的奖励。这在一定程度上也可以缓解彼此之间的矛盾紧张程度，并且还能让员工意识到，工作除了获得金钱外，还会获得更多有价值的东西。这无论是对员工，还是对公司都有益处。

第三节 日常生活的拒绝秘笈

拒绝他人时的面部表情

脸是最能表达情感的地方，我们在电视里往往会看到一些国家领导人或国会议员被质疑的表情，他们貌似都以面无表情的脸来极力地压抑着自己的情绪。他们的脸仿佛是扑克牌，而且可以很好地实现拒绝沟通的效果。

如果有人委托你做事，而你却想用很少的语言来回绝他，那么，表情就是最好的选择。一般情况下，人们需要经过这样的三个阶段才能达成有效的沟通：

首先是面部表情表达阶段，是指人的感觉器官接受来自表情的信息后而达成相信或不相信对方的判断。如果你能在这一阶段让对方接收到你给的刺激，就会在对方的心底形成或好或坏的首要印象。在大多数情况下，人们会在这个阶段努力接受对方的。

其次是语言表达阶段，这个阶段通常发生在认知之后。通常情况下，对方通过言辞来对你个人进行评鉴，例如，此人很有趣，或很健谈，或想法独特等等。

再次是引发动机阶段，这个阶段通常是在肯定的材料积累到某种程度的时候才发生。往往到这个时候才会产生要不要付出实际行动的念头。如可以与其工作、希望和他工作或一定要和他做朋友等。

所以，如果你想拒绝对方，在第一阶段就表现出不想沟通的姿态是最为有效的。此时，表情含糊的扑克牌脸是最好的方式，相比进行到第二或第三阶段来说，更容易令对方明确意识到被拒绝了。

相信很多人都曾经在电视或电影里见到过这样的镜头：一个主人公不喜欢的人，去向主人公求助。假如主人公对他不理不睬，那么这个人肯定会因为始终不能与主人公交流，就只好悻悻地离开。

有一个教育评论家曾带着苦笑说："再没有比演讲完了，提出'有什么问题没有'后的几分钟，更令人难受的了。有人发问还好，但无人举手，全场鸦雀无声，则站在台上会有不知如何自处之感"。

由于他从事教育评论工作，故常有一些组织的集会邀他去演讲，而以女性为听众时，这种沉默最令他不知所措。在刚刚开始他会开开玩笑，但是时间一长，在一群听众当中，居然连一个发问的人也没有，这种现象会令他觉得自己的演讲非常失败。

所以，有效使用沉默，可以不必明白说出"不"字，也能把"无言的不"传达给对方了。

使用"无言的不"时应特别注意的是要站在对方的立场听话。从上述教育评论家的例子可知，一个人面对看来一直注意听他说话的对方，一旦有机会发言却一句话不说的情况时，会思考那沉默的意义。大部分的人都会这样想：就是对我所讲的内容有反对意见却不知该如何说出来。

一般说来，交谈中的沉默，有单纯作为休息的沉默，为了思考的沉默和为等待对方下一次发言的沉默三种，而其中最多的是为思考而做的沉默。可见交谈中的沉默，多为"我正在想该说什么"的表示。如果沉默的人，是刚才很注意听你说话的人，那么，他是为思考而沉默的可能性就更大了。

在这里，一个碰上对自己的发言以沉默来回答的人，会开始想刚才所讲的内容是否对方难以了解而努力把新的情报提供对方，以期使对方了解。对方又注意听你提供新情报，然而依然保持沉默没有反应，于是再提供情报。如此重复再三，我们就会得到这样的结论：对方的沉默，是在思考如何对我的意见说"不"。

拒绝他人时的高冷神态

很多时候，我们无法拒绝别人，就是因为关系太熟，熟得彼此之间都很随意。假若我们换一种高冷神态，那么，立即就会产生一种拒人于千里之外的感觉。

有句话说"你对别人客气，别人才会对你客气"，不无道理。你对别人客气，他自然觉得有距离感，觉得你对他有防备之心，自然不会轻易打扰你。

对人客气能够在自己和他人之间形成一道天然的屏障，你客气了，别人就不会以随便的态度对你，这是一种无形的拒绝力量。当然，对人客气不是要拒人于千里之外，它仅仅只是一种自我保护方式，一种顺应本心的呼唤，一种成熟的人际交往技能。

小艾毕业有五年了，在广州某企业找到了一份行政工作。毕业之初，小艾是个见人就熟的人，而她的工作需要经常与人打交道，这样的个性让她在工作中吃了不少的亏。

因为她年纪最小又是新人，平时同事有个什么小事情都会麻烦小艾，说是为了锻炼她，多给她一些机会。小艾也觉得这是同事们在关照自己，非常乐意去做这些小事。在这个过程中，她得到了大家的信任和喜欢，很快便与大家熟络了起来。

开始的时候，小艾不觉得有什么不妥，自己是新人，大家交代自己办事情是理所当然的。关系那么好，她也不好意思去拒绝别人。可时间一久，麻烦就出现了。

随着小艾自己本职工作逐渐上手，公司分配的任务越来越重要。她一方面要完成自己手上的工作，又无法拒绝那些年长同事所交代的各种"小事"，从订饭买咖啡，到一份还没完成的收尾工作。但这些小事情积累起来也很浪费时间，小艾常常忙得顾不上吃饭。

后来，小艾实在分身乏术，她决定不能再继续像以前那样来者不拒了。她一改往日的见人热情的作风，上班不闲聊与工作无关的事情。午间休息时间，她也以工作太忙为由，尽可能地与身边同事保持距离。大家有所察觉，也目睹了小艾的忙碌，下意识地也不再去麻烦小艾。

小艾也不断在总结出同事相处的诀窍，她非常清楚，对人客气并保持一定的心理距离，不仅是对对方的尊重，也是一种无形的拒绝力。

在刚刚接触工作的时候，有的人会主动揽下许多事情，以辛苦的劳动来博取好感，赢得大家的认可，以便尽快融入集体中。实际上，这样做有好处也有坏处，好处自不必说，坏处就是一旦大家关系熟络起来，很可能就会变得很随意，凡事都不会跟你客气。

在生活中，我们一定要搞清楚，同事就是同事，朋友就是朋友，不要以对待朋友的方式来对待同事，否则你就会惹上不必要的麻烦。

总之，对人客气可能会让人觉得你这个人有距离，但这样也会为你拒绝很多你无法拒绝的麻烦。我们无须过于迎合他人，对每个人客气，保持适当的距离，让别人的无礼要求在说出口之前就打消念头。

拒绝他人时的眉毛动作

在社交场合里，一个人的五官会告诉我们很多秘密。可一般情况下，我们只注意到了眼神的变化，却忽略了眉毛的变化。其实，眉毛的变化也有大玄机和影响力。

眉毛是属于面部的一部分，是五官之一，那它自然占据着与其他器官一样的地位。换句话说，眉毛所反映的信息和眼睛、鼻子、嘴巴反映的信息一样重要。在交谈中，如果对方比较善于隐藏，除了眉毛外其他部位没有什么明显的变化，那我们就得注意眉毛的变化了。

心理学家认为，眉毛的动作是与生俱来的。早在远古时期，人们就开始用轻抬眉毛向距离自己稍远的人打招呼，以表示问好。到了现如今，眉部动作已经变得较为丰富了，除了向人表示问候以外，还有以下含义。

在交际场合，一个人单眉上扬，就说明他对他人的话表示不理解、心存疑感。如果是双眉上扬，就说明他对他人所讲的内容很感兴趣，对他人的观点表示赞同和感到欣喜。

如果一个人的眉毛迅速上下活动，一副眉飞色舞的样子，就表示他的心情很不错。与其交谈的话，也会受到感染，从而产生强烈的心理共鸣。

如果一个人在听到对方的话时，皱了皱眉头，就说明不想听对方继续说下去，暗含拒绝、不赞成对方想法的意思。这时，一定要改变策略，以免让自己陷入困境。

如果这个人的眉角明显下拉，就说明他对别人感到嫉妒、气愤和懊恼。此时，你不要再多说什么，以免遇到他爆发的时刻。

也就是说，我们在拒绝他人时，如果时常皱皱眉头，就能把我们心中的意思明确地表示给对方。假若这人还不识趣，那么，就可以用语言毫不客气地直抒胸臆。

拒绝他人时的眼神交流

眼睛是心灵的窗口，最善于传递情意。在交流的过程中，人们往往会以积极的眼神去交流。相信很多人都受到过这样的礼仪教育：在和别人交流的时候，一定要看着对方的眼睛，这样做一方面表达对对方的尊重，另一方面也有利于情感的交流。

有一名推销员在刚刚参加工作的时候，不是很在意这方面的事情，所以业绩并不好。有一位顾客去店里买车，他向顾客详细地介绍了一款车，在即将就要签单的时候，顾客却掉头走了。

推销员很困惑："自己到底在什么地方得罪了他呢？"他特别想搞清楚这个问题，于是便唐突地打电话过去，问那名顾客为何要改变主意。

那名顾客也非常坦率地回答他说："年轻人啊，你特别不专心，我认为你好像并不关心你所卖的车，你看起来貌似很了解它们，然而你在和我讲车的时候，还在跟另一位同事聊昨晚的球赛。我想，你实际上可能是在用胡言乱语敷衍我。我不敢断定，你所说的话是不是真的，也许那些话都是你临时起意，胡编乱造的花言巧语罢了。"

事实证明，缺乏眼神交流，不利于沟通。如果你想让人接受，就要积极地与人展开眼神的交流。相反，如果你需要拒绝，则要尽量避免眼神交流。躲避对方的眼神，这看起来似乎是一种不好意思的习惯性动作。而事实上，它更多表明的是一种拒绝的态度。

两眼相对，意味着双方之间积极的交流和接受。这件事对拒绝来说具有重要意义。想说服的一方当然热心地看着你的眼睛寻求碰上你的视线。他想透过眼睛把自己的要求送入你的心中。

注视往往代表着热心，注视能够加强说服的力度。你也可能会因为对方饱含深情的眼睛而动容，最终接受对方谈话内容。

所以如果你要说"不"，就尽量不要对上对方的眼睛。有沟通大师认为，最难交谈的对手就是不看对方眼睛的人。

你如果想要尽快结束谈话，便可避开对方的视线或低下眼睛，来诱导对方的视线移开，接着交谈自然而然就躲开了。有的人或许使用过这样的方法，结束不愿听的冗长的牢骚话。这种视线游移，可以表示心不在焉。很显然，这会让说话者失去诉说的兴致。

根据一些研究人员观测，人在遭遇视线碰撞的过程中，会产生紧张的心理。这样的紧张会衍化成两种不同的情况：要么变得积极、热情，要么变得不安、焦虑。

仔细观察生活中一些现象，就会发现确是如此。在餐厅吃饭的时候，一个正在吃饭的人，无意间对上邻座一个滔滔不绝的客人的视线之后，这名客人动作就会在突然间变得生硬起来。这是视线碰撞导致紧张，而衍化成不安的情绪反应。

平时说话滔滔不绝的人，一旦站在人群面前，就变得结结巴巴。有些人平时说话不多，但是站在讲台上，面对众人瞩目，激情四射，口沫横飞，讲起话来特别有力量。

这些例子告诉我们，一个人只要意识到别人的视线锁定在自己身上，就会有紧张感，可能导致不安情状，也有可能导致积极情状。站在舞台上的人，和无数人的眼神对撞，如果情绪调节不善，便可能因为紧张而陷入不安当中。经过学习和训练、调整，可以让人消除和转化这种不安，但是紧张的情绪则不容易消除。

基于此，在拒绝时，你可以多用闪烁性的眼神，时不时地与对方的视线对撞。但一定要注意，在视线碰撞中，不要被对方的眼神吸引住，形成注视。注视会激励和鼓舞对方说话，那样的话，你将面对对方的滔滔不绝，变得疲于应付。

人有意向与他人交流时，都会习惯寻找对方的眼神，就好像植物寻找太阳的光线一样，目的就在于更加顺利地交流。如果眼神游移、闪躲，则会让人失去焦点，很难专心交流。

若你有足够的理由拒绝对方，那么你可以用坦然的眼神看着对方，说出你拒绝对方的缘由。然而，如果你找不到更好的理由来拒绝，则可以躲避对方的眼神。对方从你的闪烁眼神中，就可以看出你的态度。

眼神的游移和闪烁，表达内心的不确定性和感情的羞愧，同样这种眼神也可以为我们下面要说出来的拒绝话语做预热。当对方看到你的眼神不定的时候，他的心中通常都会产生不妙的感受，这种预热可以让对方很好地接受接下来的拒绝，这样也就没那么尴尬了。

有的时候，甚至不需要将拒绝的话挑明，仅仅飘移不定的眼神，就能让对方不好意思将要求说出来。当然，也有人没那么知趣，他可能明知道你的这种动作背后的意思，却故作不知，继续向你提出要求。这时，你可以将拒绝挑明。

你如果无法避免眼神的交流，可以用无可奈何的笑容来表示拒绝，实际上这种办法要比躲避对方的眼神要好一些，至少这会让对方感受到你的真诚。但是这种办法的缺点也很明显，它会让对方觉得你有意帮忙，却因为某些原因无能为力，因而对你进行其他的请求。

逃避对方的目光，用在拒绝之中，还有一个好处，就是让你更好地把"不"说出来。你也许有过这样的困扰：在对方热切的目光下，你会发觉自己突然丧失了所有的勇气，"不"已经到了嘴边，可偏偏吐不出来。

这就等于在视线碰撞中，你更容易落入下风。你的紧张感没有成为积极的态度，为你加强拒绝的气势，反而转变成了焦虑和不安，这当然不利于你的拒绝。

被人盯着，难以说出"不"，怎么办呢？在这个时候，你可以站起来到处走动走动，或者转身去做别的事情，或拿一个东西，把脸背过去，这样"不"就可以简单地说出来了。譬如，一面递茶给客人，另一面从背后或旁边开口说："那件事的确是有难度……"

实际上，在生活中我们都有这样的习惯性行为，目的就是为了避免视线碰撞不方便自己的拒绝，只不过我们没有注意到这一点罢了。我们往往习惯于从别人背后冒出来，拍对方的肩膀说："明天不能去你那里，非常抱歉……"我们发现这样拒绝不仅很容易说出来，也能避免强烈的视线碰撞所导致的紧张感。

拒绝他人时的动作语言

在表达拒绝的时候，如果想要达到目的，就不能只想一次就成功。在很多时候，你需要强化自己拒绝的意志，坚持到底，才能真正实现目的。说"不"并非是一件那么容易的事情，当你看着委托者乞求的眼光，当你的心里想着人情义理，当你想象到自己说出来的那些拒绝的话语，对方脸上显示出来的深深的失望……

想到这些，原先想说"不"的决心，就会发生动摇。有的时候，在这些想法的逼迫下，居然把原非本意的"是"说漏了嘴，以至于后悔莫及。为了不导致这样的失败，从头到尾贯彻"不"的意志，我们一定要学会通过外部的动作来强调"不"的力量，我们经常会从孩子身上看到这样的现象：

原本并不是很伤心，但为了引发父母的注意，假装哭泣，最后真的哭出来了。孩子首先用自己的小手捂住眼睛，发出呜呜的声音，摆出一副要哭的样子，然而，毕竟是假哭，很容易就会被人看穿，那该怎么办呢？孩子就会想，到底该怎么做才表现得更真实，甚至会去想怎么才能真正哭出来，接着去模仿哭泣。过了一会，孩子会莫名其妙地沉浸在哭泣的氛围中，心里真的充满了悲伤。最后，假哭就变成了真哭。

美国心理学家威廉·杰姆士说："感情能以动作的调整，予以间接的调整。当你失去快活时，最好的恢复快乐的方法，便是装成快乐的样子行动、说话。"他认为，给人的身体以刺激，身体便能产生反射性的变化，其结果产生感觉，引发悲伤或欢喜的感情。

行为在引导感情这个理论，后来被各种实验所否定。不过这种认识依然被普通大众所相信，成为研究生理和感情之间关系的基础。事实上，所有的人都会通过动作来加强自己的表达能力，当然在拒绝的时候，采取动作也同样可以增强拒绝的意志。所以，为了贯彻"不"的心意，我们可以不断确认自己的心意，并通过些必要的动作来予以加强。比如，倾斜身体，侧身对着对方，可以加强你说"不"的气势。

当你要说"不"的时候，倾斜你的身体，侧身对着对方。采取这个姿势，即便你不说话，气势也已经把你的"不"的意思传达给了对方，可以说明你的"不"并不是随便说说而已。

如果你采用倾斜身体的非对称姿势面对他人，会给对方造成坐立不安的感觉。该动作源于战斗姿势，在不少的武术当中，都有使用这一姿势迎敌的。当你将自己的身体侧对某人，就有一种迎战的意思在里面。在拒绝的时候，如果采取这个姿势，表达拒绝和对抗的态度会十分强烈。

除了用侧面对人说话可以加强个人的气势之外，另外还有一些其他的动作也会产生类似的效果。当我们遭受侵犯的时候，我们的身体会出现一些表达否定意义的动作。

刚刚开始的时候，摇晃着上半身，移动脚部，用脚尖踩踏着地板。这些动作是属于第一个阶段，它在暗示："你靠得太近，我会坐立不安。"

然后，闭上眼睛，收起下巴，弯下腰，用这些动作来暗示："你在这里会打扰我，你已经侵犯了我的领域。"

有心理学家认为，在遭遇他人的入侵，自身感到不安和防备的时候，每个人都会有类似的行动。这些行动在强化我们内心的"拒绝"意识。所以，对于缠住你不放的依赖者，不妨先摇晃你的脚，或用脚尖踩踏地板，接着闭上眼睛，收起下巴，用这样两个阶段的战术将他赶跑吧。

除了这种略显侵略性的动作之外，还有一种显得较为柔弱的动作，也有极好的拒绝效果，那就是表现自身身体状况不佳的动作。

记得在一部外国电影里有这样一场戏：一对感情几乎接近冰点的夫妻，丈夫事业至上而妻子被冷落一旁，却在不断地责备妻子。

妻子早已心灰意懒，她在听着丈夫越来越激动的话语时，自己却用拇指和食指用力按了一下双眉下凹陷的地方。很多人感到疲惫的时候，这个动作经常会出现。

丈夫看到妻子这个样子，便不再说话。很明显，妻子在用自己细微的动作来表达自己的"不"。妻子在做出的寥寥几句回应中始终没有说一个"不"字，然而，最后丈夫却没有再去试着说服她，而是默默地离开了。之所以会有这种结果，就来自于她所做的按眉下的动作。

一些研究身体语言的人们认为，一般说来，一些表示状况不佳的动作是拒绝交谈的意思。比如，扭脖子、擦眼睛、轻按眼睑、拍肩膀、揉太阳穴及按眉下的一连串动作，都可以传达出这样的一种信息。

这些动作的直接作用就是消除身体的不适症状，与此同时，也在发出这样一种信息："你说的话让我产生了生理上的疲劳和心理上的不适应，所以请你闭嘴。"也可以这么认为，如果想让对方改变谈话的内容或者赶快结束谈话：最基本的就是用动作表达出打断对方的用意。

然而，如果听者是无意识做出这些动作的话，那么就会使说话的人难以判断。在上面的例子中，如果妻子是在一面按眉下部，一面赔不是的话，那则传达出了这样的意思："本来我是想听你说的，但我的身体实在是无法适应这样的压力。"如果是有意识做出一些动作，那么拒绝的意思就非常明显了。

拒绝他人时的口语表达

与人交往，如果遇到了令自己不满的人和事情，应该如何表达出来呢？直接说明是最简单的方法，但这很容易伤害他人，对于处理问题往往无益，甚至会使事情变得更糟糕。于是，在拒绝他人时如何表达出来，就成了我们必须要学的一门学问。

语言向来贵精不贵多。如果你想拒绝他人，一定要注意避免正面冲突，尝试用轻松的言辞表达自己的意愿，因为正面冲突往往是激化矛盾和招致烦恼的导火索；也可以通过引用名人名言、俗语或谚语等来作答，以表达出自己的意思，或表明自己的观点。

这种方式的好处是显而易见的，既增加了自己说话的权威性与明确度，又不必在解释和说明上浪费太多的口舌，还能点到为止，既能给对方留面子，使对方信服，也能有效地达到自己所要的效果。当然，拒绝别人时点到为止，不让对方太尴尬、下不来台，还要注意以下两点：

先了解实情，再说"不"

"倾听"能让对方得到自己被尊重的感觉。在你婉转地表明拒绝他人的立场时，也要避免伤害他人，还应避免让人觉得你只是在应付。"倾听"还有一个好处是，虽然你拒绝了他，但你可以针对他的情况，给出合理的建议。若是能提出更好的办法或替代方案，对方一样会感激你。

温和但又要明确地说"不"

当你认真倾听，弄清楚对方的要求后，并觉得自己可以拒绝的时候，说"不"的态度既要显得温和，又要非常明确。温和就是间接地表达拒绝，点到为止，明确就是清清楚楚地表明自己的立场。

用温和而且明确的方式说"不"，这要比直接生硬地说"不"，让人更能接受。一般情况下，对方听你这么委婉地拒绝，肯定会"知难而退"，再去想其他办法来解决问题。

总而言之，应该多掌握几种拒绝别人、点到为止的技巧。譬如，在为他人提某些建议的时候，安慰一下他的心情，向他表明自己的难处，激励他人勇敢地面对等。要使得别人认为你还在和他一起解决困难，让他满怀信心离去。诚然，假如有能力，还是要尽力帮助那些求助者，这是良好品格的体现。

人生课堂
修心三不
——不生气，不计较，不抱怨

张 洋◎编著

民主与建设出版社
·北京·

图书在版编目（ＣＩＰ）数据

人生课堂 / 张洋著 . -- 北京：民主与建设出版社，

2019.7

ISBN 978-7-5139-2507-5

Ⅰ . ①人… Ⅱ . ①张… Ⅲ . ①人生哲学—通俗

读物

Ⅳ . ① B8421-49

中国版本图书馆 CIP 数据核字 (2019) 第 098582 号

人生课堂
RENSHENG KETANG

编　　著	张　洋
责任编辑	刘树民
封面设计	三石工作室
出版发行	民主与建设出版社有限责任公司
电　　话	（010）59417747　59419778
社　　址	北京市海淀区西三环中路 10 号望海楼 E 座 7 层
邮　　编	100142
印　　刷	三河市天润建兴印务有限公司
版　　次	2020 年 1 月第 1 版
印　　次	2021 年 3 月第 4 次印刷
开　　本	880 毫米 ×1230 毫米　　1/32
印　　张	15
字　　数	528 千字
书　　号	978-7-5139-2507-5
定　　价	108.00 元（全 3 册）

注：如有印、装质量问题，请与出版社联系。

目 录

第一章
不生气

生气，是拿别人的错误惩罚自己。世界上没有爬不过的火焰山。也许老天给了我们太多的磨难，家庭、工作、爱情，但谁又能说谁一辈子不会遇到这些呢？与其用痛苦一遍一遍折磨自己，为何不试着绕开它，去做个聪明的人，做一个善待自己的人呢？

第一节　乐观地面对生活

不要被生活压力打倒

现代社会，随着生活节奏的加快，人的压力越来越大，老人的赡养，工作的安排，家庭的压力，子女的就业，儿女的嫁娶，社会的竞争，人际的交往等等，无不侵扰打搅着我们的生活。无奈、烦躁、忧虑、彷徨，甚至悲伤、绝望。把我们团团围住，也使得我们越来越疲惫。

在工作、家庭双重重担的压力下，我们变得老了许多。我们在不自觉地跟同学、同事的比较之中变得悲观，变得消极，变得不知道如何处理我们的情绪。

其实面对生活中诸多的不如意，我们没必要过多地计较个人的得与失；把心放宽，你就会发现你的生活永远是阳光明媚的春天。

《詹姆斯漂流记》里面的主人公詹姆斯·克罗索，被海浪带到一个荒无人烟的小岛上，度过了漫长的二十六年。

詹姆斯被漂到小岛上的第一天，他列出了两份清单，一份列出自己的不幸以及面对的困难，另一份是列出自己的幸运以及拥有的东西。他在第一份清单上写了"流落荒岛，摆脱困境已属无望"。第二份清单上写船上人员除了我以外全部葬身海底。詹姆斯利用一切，改变了自己的命运，利用枪、陷阱捕捉猎物；自己搭建房子，这些奇迹般的生活让詹姆斯不至于饿死，这些生活的起因都是那两份清单。

詹姆斯的故事是我们从小就了解的故事，从他的身上我们可以提取一些我们可以学习的地方。在日常生活中，面对问题时，可以先列两份清单，写一写自己所拥有的，是否命运真的如此不公；再来想想，凡事向好的方面着想，也就会发现其实我们已经过得很好了，我们已经拥有了很多，我们的生活也已经很幸福了，至少我们不用露宿街头，忍饥挨饿。凡事乐观地去想，就会打开自己的心结，更好地生活下去，心境也就会更加明朗。

凡事向好的方面着想，并不是盲目乐观，而是科学地对待困难和挑战，从挫折和挑战中寻找人生突围的缺口和良机。仔细审视我们周围普通人的生活和成长、成功经历，不难发现，许多人的生活印证了这样一事实：只有扎扎实实生活，正视现实、不甘沉沦、努力向前，任何困难都会被战胜，任何逆境都会过去！

有这样一个家长与孩子互动的游戏——"凡事往好处想"的游戏。妈妈问孩子："今天上学发现，口袋的10元不见了，请往好处想……"

孩子回答："还好不见的不是100元……"

父亲回答："捡到的人一定很高兴……"

妈妈问孩子："今天上学后开始下起大雨，请往好处想……"

孩子回答："还好舅舅家住的近，可以帮我送伞……"

妈妈问孩子："很用功的准备期中考试，结果成绩非常的不理想，请往好处想……"

孩子回答："还好不是期末考试……"

这个游戏很有趣，凡事往好处想，整个心情就变得不一样了。

记得有个故事，一个女孩遗失了一只心爱的手表，一直闷闷不乐，茶不思、饭不想，甚至因此而生病了。

神父来探病时问她："如果有一天你不小心掉了十万元钱，你会不会再大意遗失另外二十万呢！"

女孩回答："当然不会。"

神父又说："那你为何要让自己在掉了一只手表之后，又丢掉了两个礼拜的快乐！甚至还赔上了两个礼拜的健康呢！"

女孩如大梦初醒般地跳下床来，说："对！我拒绝继续损失下去，从现在开始我要想办法，再赚回一只手表。"

人生，本来就是有输有赢，更是有挑战性的。输了又何妨，只要真真切切的为自己而活，这才叫做真正的生命。有些人就是因为不肯接受事实重新开始，以致越输越多，终至不可收拾。

凡事都向好的方面着想，是一种积极进取的人生态度。在市场经济竞争日益激烈的形势下，每个人都面临挑战，但更多的是机遇。向好的方面着想，就是弱化挑战、放大机遇，以饱满的精神迎接机遇、把握机遇。

乐观的人处处可见"青草池边处处花""百鸟枝头唱春山"；悲观的人时时感到"黄梅时节家家雨""风过芭蕉雨滴残"。

一个心态正常的人可在茫茫的夜空中读出星光灿烂，增强自己对生活的自信；一个心态不正常的人让黑暗埋葬了自己且越葬越深。因此，无论何时何地身处何境，都要用乐观的态度微笑着对待生活，微笑是乐观击败悲观的有力武器。微笑着，生命才能将不利于自己的局面一点点打开。

守住乐观的心境："不以物喜，不以己悲"；就能看遍天上胜景，览尽人间春色。

人生不如意事十之八九

在生活中我们常常会莫名的上火、不爽甚至于生气，这是为什么呢？很多时候是由于有些人、有些事不符合我们的想法，或者事情向着反面发展而造成消极的影响。但是人生不如意的事情十之八九，岂能事事尽如人意呢。

一首老歌《祝你平安》中唱到："你的心情现在还好吗？你的脸上还有微笑吗？人生自古就有许多愁和苦，请你多一些开心少一些烦恼。你的所得还那样少吗？你付出还那样多吗？生活的路总有一些不平事，请你不必太在意，洒脱一些过的好。"

人生路漫漫，总有许多琐事、不平之事让我们为之烦恼，为之生气。但是，俗话说："生气是拿别人的错误惩罚自己"。生气与否在于我们自己的态度，生气与不生气也是一种选择，生气很容易，做到不生气则需要极高的智慧。而生气对于我们的身体是有所损害的，三国当中周瑜就是因为嫉妒而被诸葛亮气死的。

万病从心生，说穿了就是首先从生气开始的。当然，这里的气就是情绪之气，即生气的气。中医里有"怒伤肝"的理论。《素问·阴阳应象大论》说："暴怒伤阴，暴喜伤阳，厥气上逆，脉满去形，喜怒不节，寒暑过度，生乃不固。"

《灵枢·百病始生篇》说："喜怒不节，则伤脏。"以上论述都是说明愤怒、生气非常容易伤害肝脏等各脏腑器官。肝脏存储有人体大量的气血。而"怒则气上"，生气会使人体肝脏储存的气血急剧从肝脏出来，导致肝脏储备的气血流失。

如果一个人很容易生气，并且常常生气，时间久了必然导致肝脏自身的功能受损。所以遇到不如意的事情我们少生气，多想想办法冷静地处理，这样首先是有利于我们的身体。

有一个女性朋友办了一家企业，事业做得很成功。可是，她得了偏头疼，怎么治也治不好。到医院去检查，有的医生说是血管性头疼，有的说是神经性头疼，也有的说可能是因为颈椎有问题，有的则认为可能是心脏供血不足造成的。

总之，说法不一，诊法各异。最后，她被安排去做了一个核磁共振，结果显示脑袋里什么问题也没有。后来，这位朋友自己找到得偏头疼的原因了，原来她和婆婆住在一起，现在跟老公搬出来单住。搬出来以后，她的偏头疼就好了。

她说："我一直不知道我婆婆才是病因。每次回家的时候，只要一看见婆婆，就有点儿不舒服，头就开始隐隐作痛。因为婆婆很强势，看不惯我做事的方式，总是爱唠叨，听得我脑袋发胀。结果到了夜里，我就睡不着觉，还做噩梦。时间一长，我就老头疼。"

有趣的是，她婆婆原先有慢性肠炎，也是久治不愈，自从她搬走以后，也很快就好了。原来，她婆婆得病也是因为老跟她生气。所以，这婆媳俩有一个共同的简单病因，就是有一股不平之气。

生活中的不愉快，可能对我们的身体影响并非立竿见影的，但是长此以往是非常不利于我们健康的。生气时伤神伤心，有一首《不气歌》："他人气来我不气，我本无心他来气；倘若生病中他计，气下病来无人替；请来医生把病治，反说气病治非易；气之为害大可惧，诚恐因病将命弃；我今尝过气中味，不气不气真不气。"我们可以经常唱上两句，气下病来无人替，不气不气真不气！

生气与不生气也在于我们的心态。我们可以选择不生气，给自己一个好心情，也给他人一点空间。正如快乐是一天，不快乐也是一天，我们为什么不快快乐乐地过好这一天呢？

遇到事情如果我们生气的话，首先伤害了自己的身体，其次生气也未必可以解决问题，甚至在我们冲动的情况下，可能出言过重伤害到他人或者做出一些失去理智的行为，这样不仅不利于事情的解决，反而会让事情越来越复杂。

有的人个性急躁，没有耐性，稍微遇到一点不如意或小小的刺激，就暴跳如雷或轻举妄动，粗心莽撞就容易铸下大错。等到大错铸成，后悔也来不及了。

从前在一茂密的森林中，住着许多鸽子，其中有雌雄两只鸽子，同造一巢，住在一棵大树上。它们像年轻的小夫妇，相亲相爱，同甘共苦，过着快乐的日子。

这年秋天，有人在后山种了一山的果树，秋风一吹，各种果子都成熟了。鸽子们飞到后山果园中，当园主不注意时，偷了很多果子回来，满满地堆积在巢里，预备做冬天的干粮。

两只鸽子以为不必再愁冬天的食物了，便悠闲了几天。可是天气干燥无雨，不知不觉所有的果子都干缩，那满满堆在巢里的果子，仅仅剩下半巢。

这天雄鸽自外面归来，见此情形，大发雷霆，责怪雌鸽道："我们一起千辛万苦到后山采来的果子，你却单独享用，才没几天，已经被你偷吃了半巢果子，还不到冬天，就全给你吃光，你太自私了！"

雌鸽不服，忙反驳道："没有这回事，巢中的果子，自采回来后，我一个也没动过，哪会独自偷吃！"

"你还不承认，强词夺理，你看，果子不是剩下一半了吗？事实证明，还要抵赖！"

"那果子自己减少的，我并没有吃，请相信我！"雌鸽苦苦哀求。雄鸽不信，仍然怒气冲冲地道："你不曾独自偷吃，果子怎么会减少呢？"说着，马上用它尖锐的嘴啄过去，雌鸽抵挡不住，挣扎几下，就被雄鸽啄死了。

雄鸽以为知面不知心，得意洋洋，认为大害已除，今后无忧。哪知过了几天，忽然天空中乌云密布，风驰电掣，下了一场大雨，那储藏在巢中的果子，受了雨水的潮气，重新膨胀起来，和先前一样，满满堆积了一巢。

雄鸽见此情景，方才大悟，捶胸顿足，号啕大哭。凭一时怒气，竟误杀了雌鸽，它后悔莫及，天天悲切地停在树上，声声唤着雌鸽道："你到哪里去了呢？你到哪里去了呢？"

所以，当我们遇到生气的事情，首先要冷静下来，不要冲动，心平气和；然后，考察事情的原委，研究分析其来龙去脉及前因后果，了解其真相，经过一番深思熟虑之后再去处理，考虑有没有比较可行的解决办法。这样事情可能在我们理智的处理下反而往好的方向发展，也化解了之前的不愉快。

在日常生活中，我们常常会有很多的小脾气，但是事后回过头想想，那些惹得我们发脾气的事情其实没什么大不了，不过是一些小事、一段小插曲而已，只是当时太认真了。所以，遇事不要太较劲，让不生气成为我们的一种习惯，控制好自己的情绪，不要太在意得失，给自己一个好心情！

寻找生命中的快乐

快乐是一个人心情喜悦的过程的真实反应，每个人都希望自己快乐，然而在现实社会中却有这样那样的痛苦伴随着我们，这就需要我们有一颗平常心，包容生活中的苦难，看淡人世的纷争，寻找生活中的快乐。

古人云：百姓日常生活即为道，而自不知。意思是说，我们的吃喝拉撒睡等日常生活就是道，而我们自己却不知道这个就是道；往往是早晨挤公交车被别人踩了一脚，到了晚上还在愤愤不平，自寻烦恼。正如白云禅师的《蝇子透窗偈》：

> 为爱寻光纸上钻，不能透处几多难。
>
> 忽然撞着来时路，始觉平生被眼瞒。

大意是苍蝇喜欢朝光亮的地方飞。如果窗上糊了纸，虽然有光透过来，可苍蝇却左突右撞飞不出去，直至找到了当初飞进来的路，才得以飞了出去，也才明白原来是被自己的眼睛骗了。苍蝇放着洞开无碍的"来时路"不走，偏要钻糊上纸的窗户，实在是徒劳无益，白费工夫。

这首诗通俗易懂却又寓意深刻，诗中的"来时路"喻指每个人的生活都有值得去品味的地方，只可惜往往不加以注意罢了。而"被眼瞒"一句更是深有寓意，意指人们常常被眼前表面的现象所欺骗，无法发现生活的快乐和幸福。

此诗选取人们常见的景象，语意双关、暗藏机锋，启迪世人不要受肉眼蒙蔽，而要用心灵去体会那些生活中通常被人们忽略而又美丽的瞬间。

有个人听说一位很有名的乐观者，于是，他便去拜访这位乐观者。乐观者乐呵呵地请他坐下，很有礼貌地帮助他解决心中的烦恼。"假如你一个朋友也没有，你还会高兴吗？"这个人开门见山地问。

"当然，我会高兴地想，幸亏我没有的是朋友，而不是我自己。"

"假如你正行走间，突然掉进一个泥坑，出来后你成了一个脏兮兮的泥人，你还会快乐吗？"

"我还是会很高兴的，因为我掉进的只是一个泥坑，而不是万丈深渊。"

"假如你被人莫名其妙地打了一顿，你还会高兴吗？"

"当然，我会高兴地想，幸亏我只是被打了一顿，而没有要我的性命。"

"假如你去拔牙，医生错拔了你的好牙而留下了患牙，你还高兴吗？"

"当然，我会高兴地想，幸亏他错拔的只是一颗牙，而不是清除了我的心脏。"

"假如你正在睡觉，忽然来了一个人，在你面前用极难听的嗓门唱歌，你还会高兴吗？"

"当然，我会高兴地想，幸亏在这里嚎叫着的是一个人，而不是一匹狼。"

"假如你马上就要离开这个世界，你还会高兴吗？"

"当然，我会高兴地想，我终于高高兴兴地走完了人生之路，可以高高兴兴地去参加另一个'宴会'了。"

"这么说，生活中没有什么是可以令你烦恼或者痛苦的？"

"是的，只要你愿意，你会在生活中发现和找到快乐。痛苦往往是不请自来，而快乐和幸福往往需要人们去发现寻找。"乐观者说。

听到了乐观者这一连串的快乐表白，拜访者也悟出了其中的道理，因此，他的生活也充满了欢乐。

很显然，如果我们不能用心去体会的话，或者缺乏珍惜之心，是很难意识到快乐的所在，有时甚至连正在经历的快乐都会失去。正如一位哲学家曾说过的：快乐就像一个被一群孩子追逐的足球，当他们追上它时，却又一脚将它踢到更远的地方，然后再拼命地奔跑、寻觅。

人们都追求快乐，但快乐不是靠一些表面的形式来获得或者判定的，快乐其实来源于每个人的心底。安徒生曾经著有一则名为《老头子总是不会错》的童话故事，说的就是如何去寻找生命中的快乐，如何去寻找属于自己心灵深处的幸福感。

在某个地方的乡村，有一对清贫的老夫妇，有一天他们想把家中唯一值钱的一匹马拉到市场上去换点更实用的东西。

于是，老头子牵着马去赶集了。他先与人换了一头母牛，又用母牛去换了一只羊，再用羊换来一只肥鹅，又把鹅换了母鸡，最后用母鸡换了别人的一袋子烂苹果。在每次交换时，老头都幻想着能给老伴带去惊喜。

当他扛着大袋子来到一家小酒店歇息时，遇上两个英国人。闲聊中他谈到了自己赶集的经过，两个英国人听后哈哈大笑，说他回去准会被他老婆臭骂一顿。老头子坚持说这种事情绝对不可能发生。英国人就用一袋金币打赌，三个人于是一起来到老头子家中。

老太婆见老头子回来了，非常高兴，她兴奋地听着老头子讲赶集的经过。每听老头子讲到用一种东西换了另一种东西时，她都充满了对老头子的钦佩。她嘴里不时地说着：

"哦，我们有牛奶了！"

"羊奶也同样好喝。"

"哦，鹅毛多漂亮！"

"哦，我们有鸡蛋吃了！"

最后听到老头子背回一袋已经开始腐烂的苹果时，她同样不愠不恼，大声说："我们今晚就可以吃到苹果馅饼了！"结果，英国人输掉了一袋金币。

生活本来就是柴米油盐这些繁琐而又现实的组合，每个人的生活都是如此。与其看不如意的方面，不如学会寻找乐趣，看生活中好的一面。如果我们能够像《老头子总是不会错》中的老太婆一样看待生活，用心去体会平凡中的幸福与快乐，那么微笑就会时常挂在嘴角，幸福的甜蜜也会永驻心间！

生活中的情趣是靠心灵去体会的。去掉繁杂，我们的心会更简单，会得到更多的快乐。生命短暂，找到自己的快乐才是本质，这才是幸福的本源。

人活着，要做的事情很多，奢望每一件都能按自己的设想发展结局，是根本不可能的！一切的期盼苦求无非徒增烦恼。只有一切随缘，才能平息胸中的"风雨"，发现处处是快乐。

如果想真正做到任运随缘，那我们就应该向唐代高僧赵州禅师多取取经。

唐代高僧从谂禅师，因为久居赵州（今河北省赵县）观音院，因此被唤作"赵州禅师"。一日，两名云游僧到赵州禅师所在的观音院挂单，恰好与赵州禅师相遇。

赵州禅师问其中一名云游僧："你以前到过这儿吗？"

僧答："到过。"

赵州禅师说："吃茶去。"

赵州禅师又问另外一僧，僧答："我第一次到这里来。"

赵州禅师说："吃茶去。"

观音院住持大惑不解，问道："来过也吃茶去，没来过也吃茶去，这是什么意思？"

赵州禅师大叫一声："住持！"

观音院住持脱口而答："是！"

赵州禅师说："吃茶去。"

面对略有浮躁的社会，我们应该多一些"任运随缘"的态度，人生才会豁达。只有"遇茶吃茶，遇饭吃饭"，除去一切颠倒攀缘，才是畅快人生的真谛。

面对生活中的种种烦恼和痛苦，我们不必过于生气。既然它们随风而来，就让它们随风而去吧！

有贪心就会有生气

人生需要如何才能摆脱痛苦呢？如何才能不生气呢？那就是不贪念。有贪念就会产生烦恼，就会生气，让自己永远陷在一个痛苦的泥潭里。或许有人会说，不贪还怎么生活啊？人活着就必须获得物质基础，获得不就是贪吗？其实贪与不贪全在于你的心理上对它的认识。

汉朝开国六十年后的汉武大帝是中国历史上一位非常著名的皇帝。他的母亲窦太后在汉武帝登基之后，悄悄地为他匿名占了很多土地，然后就唆使下面那些官吏去抢占这些土地。事发之后，一般人都不敢去查这些，也不知道这些土地是谁的。

后来终于有忠言直谏的大臣就往上汇报，说查半天也找不到这些土地的主人。汉武帝听了很生气，说全国这么多人吃不上饭闹饥荒，竟然还有这么大片的土地被人占了还查不出来？他立即下令派专人追查到底。官员接到命令后很快调查清楚就据实报了上来。

汉武帝听了大臣的汇报后就去问窦太后这么做的原因。窦太后对他说，你虽然是皇帝，拥有天下的土地，可是真正属于你自己的土地一块儿也没有。

汉武帝不禁问：这个国家都是我的啊！按照古人说的话，天上地下凡是我所想到的地方都属于我的，我为什么还要为自己划那么一小块地呢？

窦太后说，这个国家是你的并没有错，可那只是一个虚名而已。其实只有这块划到你名下的地才是你真实所有的。

汉武帝反问道：国家这个虚名也是在我的名下，那块土地你再写到我名下不是多此一举吗？同样不都是一个虚名而已吗？我们对国家的拥有，和对那一小块土地的拥有，不都是一个名而已，您何苦要划到我的名下呢？

我们可以想一想，窦太后其实并不是没有境界，没有境界的时候是她当皇太后之前。只是她当皇太后之后全天下已经没有和她对比的更高境界了。即便有，因为她贵为皇太后，谁又敢教导皇太后呢？

人有时候当本身境界不够高的时候，跨入了一个高度，没有更高级别的人去指导他，没有更大的宏伟的理念来促使他前进的时候，他没有动力了。并且，一个曾经的成功者在成功之后再回到成功前时，一定会做糊涂的决断。所以一个人达到一定的高度时，接下来就是掉下去，而且掉得很惨。

我们常常设定人生目标，有时候设定的目标很快实现了，怎么办呢？为了使自己不虚度，就需要设立一个更新的、更高的目标。只有这样，才能使自己的人生变得快乐和精彩起来。

快乐精彩的人生绝不是不工作。比如说一个三十岁的人的目标是赚一百万，他花了十年的时间就实现了。可他成功后才四十岁，实现了目标后他接下来该干什么呢？他剩下的时间绝不是吃喝玩乐这么简单的，他需要再设立一个新的目标，再去实现它。否则他就会失去生活的乐趣。

有人可能会说，人生无非是获得功利的过程，辛辛苦苦创造事业都是为了财和利。不错，财富和名利正是人类赖以生存的东西。我们积累粮食，是为了让自己和遇到灾难没有饭吃的人能够吃饱维系生命；积累钱财是为了能为自己的将来和后代，甚至还有更多可能有需求的人获得有衣穿、有饭吃、有房子住的机会。

《菜根谭》中主张："爵位不宜太盛，太盛则危；能事不宜尽华，尽华则衰；行谊不宜过高，过高则谤兴而毁来。"意即官爵不必达到登峰造极的地步，否则就容易陷入危险的境地，自己贪心也不可过度，否则就会转为衰颓。

同理，在追求的时候，也不要忘记"乐极生悲"这句话，适可而止，才能掌握真正的快乐。大凡美味佳肴吃多了就如同吃药一样，只要吃一半就够了；令人愉快的事追求太过则会成为败身丧德的媒介，能够控制一半才是恰到好处。

所谓"花看半开，酒饮微醉，此中大有佳趣。若至烂漫酕醄，便成恶境矣。履盈满者，宜思之。"意即赏花的最佳时刻是含苞待放之时，喝酒则是在半醉时的感觉最佳。凡事只达七八分处才有佳趣产生。正如酒止微醺，花看半开，则瞻前大有希望，顾后也没断绝生机。如此自能悠久长存于天地畛域之中。

又如："宾朋云集，剧饮淋漓乐矣，俄而漏尽烛残，香销茗冷，不觉反而呕咽，令人索然无味。天下事率类此，奈何不早回头也。"痛饮狂欢固然快乐，但是等到曲终人散，夜深烛残的时候，面对杯盘狼藉必然会兴尽悲来，感到人生索然无味，天下事大多如此，为什么不及早醒悟呢？

常常看到有些人为了谋到一官半职，请客送礼，煞费苦心地找关系、托门路、机关用尽，而结果还往往与愿相违；还有些人因未能得到重用，就牢骚满腹，借酒浇愁，甚至做些对自己不负责任的事情。凡此种种，真是太不值得了！他们这样做都是因为太醉心于名利，甚至把自己的身家性命都压在了上面。

其实生命的乐趣很多，何必那么关注功名利禄这些身外之物呢？少点贪心，多点情趣，人生会更有意义。何况该是你的跑不掉，不该是你的争也白搭。因此，注重中庸并保持淡泊人生，乐趣知足的心态，才能使自己体会出无尽的乐趣，达到人生的理想境界。

古人云：求名之心过盛必作伪，利欲之心过剩则偏执。面对名利之风渐盛的社会，面对物质压迫精神的现状，能够做到视名利如粪土，视物质为赘物，在简单、朴素中体验心灵的丰盈、充实，并将自己始终置身于一种平和、自由的境界，这是一件很难做到也是一件不平凡的事情。

人类对财富名利的看法，由于认知上的不同，导致了它的性质上的不同，给我们带来身体上的感受也不同。财富的积累绝不是坏事，正确地认知财富能够让我们认知贪念。那么，财富多了也能使你更积极、更向上、更勤奋，而不是更贪婪。此外，贪婪的人不一定能真正获得大财富；而不贪婪的人往往能容易获得大的财富。

拥有现有的，创造未来的，在贪念面前保持平常心。贪与不贪，在于你心的境界对财富名利的认识。只有不断地修正人生的目标，你才能获得健康；只有不断更新人生的目标，你才能获得快乐。

生气让你面目可憎

每个人都有七情六欲。在人的七情六欲中，有一种就是怒。梁实秋说："一个人发怒的时候，最难看。"这是说，当一个人发起怒来的时候，脸红脖子粗，有损形象。

刘小姐是一家电视台的主持人，长相甜美，气质高雅，性格温柔，看她的时候都让人觉得很舒心。有一次，她邀请了一位小嘉宾上节目，因为堵车，她赶到电视台时离节目开播只有5分钟时间了。

当刘小姐急匆匆地带嘉宾往直播室走的时候，警卫却伸手挡住了她们："请出示嘉宾证。"这时台长已经下班回家，现在去开证明也来不及了。刘小姐只好给警卫解释，解释了半天，警卫只有面无表情的一句话："不行！"

刘小姐很失望，觉得警卫成心跟自己过不去，又不是不认识自己，干吗这样认真呢！5分钟后，节目开播。刘小姐又急又气，脸色大变，先是用双手狠狠抓挠自己的头发，然后又挥拳又跺脚，还把旁边一张桌子上的东西"稀里哗啦"地掀了一地。把那个小嘉宾吓得哇的一声哭了起来。

一个星期之后，刘小姐接到那个小嘉宾写的一封信，她说：

"刘姐姐，在我心目中，你应该是一个温和、文静的姐姐，是不会生气的人，可是那天你居然生气了，你生气的样子很可怕哦……"

看到这里，刘小姐的脸红到耳根。

是的，刘小姐很生气，但这只能告诉别人她修养不好，除了这个，对解决问题没有任何好处。那次生气，不仅给小嘉宾留下了一个不好的印象，而且她还摔坏了工作筐和好几盘磁带，两天吃饭都不香，这都是一次生气带来的，实在不值得。

人在发怒的时候的确是最难看的。纵然面似莲花，一旦怒而变青变白，也会面色如土，再加上满脸的筋肉扭曲，龇裂发指，那副面目实在不仅是可憎而已。俗语说，"怒从心上起，恶向胆边生"，怒是心理的也是生理的一种变化。人遇到不如意的事情时，很少不勃然变色的。

一位70多岁的老人，半身瘫痪，但每天早晨戴上老花镜，必阅报纸。打开报纸，不久就会把桌子拍得山响，吹胡瞪眼，破口大骂。

因为，报上的记载，他总是看不顺眼，可是自己心里又还想看，但看了就怄气。每当这时他的家人总是躲得远远的，谁也不愿意靠近他。但过不了多久，他就会一阵雨过天晴，怒气也就消了。

诗云："君子如怒，乱庶遄沮；君子如祉，乱庶遄已。"这是说有地位的人，赫然震怒，就可以收拨乱反正之效。一般人还是以少发脾气少惹麻烦为上。

盛怒之下，不但自己的样子很难看，而且，体内红血球不知道要伤损多少，血压不知道要升高几许，总之是不值得。另外，血气沸腾之际，理智不大清醒，言行容易逾分，于人于己都不相宜。

一些人很容易生气，他们会为一些鸡毛蒜皮的事对别人发脾气，跟人吵架，但是无论怎样表示愤怒，结果往往都是以后悔告终。一个人在生气的时候，面红耳赤，大吵大闹，嘴巴张得大大的同时，却关上了智慧的大门。

最后，不仅失去了理智和尊严，还给周围的人传递这样一条信息：他修养不好，涵养不够……如果我们常常告诫自己不生气，这一切就不会发生。

希腊哲学家皮克蒂特斯说：计算一下你有多少天不曾生气。在从前，我每天生气；有时每隔一天生气一次；后来每隔三四天生气一次：如果你一连三十天没有生气，就应该向上帝献祭，表示感谢。由此可见，减少生气的次数便是修养的结果。

另一位同属于斯多亚派的哲学家玛可斯·奥瑞利阿斯这样说：你因为一个人的无耻而愤怒的时候，要这样的问你自己：那个无耻的人能不在这世界存在么？那是不能的。不可能的事不必要求。

坏人不是不需要制裁，只是我们不必愤怒。如果非愤怒不可，也要控制那愤怒，使发而中节。佛家把"嗔"列为三毒之一，"嗔心甚于猛火"，克服嗔恚是修持的基本功夫之一。

《燕丹子》有说："血勇之人，怒而面赤；脉勇之人，怒而面青；骨勇之人，怒而面白；神勇之人，怒而色不变。"生而喜怒不形于色的人，那应该是一个人最珍贵的品德了。

第二节　生气的源头剖析

气量狭窄的人易动怒

《三国演义》第七十回写道，张郃领兵三万驻守瓦口隘，孔明派张飞去攻打。"两军摆开，张飞出马，单搦张郃。张郃挺枪纵马而出。战到二十余合，张郃后军忽然喊起：原来望见山背后有蜀兵旗幡，故此扰乱。张郃不敢恋战，拨马回走。张飞从后掩杀。前面雷铜又引兵杀出。两下夹攻，张郃兵大败……多置檑木炮石，坚守不战。"

"飞使军人百般秽骂，郃在山上亦骂。张飞寻思，无计可施。相拒五十余日，飞就在山前扎住大寨，每日饮酒；饮至大醉，坐于山前辱骂。"

玄德差人犒军，见张飞终日饮酒，使者回报玄德。玄德大惊，忙来问孔明。孔明笑曰："原来如此！军前恐无好酒；成都佳酿极多，可将五十瓮作三车装，送到军前与张将军饮。"

张飞让士兵把酒摆列帐下，令军士大张旗鼓而饮。有细作报上山来，张郃自来山顶观望，见张飞坐于帐下饮酒，令二小卒于面前相扑为戏。郃曰："张飞欺我太甚！"传令今夜下山劫飞寨。

当夜张郃乘着月色微明，引军从山侧而下，径到寨前。遥望张飞大明灯烛，正在帐中饮酒。张郃当先大喊一声，山头擂鼓为助，直杀入中军。但见张飞端坐不动。张郃骤马到面前，一枪刺倒，却是一个草人。急勒马回时，帐后连珠炮起。一将当先，拦住去路，睁圆环眼，声如巨雷，乃张飞也。挺矛跃马，直取张郃。两将在火光中，战到三五十合。张郃力战不下，只得弃关逃走。

这一节很有意思，猛张飞居然也用上了计策，面对坚守不出的张郃，他不断地用各种方法进行挑衅。最终，张郃气愤不已，出关迎战，被张飞杀得大败，弃关而逃。

可见，一个人在受到挑衅的时候，是很容易生气的，而一旦生了气，就会做出缺乏理智的事情。

一位心理学大师说过：心理变，态度亦变；态度变，行为亦变；行为变，习惯亦变；习惯变，人格亦变；人格变，命运亦变。换句话说，一个人要想运势好，他的性格首先要好。你不能总是让别人跟你在一起不舒服，这样做人就缺少亲和力。

所以，人在有自知之明之后能够像古人说的那样每日"三省吾身"很重要，不能总是自我感觉太好。自我感觉好的这种人其实很容易吃亏。面对挑衅，首先最大度的做法是宽容和忍耐。

有一位朋友开车去上班，突然，马路上杀出一个醉汉拦住了他的车，非说撞了他，并让这位朋友下车道歉。这在以前，他会上去给醉汉两拳，这一次他却没有。他想了想就下了车，和颜悦色地对醉汉说："对不起，请你原谅我。"那位醉汉拍了拍他肩膀说："哥们儿，冲你这句话，走人。"他回到车上，一点也没觉得受了委屈，反而有一种战胜自我的愉悦感。

其次，可以进行合理的回击，但是，方法一定要巧妙。

在美国生活的一位贫穷的修鞋匠老人，来自西西里岛。每周六他喜欢从收音机里收听歌剧，听歌剧的时候他喜欢打开门窗，让音乐洒满周围的街巷。

可是从一个周六，开始一帮恶棍打破了他的幻想。他们对着老人挑衅着叫嚷各种难听的绰号，还有更多的难听话。他们的叫嚷声很大，以致老人都无法安静地收听他的歌剧。一连儿周他们都会准时骚扰老人。

终于，老人开始奋起反击，但对方继续冷酷地嘲笑和辱骂老人。等他们离去的时候，老人却再也没有心情收听自己喜欢的歌剧了。后来，老人想到了一个好办法。当他们又准时地到来并继续他们的叫嚣和咒骂的时候，老人走向前对他们说：孩子们！你们的声音实在好听极了。请继续尽可能响亮地喊叫与尖叫，如果你这样做，我会给你们每人25美分。他们叫嚷了一通，收获了25美分，于是惊喜万状地走了。

接下来的周六他们又回来了。老人对他们说，他是多么喜欢听他们的叫喊声，但是，因为自己只是贫寒的修鞋匠，所以没有足够的能力来支付这么难得的声音，所以，今天每人只能给10美分。

"把我们当成什么了，老东西！傻瓜！""我们才不会为了区区10美分给你做什么表演！""你那点钱，省省吧。"他们边说边气哼哼地走开了。

以后，那帮小流氓就拒绝回来冲着老修鞋匠辱骂和咆哮了，因为他们觉得老头太吝啬了。现在，老修鞋匠终于可以在每个星期六专心致志地倾听他的歌剧，声音放得很大，清清楚楚，而且再也不用担心那帮没礼貌，抱有偏见的孩子来打搅他了。

对面别人的挑衅，有的人会予以反击，而大部分的人则会手足无措，这时，我们可以用一种最无奈，但也是最有效的方法，那就是：忍耐！

其实，人是一条鱼，社会是一缸水，如果我们是一条热带鱼的话，那么我们必须要降自己的体温而不是希望水升温。一个有目标的人在坚持内心准则的情况下还要学会忍耐甚至是忍辱。在以退为进的策略中，我们需要告诫自己的是，要学会忍耐，坚持到底，把握最后的胜利。

一位名人曾说："真正能够成功的人，不管怎么计划，都会了解：人都有一段除了忍耐以外再也没有任何方法可通过的阶段和时期。但是最危险的是，在这期间，我们都很容易灰心。"

所以，所谓忍耐，并不是消极地等待，等着从天上掉下馅饼，而是忍受等待的痛苦，并继续努力。这就又回到了我们的主题——以退为进。

忍耐，可以成为处世的一种策略，甚至成为一种艺术。

忍耐，实际上是让时间、让事实来证明自己，这样做可以摆脱无原则的纠缠或者不必要的争吵。忍耐因此成为坚持的一个代名词。坚持和忍耐，两者也许就是分不开的。如果两者都具备，我们的生活也许因此就多了一笔财富。

嫉妒别人易惹气上身

莎士比亚说："您要留心嫉妒啊，那是一个绿眼的妖魔！"《心理学大辞典》中说："嫉妒是与他人比较，发现自己在才能、名誉、地位或境遇等方面不如别人而产生的一种由羞愧、愤怒、怨恨等情绪组成的复杂的情绪状态。"

心胸狭隘的人常常因为自己的嫉妒心理心生怒火。《三国演义》中，诸葛亮才智过人，周瑜心生嫉妒，于是他想方设法除掉诸葛亮。

周瑜和诸葛亮约定，如果周瑜夺取南郡失败，刘备再去夺取南郡。周瑜第一次夺取南郡失利受伤。虽然随后又将计就计，打败了曹兵；但是诸葛亮却乘机夺取了南郡等地。诸葛亮既没有违约，又夺取了地盘。周瑜却很生气。

随后，周瑜又诳骗刘备到东吴，想软禁他。但诸葛亮却让刘备安然地回到了荆州，并且让周瑜中了埋伏，还让士兵讥讽周瑜"周郎妙计安天下，赔了夫人又折兵"。周瑜气得吐血。

最后，周瑜以攻取西川为名借道荆州，想乘机杀了刘备，夺取荆州。谁知又被诸葛亮识破计谋，自己被戏耍了一番。回到东吴后，周瑜就一病不起，临死前叹了口气说："既生瑜，何生亮！"连叫数声而亡，死时才三十六岁。因妒生愤，因愤生恨，因恨而终，周瑜这样一个风流人物死得实在可惜。

一位美国作家说过："当朋友取得成功时，我们心中就有一些东西被摧毁了。"你是否也有过这种感觉，当听到别人成功的消息，会不会变得很脆弱？当看到别人春风得意的时候，是不是感觉自己好像失去了什么？当自己的快乐和满足被老同学或老朋友们的好消息冲淡时，是不是觉得自己很失败？

嫉妒是人性的弱点之一，嫉妒是一种比较复杂的心理。它包括"焦虑、恐惧、悲哀、猜疑、羞耻、自咎、消沉、憎恶、敌意、怨恨、报复等不愉快的情绪"。别人天生的身材、容貌和逐日显出来的聪明才智，可以成为嫉妒的对象；其他如荣誉、地位、成就、财产、威望等有关的社会评价，也容易成为一些人嫉妒的对象。

每一个人都在嫉妒别人。因为嫉妒，我们就创造出了地狱。因为嫉妒，我们就变得很卑鄙。如果每一个人都在痛苦，他就觉得很好；如果每一个人都失败，他就觉得很好；如果每一个人都很快乐、很成功，那个味道就变得很苦。

人生在世，一定要有一颗平静和睦的心，切不可心怀嫉妒。俗话说："己欲立而立人，己欲达而达人。"别人有所成就，我们不要心存嫉妒，应该要平静地看待别人所取得的成功，这是拥有幸福人生的秘诀。

有这样一个寓言故事。

有一对夫妻心胸都很狭窄，总爱为一点小事争吵不休。有一天，妻子做了几样好菜，想到如果再来点酒助兴就更好了。于是她就拿瓢到酒缸里去取酒。

妻子探头朝缸里一看，瞧见了酒缸里面倒映着的自己的影子。她以为是丈夫对自己不忠，把别的女人带回家来藏在缸里，就大声喊起来："喂，你这个死鬼，竟然敢瞒我把别的女人偷偷藏在酒缸里面。如今看你还有什么话说？"

她的丈夫听了糊里糊涂的，赶紧跑过来往酒缸里瞧，他一见是个男人，也不由分说地骂起来："你这个坏婆娘，明明是你领了别的男人回家，暗地里把他藏在酒缸里面，反而诬陷我！"

妻子不甘示弱，越骂越气，举起手中的水瓢就向丈夫扔过去。丈夫侧身一闪躲开了，见妻子不仅无理取闹还打自己，也不甘示弱，于是打了妻子一个耳光。这下可不得了，两人打成一团，又扯又咬，闹得不可开交。

最后闹到了官府，官老爷听完夫妻二人的话，心里顿时大怒，眼见自己的同僚一个个地都升官发财了，只有自己在这个穷乡僻壤受罪，老爷我正心情不好，你们却不知好歹，来人啊，每人打二十大板，若再无理取闹一定重责！看吧，因为嫉妒，一个家庭不得安生。因为嫉妒，官老爷迁怒他人。

嫉妒的人是可恨的。他们不能容忍别人的快乐与优秀，会用各种手段去破坏别人的幸福。有的挖空心思采用流言蜚语进行中伤；有的采取卑劣手段施于行动。嫉妒的人又是可怜的。他们自卑、阴暗，享受不到阳光的美好，体会不了人生的乐趣，生活在他们自己的黑暗世界里。

嫉妒的人是那么的可悲！嫉妒就像"心灵的疾病"会扩散到身体各处，引起躯体上的不良反应，七病八疾不请自到，它是摧毁人性和健康的毒药。

嫉妒是一种缺乏自信、深感失落的心理感受。它是邪恶的开端，有着丑陋的本性，犹如用冰凌磨制的冷箭，不敢在阳光下发射；又如用阴谋绑成的棍棒，只能打别人的影子。嫉妒是一种最无能的竞争，是成功的最危险的杀手。

嫉妒总包含着一股不平之气。嫉妒越强烈，这股愤愤难平的情绪也就越强烈。毋怪乎总见有嫉妒者拿着"讨公平"的借口来为自己的恶意作辩护。可把"公平"视为嫉妒的外在借口，却出自于旁观者的逻辑。

对于嫉妒者自己，"不公平"简直不是个"借口"，而就是嫉妒者的真实感受，出自嫉妒的逻辑。逻辑之所以为逻辑，会表现为一种强迫：很多时候，嫉妒者自己都无法为这种不平感找到一种合理的解释，但他却仍然很难放弃这种看法，很难除去这种感觉。

嫉妒天然带着羞耻。嫉妒让人孤立，让人走到不见光的地方。嫉妒的人生活在地狱里。放弃比较，嫉妒就会消失，卑鄙就会消失，虚伪就会消失，但是唯有当我们开始培养内在的财富，我们才能够放弃它，没有其他的方式。成长，变成一个越来越真实的人，依照我们的样子来爱自己、尊敬自己，那么天堂之门就会立刻为我们打开。

误会是产生怒火的根源

一位农场主驾驶着自家的拖拉机外出办事，办完事后，他急匆匆地往回走。在快要到家的时候，拖拉机的刹车闸线断了。这时农场主看到妻子正蹲在门口干活，便朝着妻子大声呼喊，挥手摇臂，他想让妻子把家中放在橱柜里的钳子送过来，但由于距离太远，妻子根本听不清他在喊叫些什么。

农场主喊得口干舌燥，却毫无效果，决定给妻子打手势，他认为妻子一定能看明白。于是，农场主将一只手举过头顶，一握一握的，做出拿钳子的手势，然后又做出推开橱柜门的姿势，接着又比画着碗的样子。

妻子笑着点点头，转过身子，用手拍了拍自己的屁股，还使劲地摇了摇头。"这个蠢女人，笨女人。"农场主暗自骂道，"我比画得这么清楚都看不出来。"农场主非常生气地又重新比画了一遍。让农场主更生气的是，妻子仍然笑着，还在那里拍拍摇摇。

这一下，农场主怒不可遏，气冲冲地返回家中，对着妻子训斥道："你这个笨婆娘，我的手势打得多清楚啊，你竟然看不懂，在那里瞎比画什么呀？"

"你才笨呢，"妻子生气地反驳道，"我早就看懂了，不就是要钳子吗？还告诉我钳子放在橱柜里。我比画得还不够清楚吗？我拍拍屁股是为了告诉你，你屁股下面的工具箱里就有把钳子。"

生活中，像农场主这样的人并不少见。他们总以为自己很聪明，却不知道自己对别人产生了误会。他们总是习惯站在自己的立场上，用自己的方式去思考和做事，以为别人一定明白自己所做的一切，要求别人去理解他，一旦别人没有马上回应就大动肝火，认为对方很蠢很笨，殊不知，最蠢最笨的是他们自己。

与人相处时，发生一些小误会，我们会生气，会不愉快，但只要双方把问题说清楚，通常就不会产生严重的后果。所以，在发生误会的时候，一定要冷静，千万不能感情用事。

有一对年轻人结婚了，婚后太太因难产而死，留下一个孩子。父亲要忙生活，又忙看家照顾不好孩子。于是就训练了一只狗来照顾孩子。那狗聪明听话，很快就能照顾小孩了。

有一天，父亲要出门去了，留下那只狗照顾孩子。

这位父亲到了别的村子，因遇大雪，当日不能回去，第二天才赶回家。他把房门打开一看，发现到处是血，孩子不见了，而狗在身边，满口是血。发现这种情形，这位父亲以为是狗野性发作，把孩子吃掉了，大怒之下，拿起刀来向着狗头一劈，把狗杀死了。

不一会儿，这位父亲忽然听到孩子的声音，又见孩子从床下爬了出来，于是他抱起孩子。发现孩子虽然身上有血，却并未受伤。

这位父亲很奇怪，不知究竟是怎么一回事，再看看躺在血泊中的狗，狗腿上的肉少了一块，旁边还躺着一只狼，狼口里还咬着狗的肉。狗救了小主人，却被它的主人误杀了，这真是天下最令人悲伤的误会。

您看，误会，往往是在人们不了解、无理智、无耐心、缺少思考、不能多方体谅对方、反省自己、感情极为冲动的情况下发生。误会一开始，便会只想到对方的千错万错，而使误会越陷越深，最后弄到不可收拾的地步。人对无知小狗发生误会，尚且会产生如此可怕的后果，人与人之间产生的误会，其后果更是难以想象。

再看另一个故事。《三国演义》第五十七回，庞统投奔刘备，刘备见庞统外貌丑陋，心里不喜欢，就派他去耒阳当县令。庞统很不高兴，到了耒阳县后，不理政事，整天饮酒为乐；一应钱粮词讼，并不理会。

有人报知刘备，说耒阳县事尽废。刘备大怒："竖儒焉敢乱吾法度！"马上吩咐张飞说："如有不公不法者，就便究问！"

张飞到了耒阳县后，军民官吏，皆出郭迎接，独不见县令。有人告诉张飞说："庞县令自到任及今，将百余日，县中之事，并不理问，每日饮酒，自旦及夜，只在醉乡。今日宿酒未醒，犹卧不起。"

张飞气得暴跳如雷，打算把庞统拿住问罪。这时，喝得醉醺醺的庞统出来了，张飞质问他为何不做事，庞统说："量百里小县，些小公事，何难决断！"

于是庞统三下五除二，不到半日，将百余日之事，尽皆断毕。张飞大惊，连忙赔礼道歉："先生大才，小子失敬。吾当于兄长处极力举荐。"

庞统不屑于治理县城的小事，而令刘备对他产生误会。并生气地让张飞去查办庞统。张飞到了耒阳，了解了事情的真相，这样误会就解开了。试想，如果张飞也头脑发热，直接将庞统治了罪，恐怕刘备就会失去大名鼎鼎的凤雏先生了。

每个人的思考方式都不一样，思考的角度也大不相同。因此，人的一生中，误会别人或被别人误会是难免的。误会别人的人通常都很会生气，很容易做出不理智的行为；而被误会的人又会感到委屈、悲伤。

有的人情绪消沉，认为"跳进黄河也洗不清了"；也有的人情绪过激，认为别人太不理解自己了，打算采取以牙还牙的报复手段，以此来消除遭人误会所带来的怨恨。

其实，这些都不是解决问题的办法。相反，还会使事情变得更加复杂，造成更大损失。正确的做法是，对误会要"解"不要"误"。所谓"解"，就是缓解、化解矛盾，让解除误会成为"雪消春水来"的转机。

冲动会使人失去理智

俗话说："天有不测风云"。生活中每个人都可能遇到许多不尽如人意之处。比如：在外面做生意失败了；回到家中突然遇到父母不幸去世；太太被老板炒了鱿鱼；孩子踢球把邻居家的玻璃打碎了，邻居找上门来等。

假使你遇到上述情况，你会有"发疯"的感觉吧。其实生活中有许多人和事，就是因为当事者在突发情况下不理性，而使事情发生恶变，把自己变成了其中的受害者。

曾听说过这样一件事，一位大学生毕业后应聘于一家公司搞产品营销，公司提出试用三个月。三个月过去了，这位大学生没有接到正式聘用的通知，于是，他一怒之下愤然提出辞职。

公司的一位副经理请他再考虑一下，他越发火冒三丈，说了很多抱怨的话。于是对方也动了气，明明白白地告诉他，其实公司不但已经决定正式聘用他，还准备提拔他为营销部的副主任。这么一闹，公司无论如何也不能再用他了。这位涉世未深的大学生因自己的不理性而白白地丧失了一个绝好的工作机会。

当一个人冲动时，其全部的注意力都集中在导致他冲动的这一件事情上，对于其他的诸如后果之类的问题，根本就没有时间和空间去考虑。因此有人说，"冲动是魔鬼"。无数个令人扼腕叹息的悲剧一再向众人诠释了这句话。包括我们，在自己的经历中也多少有些体会。

心理学家认为，人在受到伤害时，愤怒是正常的反应。而第一个念头便是想攻击伤害自己的人，但在行动前最好先问问自己：这样做能否达到目的？对解决事情有无帮助？

这是一个真实的故事：在临近高考还有23天的那天早上，在一个时常洋溢着欢乐笑声的班集体里，同学们正在全神贯注地填着志愿表。一切都是那么的平静，谁也不敢相信一场流血事件即将发生……

小全，全年级师生公认的一名高材生，拥有无限的前程。但他做事很冲动，只要情绪一来就根本不知道什么是冷静，什么是君子动口不动手。其实他并不想伤害别人，更不想毁了自己的前途。那是理智与他无缘呢，还是他自己放弃了对理智的索求？

事情的起因很简单，一位同学从小全身边走过时，不小心碰了他一下，小全不高兴地说："走路看着点！"那位同学不以为意地说："怕碰就别在这里坐着。"小全的火"腾"的一下窜了上来，对着那个同学的面门就是一拳……

待他冷静下来后，他才发现不应该发生的一切已成了现实。他把那位同学的双眼给打瞎了，年满18岁的他将要面临严峻的刑事处罚。冲动，让一个前程似锦的少年走向了囹圄，知道此事的人无不叹息。

因为冲动而使自己受伤害的例子举不胜举。譬如：自己向来尊敬的人，如果作出令我们伤心的事情，我们很可能立即讽刺回去；受了陌生人的气，恨不得用原子弹炸他等等。

其中，办公室是最容易滋生怒火的场所，当我们看到能力平平的同事晋升，而自己却备受冷落时，便会怒火中烧；天天为公司卖命，偶尔早点下班，主管就语带讥讽地说："今天才上半天班就自动下班了呀！"便一怒之下跑到老板面前拍桌子，把辞呈往老板面前重重一摔，然后自以为很帅地说："我不干了！"等等。这些做法，在当时可能是出了一口气，但很最后吃亏的还是我们自己。

现实生活中，人总是很容易产生冲动的。在一种氛围中、在一种情景下，冲动的情绪会急速冲破理性的防线，使人的情绪、思维和行为出现非常规的反应。

专家证实，人在冲动时候，大脑就容易短路。人在短路大脑的控制下，要对棘手问题做出及时、正确的反应几乎是不可能的。生活中我们时常听到这样的信息、某人跳楼自杀后，其朋友都说他平时是很平静、很容易沟通的，没听说过他和谁有积怨，甚至都不知道他会有什么想不开的地方；或者某人动刀砍人犯罪之后，说自己之前从未想过要砍人，和被砍的人也只是因为小事而起冲突的。

那为什么这样的信息我们会经常听到呢？简单地说，就是因为人在冲动的时候，容易做出一些平时连想都不会去想的事情，从而造成对自己或是对他人的伤害。

在生活当中，理性地面对社会百态，才能使我们的生活提高品位。理性处事，是为人的高素质的体现，也是情感睿智的反映。就像韩信肯受胯下之辱，非但不是因为怯懦，恰恰体现了他过人的理性。而刘邦与项羽决战在即，要韩信出兵相助之时，韩信提出要刘邦封他为"假齐王"，刘邦勃然大怒，大骂韩信不该在这个时候要求封为假齐王。

然而，经张良提醒，刘邦马上恢复冷静，转而向韩信骂道，"大丈夫要当王须当个真王，怎么可以要求封为假齐王？"随后，立即封韩信为齐王，从而使韩信能出奇兵，最终打败了强敌项羽，夺得了天下。如果当时刘邦不能理性地分析局势，那天下最终归谁所有，便不是一个定数了。

生气的人是世界上最傻的人，人只要生气了，其所说的话必是傻话，所做的事必是傻事。人只要生气了，对自己好的话偏不说，对自己不好的话却偏要说，人只要生气了对自己好的事偏不做，对自己坏的事却偏要做。

切勿死要面子活受罪

人争一口气，佛争一炷香。"面子"这个东西，人人都爱。因为，它总是与一个人的人格、自尊、荣誉、威信、影响、体面等联系在一起。因此，当一个人的面子受到损害时，他就会下不来台，就会生气。

王芳曾是一家大型企业的高级职员，她的能力是有目共睹的，无论是工作能力，还是文字水平，都处在单位的一流水平，上司对她的能力也是充分肯定的。王芳的热情大方、率真自然，是比较受人欢迎的。

但是，成也萧何，败也萧何。王芳率直和不加掩饰，过于情绪化，不论对谁，只要她看见不对的地方，就不加保留地指责出来，一点也不给人面子。

后来，单位提拔了一个无论是资历，还是能力和业绩都不如她的女同事。王芳很生气，她义愤填膺地跑到上司的办公室去"质问"，并义正词严地与上司"理论"起来。虽然上司那儿早已准备了一堆冠冕堂皇的理由，还是被王芳搞的非常狼狈。

从那以后，上司对她的态度就有了转变，时常给她穿"小鞋"。王芳的情绪受到影响，还因此备受冷落，同事也不敢轻易同她说话了。王芳很难受，又气又急又窝火，自己怎么也想不通为什么工作干了一大堆，上司安排的工作也能高标准地完成，可总是费力不讨好。

积极处世就要懂得保留他人的面子！这是很重要的问题。很多人却很少会考虑这个问题。他们常常我行我素，甚至喜欢摆架子，在众人面前指责同事，对上司也不客气，而没有考虑到是否伤了他们的自尊心。

人人都有自尊和虚荣感，甚至连乞丐都不受嗟来之食，更何况是地位比自己高的上司？纵使上司犯错，而王芳是对的，但如果不注意表达方式就会伤了领导的面子，自己吃力不讨好也就是必然了。

一个人一旦被辱及了"面子"，那真比"杀了他"还让他难受。有时，一个人一旦丢了面子，什么事都会做得出来。

沈某因为与上司合不来准备换工作，心情不太好，晚上就和几个朋友在外面喝酒，一直喝到凌晨，喝了两瓶白酒和10多瓶啤酒，醉得迷迷糊糊。随后，朋友代某和曹某驾驶摩托车送沈某回宿舍楼。送到后准备回去休息。

公司宿舍区有规定，外人进出必须登记。当夜，保安钟某正好在值夜班，见凌晨时分还有人驾车出入，就拦住代某和曹某的车，要求登记一下。代某和曹某说，他们已经送走了朋友，正要回去了，嫌麻烦不愿意登记。这样，一来二去双方僵持不下便吵了起来。

这时，刚上了宿舍楼的沈某听到争吵的声音，便下来询问情况。了解之后，便要求钟某放行，但遭到拒绝。沈某顿时脸色大变，怒火上升，觉得钟某故意不给他面子，便对钟某动起手来。见此情况，沈某的朋友代某和曹某也上前助阵。

面对3名醉汉，钟某招架不住，拿起电话向其他保安求援。沈某等人更加恼火，冲上去打落了钟某手中的电话，紧接着对他大打出手。钟某逃到门卫里屋躲了起来，沈某仍追了进去，顺手拿起屋内的一根铁棍，朝的某头部狠砸了几下。见钟某倒在血泊里，沈某等人这才知道闯了大祸，慌忙逃离现场。

"不该喝那么多酒！"自首后，沈某后悔不已，称对不起钟某和他的家人。其实，这起凶杀案原本完全可以避免，沈某不该为了所谓的"面子"跟钟某发生冲突。

与人相处，一定要给对方"面子"。因为，如果伤了对方面子，自己将会遭受最猛烈的回击。一位外国学者说："为了保持体面，在中国人中产生出外国人无论如何也体会不出来的'面子'经。'好面子'是一种抬高体面；'失面子'是一种失去体面，失去体面就等于精神上的死亡；不要面子就是不去构筑体面。不论什么样温顺、善良、病弱的中国人，为了'面子'都可以同任何强者搏斗"。

"面子"也是不能被撕破的。撕破"面子"，就意味着抛弃了一切做人的尊严。我们常常听到这样的话："这个家伙，真是撕破了脸皮，什么事都干得出来。"意思是说，一些人已经连做人的起码要求都不要了，做什么事情都是不会感到惭愧的。所以，骂人最解恨的要数骂"不要脸"，被骂的也最怕被别人骂"不要脸"。

可见，人不能不要"面子"，否则在社会当中他就难以生存。然而，人也不能将"面子"作为一个"包袱"来背着，这样的生活过于沉重、压抑、甚至痛苦。"死要面子活受罪"，说的就是一些人为了"爱面子"可以忍受任何痛苦，即使受罪也无所顾忌。

在电视连续剧《难舍真情》中的出租车司机鞠长乐，就是这样一个死要面子活受罪的人。

鞠长乐深深地爱着厉平，而厉平已经研究生毕业，在大学任教，几乎没有结合的可能；可是厉平有过失败的婚姻，在难耐的寂寞中，鞠长乐走进了她的视野，并为他的热烈追求所感动，他们结了婚。

然而鞠长乐觉得自己在妻子面前总是个受教育的角色，很没面子，于是就买通小报记者在报纸上宣传他学雷锋的先进事迹，并发动小学生给他写有偿服务的表扬信，来满足他与妻子平起平坐的虚荣心。

其实鞠长乐的这种行为，在我们的生活中并非是个别现象。譬如，有的人原本很穷，却"死要面子""勒紧裤腰带"与人比阔。有的人，为"死要面子"，四处吹嘘自己如何如何"有能耐""能办事"，无限夸大自己的所谓"后台"是怎样怎样的"硬"。

有的人明明意外成功，自己明明是"喜出望外"，激动异常，却"死要面子"，故作"深沉"，一副若无其事的样子。有的人为了"面子"，犯了错误"死不认账"，即使被揭穿也要死撑到底，甚至要倒打一耙，推卸责任……

既然"面子"对一个人如此重要，那么，给对手最猛烈的回击就是想方设法在各个方面使对手的"面子"丢得干干净净。很多人为回击对手，使对手"丢面子"，往往采取"一报还一报"，恶意攻击、侮辱，或直接或间接，或公众场合或私下攻击对手。

但这样做往往容易反过来损害自己的"面子"，这是一种下下策。聪明的人是决不会这样做。聪明的人往往给对手很足的"面子"。他要一顶高帽，我就送他一顶甚至十顶，让他飘飘然不知自己是谁，自高自大起来的时候自有人收拾他，这叫"借刀杀人"。

总之，现代社会的竞争法则不是教人不要面子，而是市场经济越发展，就越要求人人都要讲究"面子"，有"诚信"；否则，谁都不会是赢家。然而，也不能太在乎"面子"，否则，吃亏、受罪的总是你自己。佛说"我不入地狱谁入地狱"。我们不是佛，我们是人，都是凡夫俗子，没有必要"死要面子"受那份"地狱"之罪。

因为爱面子，也怕没面子，所以有些人总是千方百计地维护自己的面子，而正是在这一过程当中，他们失去了许多更为有价值的东西。"死要面子活受罪"说的就是这种事情。更不可思议的是自己的正当利益受到损害或面临威胁时，有些人却害怕丢面子，不敢站出来据理力争，结果只能看着本应属于自己的那份利益被他人拿走，真是哑巴吃黄连——有苦说不出。

把这些人爱面子的现象总结在一块儿，我们就会发现它们具有一个共同的特征，那就是：在面子与利益的权衡上，采取一种务虚而不务实的态度，把面子放在绝对不可动摇的位置，自动承受由此带来的利益上的巨大损失。

很显然，这些人也是平凡人，也是饮食男女，有着种种现实的需要和理想的设计，利益的获取肯定有助于他们改善和提高自己的生活，但是，心理认识上的偏差迫使他们舍利益而保面子，忍受许多常人不会忍受的损失。

《圣经·马太福音》有句话："你希望别人怎么样对待你，你就应该怎么样对待别人。"这句话被大多数西方人视为待人接物的"黄金准则"。真正有远见的人不仅在与别人的日常交往中为自己积累最大限度的"人缘儿"，同时也会给对方留有相当大的回旋余地。

给别人留面子，其实也就是给自己挣面子。言谈交往中少用一些"绝对肯定"或感情色彩太强烈的语言，而适当多用一些"可能""也许""我试试看"和某些感情色彩不强烈、褒贬意义不太明确的中性词，以便自己能"伸缩自如"，是相当可取的。

第三节　理性地调控情绪

小不忍则乱大谋

《孙子兵法》指出："主不可以怒以兴师，将不可以愠而致战，合于利而动，不合于利而止。"孙武认为，国君不可以因一时的愤怒而兴兵打仗，将帅不可凭一时的怨愤而与敌交战，因为一个人愤怒过后可以转变为高兴，怨愤过后可以转变为喜悦，但国家灭亡了就再也难以恢复了，人死了就再也无法复活了。一切都要以是否有利为转移，合于利则动，不利则止，这才是理智的行为。

三国时期，蜀国名将关羽败走麦城，被东吴擒杀。张飞闻讯，悲痛欲绝，严令三军赶制孝衣，为关羽戴孝，逼得手下将官无奈，最后铤而走险，将其刺杀。

刘备为报东吴杀害关羽之仇，举兵伐吴。诸葛亮、赵云等人苦苦相谏，都无济于事。这时的刘备已完全失去了理智。结果被吴将陆逊一把火烧得溃不成军，数万军士丧生，刘备本人带着残兵败将退归白帝城，羞愧交加，一命呜呼。蜀军从此一蹶不振了。

而与刘备张飞相反的是，一个人因为能忍常人所不能忍，最后获得了成功，他就是司马懿。

司马懿多谋善变，遇事极为冷静，从不为自己的情绪所左右。公元231年，诸葛亮兵出祁山伐魏。司马懿知道蜀军远来缺粮，求战心切，加之诸葛亮足智多谋，难以对付，于是据险扼守。

诸葛亮求战不能，果然引兵退回。魏将张郃请求截击蜀军后路，司马懿不允，只是尾随观察。到达祁山后，诸将纷纷请战，司马懿登山修寨，依然不允。众将当面指责他畏蜀如虎，他不加理会。

5月，众将向司马懿施压，伺机进攻蜀军，结果战败，只得退守营寨。6月，诸葛亮退军，张郃追击，结果中伏身亡。面对诸葛亮咄咄逼人的进攻，司马懿从来不与争锋，甚至在诸葛亮赠送他妇人首饰羞辱他时，他也欣然接受，忍辱负重，仍旧按兵不动。无奈的诸葛亮终于在壮志未酬的忧伤中死去。失去诸葛亮的蜀国，再也无法对魏国构成严重威胁。

由此可见，是否能理智地处理事情，有时就是事情成败的关键。大事是这样，小事也是这样。不光如此，司马懿在权力上的争斗也善于使用"忍"字。

魏明帝死后，太子曹芳即了位，就是魏少帝。曹爽当了大将军，司马懿当了太尉。两人各领兵三千人，轮流在皇宫值班。

曹爽手下有一批心腹提醒曹爽说："大权不能分给外人啊！"他们替曹爽出了一个主意，用魏少帝的名义提升司马懿为太傅，实际上是夺去他的兵权。接着，曹爽又把自己的心腹、兄弟都安排了重要的职位。

对此，司马师和司马昭气得哇哇叫，准备带领人马去攻打曹爽。而司马懿看在眼里，却装聋作哑，一点也不干涉曹爽的做法，并且向魏少帝上表说自己年纪老了，又浑身是病。从此不再上朝了。

曹爽听说司马懿生病，正合他的心意。但是毕竟有点不放心，还想打听一下司马懿是真生病还是假生病。他派心腹李胜到司马懿家去探探情况。

李胜到了司马懿的卧室，只见司马懿躺在床上，旁边两个使唤丫头伺候他吃粥。他没用手接碗，只把嘴凑到碗边喝。没喝上几口，粥就沿着嘴角流了下来，流得胸前衣襟都是。李胜跟他说话的时候，他也说得颠三倒四，时不时还拼命地咳嗽。

曹爽听了李胜的报告后，甭提有多高兴了。从此后，他就对司马懿放松了警惕。后来，魏少帝曹芳到城外去祭扫祖先的陵墓，曹爽和他的兄弟、亲信大臣全跟了去。司马懿既然病得厉害，当然也没有人请他去。

哪儿知道等曹爽一帮子人一出皇城。太傅司马懿的病就全好了。他披戴起盔甲，抖擞精神，带着他两个儿子司马师、司马昭，率领兵马占领了城门和兵库，并且假传皇太后的诏令，把曹爽的大将军职务撤了。以后，司马懿成了魏国的实际掌权者。

在现实生活中，人们因一时的矛盾，头脑发热，失去理智，酿成惨祸的事实，屡见不鲜。总而言之，恰当的理智，适宜的克制，合适的行动，是人们做事时智慧的表现。

在一些人办公桌的玻璃板下或床头上常常可以看到"制怒"二字，意在提醒自己不要发火。在这个问题上，严格要求自己，加强思想修养是非常必要的。

清朝的林则徐官至两广总督。有一次，他在处理公务时，盛怒之下，把一只茶杯摔得粉碎。但他猛抬头，看到墙上挂着的牌匾上自己的座右铭"制怒"二字，意识到自己的老毛病又犯了，立即谢绝了仆人的代劳，自己动手打扫摔碎的茶杯，表示悔过。

林则徐虽然有时控制不住自己的情绪，但随时注意克服，知错就改，这一点也非常难得。

有人认为和颜悦色、忍让无争、宽恕容忍与从不恶言厉色，就是十足的懦夫行径，殊不知这样的人才是真正具有大智、大仁、大勇的人物。

有人更认为凡事忍耐、含垢受辱、承认过错及接受责罚便是懦夫，事实上，在衡量自身条件尚无绝对必胜把握时，暂时的忍辱负重是必要的。而死不认错，往往是怕负责任，这才是真正的懦夫。

压制住自己的怒火，忍辱负重，可能是解决问题的最好方法。对于做大事者来说，忍辱负重是成就事业必须具备的基本素质。孟子说："天将降大任于斯人也，必先苦其心志，劳其筋骨，饿其体肤，困乏其身。"忍受屈辱是一种能力，而能在忍受屈辱中负重拼搏更是一种本领。小不忍则乱大谋，凡成就大业者莫非如此。

宋人苏轼在《留侯论》中说："古之所谓豪杰之士者，必有过人之节，人情有所不能忍者。匹夫见辱，拔剑而起，挺身而斗，此不足为勇也。天下有大勇者，卒然临之而不惊，无故加之而不怒，此其有所挟持者甚大，而其志甚远也。"

及时宣泄，化解怒火

我们都不喜欢产生愤怒情绪，但我们也都不能免俗地会被周围的人或事来干扰自己的心情。我们还只是俗人一个。所以，关键是如何在这种情绪产生时好好地控制它，不让它泛滥，并影响我们的心智。

当人们心中的怒火升起的时候，简单地压制不是办法，最好的办法是去疏导它们。就像大禹治水一样。让怒火通过一种途径释放出来才是最好的控制。说破来，怒火其实也是一种内在的能量，正确的宣泄甚至可以成为一种动力和力量。

小文是个乖巧、文静的女孩，她知书答礼、善解人意，因此在家中是父母宠爱的宝贝，在学校是公认的"有人缘"，参加工作后与领导、同事相处得也比较融洽。

可是近几个月来，她总是莫名其妙地头疼，到医院作过各种检查均无异常。在医生建议下，她跨进了心理咨询诊室。经过心理医生的帮助，她终于意识到自己为何头疼。

原来，半年前，办公室新调来一个女孩，人很聪明、能干，就是爱拔尖，嘴巴不饶人，说话比较刻薄。一次，两人因为工作上的事发生了一些小摩擦，责任原本各占一半，但是对方嘴巴厉害、嗓门又高，让不知情的人以为小文应负主要责任。

小文感到很委屈、没面子，甚至感到很愤怒。但她所受的教育及一贯的处世方式不允许自己当众与对方争吵，也吵不出来。于是，小文含着眼泪强把怒气压了下去。过了不久，就出现了头疼。

从心理学角度来说，人们适度宣泄长期积压的怒气，可以减轻或消除心理疲劳。把怒气发泄出来比让它积郁在心里要好，这样可以使人变得轻松愉快。

适度地发泄自己的情绪会像夏天的暴风雨一样，能净化周围的空气，能倾吐出胸中的抑郁和苦衷，能缓解紧张的情绪。发泄怒气的方法很多，可以通过各种对话、沟通等发表意见，当然也可以找自己的知己谈谈心，如果有必要的话还可以找心理医生咨询或通过写文章、写信来表达情感。

如果不能奏效，干脆痛哭一场。哭是一种宣泄情绪的好方法。孩子遇到了伤心的事，常常一哭了事。成年人，特别是男子，多以"男儿有泪不轻弹"自居，强忍悲痛而不流出眼泪。其实这样也会危害健康，因为眼泪能帮助排泄一部分有害健康的化学物质。

如何宣泄，也是一门学问。所以，在宣泄的时候，不但要讲究方法，还要把握好分寸。

美国第16任总统林肯如果在外边和别人产生冲突生了气，回到家里就要写一封痛骂对方的信。但第二天当他的家人要为他寄发这封信时，他都会全力阻止说："写信时，我已经出了气，何必还要把它寄出去惹是生非！"

当怒气已经产生并已存在于我们心中时，设法释放与宣泄怒气是比一味压制怒气更为有效的解决方式。

平时与人相处不可能不产生意见、隔阂，当因此而心存怒气时，不妨把心中的不平、不满、愤怒或意见向认为适合的人坦率地全盘托出，把话说清楚，既可泄怒，又可通过批评与自我批评增强彼此间的团结。

另外，当自己不生气时，试着去和经常受你气的人谈谈，彼此听听对方最容易发怒的事，想一个沟通感情的方式，不要生气。或许约定写张纸条，或做个缓和情绪的散步，这样我们便不必继续用毫无意义的怒气来虐待彼此。宣泄怒火可以尝试采用以下方法。

第一种，往外的宣泄。往外的宣泄主要是往外投射。往外投射是指把自己的不良情绪投射到别人或外界的事物上的一种方式，因为投射出去的往往就是被自己压抑下去的东西。如把自己压在内心的怒火通过呐喊宣泄出来等等。

第二种，同化的宣泄。同化是一种深层次的模仿，当人们失去了一些重要的情感时，可以用在内心和别人同化的方法，来缓解内心的怒火达到心理的平衡。如某些人在失恋时，会很恼恨曾经的恋人，而不自觉地模仿其恋人的某些动作，语气、语调、步态等，让身边的其他人觉他有些反常。可能连他自己都不知道，这能缓解他内心的愤怒，所以才无意识地表达出来。

第三种，想象的宣泄。想象是万能的，不管我们在日常生活遇到什么样的事情，只要我们一闭上眼睛，最难的事也能解决，最难的愿望也能实现，如我们想要痛打对方一番，闭上眼睛一想，眼前就会浮现出对方被我们痛打的场面。真正能够做到"心想事成"的只有想象。虽然想象是一种"精神胜利法"，是一种"阿Q"精神，但它确实能使我们暂时地轻松、愉快一下，这就能起到宣泄的作用。

第四种，退化的宣泄。随着一个人的长大，不断地学会了宣泄的技巧，学会了很多应付的手段。但当遇到很棘手的事，我们所学会的应付和宣泄的手段都使不上时，就会不知不觉地退化到小时候的宣泄和应付的方法。例如哭泣，当我们哭出来的时候，就会把内心的愤怒一块儿给哭出来，所以当我们哭完时，就会有一种轻松感。只有情不自禁地流出来的眼泪才能达到宣泄的目的。

想办法转移注意力

当我们愤怒的时候，会做出很多让人难以理解的事情来。直到我们平静下来的时候才发现，自己当时是多么的愚蠢。

一场世界台球冠军争夺赛正在举行，名将路易斯一路领先。突然，他看见一只苍蝇停在主球上，便挥手将苍蝇赶走。可当他俯身击球时，那只苍蝇又飞回到主球上，他只好再一次起身撵走苍蝇。就在路易斯第三次击球时，苍蝇又停到了主球上，观众不由哄堂大笑。

路易斯的情绪糟到了极点，顿时失去理智，愤怒地用球杆去击打苍蝇。球杆碰到了主球，裁判判路易斯击球，他因此失去了一轮机会，这使他方寸大乱，连连失利，而他的对手则愈战愈勇，最终路易斯输掉了比赛。

每个思维正常的人在遇到不痛快的事时，难免要发点脾气。喜怒哀乐，人之常情，无可非议。然而，不知道适当地控制自己的情绪，盛怒之下，容易做出傻事、蠢事。过后连自己都后悔。因此，我们有必要学会一些制怒之法。

《世说新语》记载过王述的故事。蓝田侯王述性格十分暴烈。一次吃鸡蛋时，由于用筷子去叉，一下子没叉住，他的火气就上来了，竟然把鸡蛋掷在地上，用脚去踩，其脾气之躁可想而知。

但他与人相处时，却很注意克制自己的情绪。有一次，另一个名叫谢无奕的性格暴躁的人气势汹汹地骂上门来，大吵大闹，当着王述的手下人说了很多难听的话，下面人都惊呆了。

而王述始终耐住性子面壁而立，一声不吭。谢无奕离去很久，他才转过头来问手下人：“他走了吗？”手下人回答：“走了好大一会儿了。”王述长吁一口气转过身来，继续办自己的事情。

王述的制怒之道很值得我们学习，这种方法就是躲避和转移。

平心而论，一个心智健全的人是绝不会无缘无故地发怒的。每个人发怒都有原因和针对性。这个原因在易怒者眼中是不可忍受的导火索，但另一些人却认为不必或不屑为之动气。所以学会制怒必须从提高自己对外界刺激的忍受力和对外界刺激的客观评价入手。

对付外界的刺激常用的有以下几招，它们都十分管用。前提是我们一定要用对地方。

首先，我们要学会躲避刺激。在日常生活中有很多事可以使人产生愤怒情绪。如果遇到这种情况，要尽量躲开，或暂时回避一下，以免使矛盾激化，这是一种消极的制怒之法。

其次，我们要学会转移刺激。人在愤怒时，往往在大脑皮层中会出现强烈的兴奋点，并且会向四周蔓延。为此，我们要在怒气尚未发出之际，善于运用理智有意识地去转移兴奋中心。比如，有意躲开一触即发的"地雷"，即争吵的对象，或发怒的现场，到其他的地方做点与此毫不相干的事，我们的怒火就会慢慢消失。

例如，赶快转换一下思路，听听音乐，唱唱歌，看看报纸，逗逗小猫小狗，等等；或者想象一些轻松愉快的情景，如风和日丽的天气，山清水秀的风景，鸟语花香的感受；或干脆闭上眼睛，什么也不想，从矛盾中逐渐解脱，使我们激动的情绪渐渐平静下来，怒气自然就会烟消云散。

这是因为，当我们转移目标的时候，在大脑的皮层建立了另一个兴奋中心，这样就会减弱甚至抵消原来的兴奋中心，这种办法相对来说要积极一些。

躲避和转移是一种非常有效的制怒之道，需要注意的是，有意躲开"地雷"，有意识地撤火，也要讲究方法。其实这种方法并不是想象的那样难，只要掌握一些基本的技巧，我们就可以很好地驾驭自己。

例如，在众多调整情绪的方法中，我们可以先学一下"情绪转移法"，暂时避开不良刺激。如把注意力投入到旅游中去，以减轻不良刺激对自己的冲击。

一个高考落榜的男孩，看到同学们接到录取通知书时深感失落，但他没有让自己沉浸在这种不良情绪中，而是幽默地告别好友："我要放松自己"，接着出门旅游去了。

风景如画的大自然深深地吸引了他，辽阔的海洋荡去了他心中的郁积，情绪平稳了，心胸开阔了，他又以良好的心态走进生活，更加自信地面对现实。

有人可能不明白，能够转移我们注意力的活动那么多，哪一个才是最有效的呢？我们可以根据自己的兴趣以及外界事物对我们的吸引力来选择，如参加各种文艺活动，与亲朋好友倾谈，阅读研究各种感兴趣的作品，学习、练习琴棋书画等。

总之将情绪转移到这些事情上来，尽量避免强烈情绪的冲击，减少心理创伤，也有利于情绪的稳定。

在我们运用躲避和转移的方法时，关键是要主动及时，不要让自己在消极情绪中沉溺太久，立刻行动起来，我们会发现我们完全可以战胜消极情绪，也唯有我们自己才能担此重任。

遗忘也能抑制生气

你是否曾打电话对朋友说："我必须要发泄出来。"往好的方面说，发泄就是把积聚于心的愤怒表现出来。而从坏的方面来讲，发泄就像是火山内部物质的突然进发那样剧烈。暴怒就是这种情况。

但是，把这些熔岩，浓烟和火山炭向着对方发泄出来，就一定能解决问题吗？恐怕这种方式并不能带来人们所期望的那种愤怒情绪的彻底解脱的结果。它只能暂时缓解你的愤怒情绪。有时甚至会有相反的作用，会让愤怒的人更愤怒，让有攻击性的人更有攻击性。下面这一故事，就是最好的说明。

春秋时期，郑灵公在位期间，由公子宋和公子归生辅政。有一天，有人从汉江带回一个大鼋，献给灵公。灵公命屠夫炖肉汤招待朝中官员。这时，公子宋对灵公说：我每次食指跳动，总要尝到好吃的东西。今天食指跳动了几下，果然又有好东西品尝了，你看灵验不灵验？

灵公听了，半开玩笑半认真地说：你的食指跳动灵验不灵验，这一次还得由我决定!于是，他暗中吩咐屠夫，如此这般，屠夫心领神会，含笑而下。到了品尝鼋肉的时刻，郑灵公命令诸臣按官职大小，依次坐定。公子宋位居第一，洋洋自得，等着品尝。

郑灵公却突然宣布，今天赏赐从最下席开始，公子宋变成了最后一个，他明知道这是灵公拿自己开心，又找不到反对的理由，只好压住火气，耐心等待。

大臣们一个个得到了赏赐的鼋羹，纷纷称赞，眼看只剩下公子宋一人了，公子宋眼睁睁地等着屠夫呈上来鼋羹。谁知，这时屠夫向郑灵公报告说，鼋羹没有了。在众臣面前受到如此冷落和戏弄，公子宋真是怒火中烧。

目睹公子宋的窘态，郑灵公开心极了，哈哈大笑，指着他说：我本来是命令遍赐君臣的，谁料想却偏偏到你这儿即没有了。看来，这是你命里注定不该吃鼋肉啊。你看你的食指跳动要吃好东西的说法哪一点灵验呢？

听了此话，公子宋恍然大悟，原来这一切都是郑灵公捣的鬼啊！他这时已经完全失去了理智。为了挽回面子，遂不顾君臣之礼，突然起身走到郑灵公面前，将手探入郑灵公面前的鼎中，捏了一块鼋肉，放进口中，对郑灵公反唇相讥道："我现在已经尝到了鼋肉，食指跳动哪一点又不灵验呢？"

　　说罢，不辞而别。公子宋的言行，深深地激怒了郑灵公，他当着众臣的面，愤愤地说："公子宋也太无礼了，他眼中还有我这个君主吗？难道郑国就没有刀斧能砍掉他的脑袋不成？"众臣吓得纷纷跪倒在地，连连规劝，郑灵公仍愤愤不已。

　　一场盛会就这样不欢而散。从此，郑灵公与公子宋结下了仇恨。公子宋因惧怕郑灵公找借口除掉自己，干脆一不做，二不休，先发制人，在这一年的秋天派人刺杀了郑灵公。

　　两年之后，郑灵公之弟追查公子宋指染君鼎之罪，将公子宋杀掉，暴尸于朝，尽诛其族。君臣二人因一件小事而发泄自己的怒火，导致反目成仇，最后双方都死于非命，实在令人叹息。

　　有一个动不动就生气的人，觉得生活很沉重，便去见哲人，寻求解脱之法。哲人给他一个篓子背在肩上，指着一条沙砾路说："你每走一步就捡一块石头放进去，看看有什么感觉。"那人照哲人说的去做了。哲人到路的尽头等他。过了一会儿，那人走到了头。

　　哲人问他："有什么感觉？"那人说："越来越觉得沉重。"哲人说："这也就是你为什么感觉生活越来越沉重的道理。当我们来到这个世界上时，每人都背着一个空篓子，有的人每走一步都要从这世界上捡一样东西放进去，所以才有了越走越累的感觉。如果你想过得轻松些，你就要学会舍弃一些不必要的负担。而你的愤怒就是你最大的负担，要想快乐，你必须学会忘记愤怒。"

在生活中学会忘记愤怒，我们便能生活得更加幸福。世界由矛盾组成，任何人或任何事情都不会尽善尽美。一个人的一生中，不可能没有挫折和坎坷，甚至还会发生一些不幸的事情。学会遗忘，并且能够换一个角度看问题，失望就会变成乐趣，抑郁就会升华为一种欢悦。

北宋名臣范仲淹，人们都知道他以"先天下之忧而忧，后天下之乐而乐"的胸襟而光耀史册，但人们也许不知道，他还是个善于忘记愤怒的人呢！

公元1036年，范仲淹任吏部员外郎。当时，宰相吕夷简执政，朝中的官员多出自他的门下。范仲淹上奏了一个《百官图》，按着次序指明哪些人是正常提拔的，哪些人是破格提拔的；哪些人提拔是因公，哪些人提拔是因私。

范仲淹建议：任免近臣，凡超越常规的，都不应该完全交给宰相去处理。吕夷简大怒，认为范仲淹过于狂妄放肆，就把范仲淹贬为饶州，即今江西上饶任知州。范仲淹也很气愤，简单收拾一下行李就赴任去了。

事情过去了几年后，即公元1040年，西夏王李元昊率兵入侵，范仲淹被任命为陕西经略安抚副使，负责防御西夏军务。

宋仁宗以为范仲淹还会生吕夷简的气，想让二人和好，就下谕让范仲淹不要再纠缠和吕夷简过去的不愉快的事。范仲淹说："我过去议论的都是关于国家的大事，对吕夷简本人并没有什么恼恨。以前的事我早就忘了。"

吕夷简听说后，深感愧疚，连连说："范公胸襟，胜我百倍！"

我们在成长的过程中，肯定会遇到很多的烦恼和不愉快，这是不可避免的，但是，在遇到烦恼和不愉快以后，我们究竟应该以什么样的态度对待它呢？是一直被这个烦恼所困扰，整日沉浸在痛苦中？还是忘掉它，把烦恼和不愉快抛到脑后？我想，大多数人可能会选择后者。

未来总是美好的，为以前的错事而终日恼怒，对现在不会有任何好处。同样，保存着以前的烦恼，也无济于事。所以，对所有的不愉快和烦恼都要在心中划定一个界限，过去后就忘掉它们，让它们统统作废。

随着生活节奏的加快和生活方式的不断更新，各种不顺心的事儿更多了，人们是愤怒地喊叫还是把它们丢到一旁？为了使疲惫的机体能够张弛有度，我们学会遗忘是必不可少的。

其实，生活中有很多的事情不需要大家牢记，就像是同事间的无端摩擦、邻里之间的细微纠纷、恋人间的情感波折、夫妻间的小小口角等等，大可不必放在心上。当如烟的往事搅得我们心烦意乱，给我们带来种种困扰的时候，我们就会感觉到遗忘确实是一剂良药。

一生中，能让我们珍惜的东西也许并不多；一生中，有些往事也许是我们无法遗忘的。可是，生活的航船永远向前行驶，痛苦、欢乐、奋斗的人生永无尽头。我们不能总活在过去，前面还有很多事情等着我们去完成。

时间不会倒流，更不会停留。生活就是一个过程，就像大自然有春夏秋冬一样从容，一样简单，一样自然。有句歌词讲："昨天毕竟短暂，明天才是永远。"

是啊，昨天已成为历史，回首过去或许可以激励人们奋发向上，但这只是其中的一个很小的因素。假如说，明天是一幢高楼大厦，今天就是决定那大厦寿命的基石。

让我们珍惜今天的一分一秒，把这大厦的基石打得无比坚实。世间最宝贵的是今天，最易丧失的也是今天。愿我们在未来的每一天，都珍惜每一个今天。

学会遗忘，可以使一个原本不快乐的人变成快乐的人；可以使一个原本对人生失去信心的人重新找回自信；可以使一个原本存有轻生念头的人重新扬起生活的风帆，敢于同厄运抗争；学会遗忘可以使快乐在脑海里常驻，欢乐在记忆里永藏，我们要把忧郁的过去驱逐出去，使生活变得丰富多彩，多一些欢声笑语，少一些唉声叹气！

当我们遇到不愉快的事情时，如果你不去过分计较，它会很快在你的生活中消失。

遗忘过去并不意味着遗忘我们的全部记忆，而是要遗忘过去对自己没有意义的事情。一味沉浸在过去的影子里的人，未来必定不会属于他们。无论是阳光灿烂还是阴雨连绵，无论是瑞雪纷飞还是狂风呼啸，都要永远抓住今天！

该遗忘什么，该留下什么，一定要清楚，我们活着不能与草木同腐，不能醉生梦死，虚度人生，一定要有所作为。只有这样，等待我们的才会是光辉灿烂的明天！

每个人都希望自己快乐一点，洒脱一点。可是放眼四周，却常常发现有人说自己并不快乐。为了某些名和利，我们常常将自己弄得疲惫不堪；也常常将他人对待自己的种种误解沉潜于心，将别人的轻视耿耿于怀。

于是，本打算给自己营造一个浪漫温馨的天地，却不料最终给自己套上一个又一个精神枷锁，心灵上的那片蓝天在不知不觉中抹上灰色，并伴随着成长的足迹深植于心，总是在不经意中折磨摧残着自己。

这时我们需要一点遗忘的精神。我们不妨到大自然中去体味事物本身的神韵，从而净化我们的心灵，释放我们的所有悲苦，遗忘我们应该遗忘的东西。

遗忘在某种程度上也是一种宽容的体现。也许我们没有获得人生中所谓的辉煌，也许我们遭受了不应有的嘲讽和轻视，这时我们不必为此而苦恼，我们应该潇洒地将它们忘个干净。

因为我们若是被这些闲言碎语所羁绊，就永远不能获得成功的人生。每个人的心灵都需要一个角落去反思自我，在这个空间里，把握好遗忘可让你感受到原有的空间会恢弘了许多。烦琐、琐碎将像飘浮物一样远离我们而去，沉淀下来的是我们对生活智慧的领悟。

我们总会遭遇到挫折和失败，情绪的平衡因此也会受到破坏，假如把什么都闷在心里，久而久之难免会得忧郁症。其实，合理宣泄能够疏导我们心中的怨气，化愤怒为动力，能让我们尽快地走出阴影，轻松愉快地过好每一天。

学会适当释放怒气

发怒是人对某种需求、欲望、期待等没有得到满足而表达出来的不满。发怒经常被人误解，将它与敌视和暴力混为一谈。其实它是一种有益的和必要的情感流露。

发怒提示我们：我们所期待或者保有的满意感遇到了障碍，它会发动整个机体的力量去战胜这种障碍。发怒还会让我们意识到问题的严重性，及时采取自我保护措施，并让周围的人明白你忍耐的底线，这样可以保护好自己的利益和价值。

法国《健康》杂志有一期的文章中称："发怒并不是一件坏事情。"若处理得当，它不但不会对我们的身体造成危害，还会帮助我们应付各种问题。

发怒的自我表达往往与从小受到的家庭和学校教育有关。随着年龄的增长，孩子渐渐学会控制自己的感情。家长应该给孩子一个相对宽松的环境，让他们也有释放怒气的机会。

另外，还要教他们学会控制发怒，但这并不意味着对不满意不做任何反应，而是找到取代发怒而又能解决问题的合适途径。控制发怒并不会对身心造成伤害，因为它会让怒气慢慢地消失。

每个人对事情总有自己的观点，有时对家长里短产生一些不满也是正常的。所以"偶尔生气一次也是好事"，这样就可以把心里的不满发泄出来，释放一下心中的郁闷，让身心轻松不少。当然，经常生气则会伤肝损肺，对身体有害。就是说，任何事情过度了都是不好的。

一般来说，不管是年轻人还是老年人，在生活中这也看不惯，那也不满意，动不动就生气、发脾气、闹情绪，都是很不好的。它不仅消耗精力，影响身心健康，同时还说明我们定力的不够，少谋寡断，不善于处理问题。

然而，我们对任何事情的认识和态度，都不能一成不变绝对化，"生气"也是这个道理。就是说，在多数的平常的情况下，不应生气动怒，应保持好心情。但在特殊的时候和特殊问题面前，"偶尔生气一次也是好事"。

美国加利福尼亚大学的心理学家最新研究结果证实，适当生气可以让人的思维更清晰。若处理得当，不但不会扭曲人们的思维，还会在你陷入两难无法抉择时，给予适当帮助。

心理学家设计了三个不同的试验，来观察人在生气后的判断力都会受到怎样的影响。在第一个试验里，研究人员将试验者随机分为两组，然后激怒其中一组试验者，而另一组不做任何处理。

随后，要求两组受试者就一份相同的论证材料进行分析，对论点做出判断。结果发现，生气的受试者对待问题更具识别力，更倾向于强有力的论点。相反，那些不生气的受试者对此却缺乏很好的分析判断能力。

接下来，研究人员对两组受试者又进行了第二轮试验，要求他们对刚才所给材料的论证机构进行判断。结果表明，生气的受试者在此问题上亦具有更好的分析能力。

经过以上两轮的试验，研究人员挑选出那些不太善于做出理性抉择的受试者，采用不同的论证材料进行了第三次试验。结果再一次证实，生气可以使一个典型的缺乏逻辑判断力的人更具有理性。

因此，研究人员得出了结论，适当生气更易使人注重事实真相，而忽略那些可能会干扰人们分析的不相关因素，同时也会调动整个机体的力量，激发人们采取正确行动的潜力，从而有效地提高分析判断能力。

在现实中，"偶尔生气有利于聪明才智的发挥"的例子也的确存在。"愤怒出诗人"，气出来的《陋室铭》就是一个例证。唐代大诗人刘禹锡写的《陋室铭》全文81个字，字字珠玑。但许多人可能不知道，这篇名作是刘禹锡一气之下挥笔写成的。

贞元九年（公元793年），刘禹锡中进士后，官至太子宾客，加检校礼部尚书，可谓官运亨通。后来因他参加王叔文的永贞革新运动，得罪了当朝权贵宠臣，被顺宗皇帝贬至安徽省和州当通判。

按当时地方官府的规定，他本应住在衙门三间三厦的官邸。可是，和州的知县是个势利之徒，他见刘禹锡贬官而来，便多方刁难，先是安排他住在县城南门，不久，又要他搬至北门，由原先的三间屋缩小到一间半，不久又要他搬居城中。

半年之间，连搬三次家，住房一次比一次小，一次比一次简陋，全家老小根本无法安身，刘禹锡觉得这县官欺人太甚，气不打一处来，于是愤然提笔写下了《陋室铭》一文，并请大书法家柳公权书碑勒石，立于门前，以示"纪念"，一时轰动了朝野。

以前我们常被告知，生气时容易失去理性，从而减弱对事物的判断力，因此千万别在此时做出决定。但研究结果表明，生气会使人们更加注重实际情况，排除不必要的干扰，因而可以帮助人们，尤其是平素缺乏理性思维的人做出更好的抉择。

我们从小受的教育都是不能生气的。想想看是不是这样的？小时候，每当我们噘起嘴巴表达自己的不满时，大人们就会哄我们，别生气哦，生气就变成丑八怪了！长大后，每当我们眉头紧蹙流露出自己的不满时，周围人又会劝解我们，别生气，生气伤身哪。

于是，很多时候，我们尽管气蕴丹田，怒行六脉，咬碎了牙齿我们也忍着，不敢发作。但可怕的是，有气不发对身体更是不利。

不生气是不可能的，而总是生气也是不好的，因此我们要学会"偶尔生气"。偶尔生气就是要少生气，不能多生气，更不能常生气。但怒不可遏的时候，该生气就生气。生气要从效果出发，如果有利于发泄不良情绪，或者有利于把事情办好，并能带来身体的健康，那就发发火，在"度"的范围内生生气。

第二章

不计较

在生活中，我们每个人都会遇到这样那样的不如意甚至厄运。此时，假若我们多一些善意，少一些计较；多一些宽容，少一些埋怨，那么生活展现给我们的，就可能是阴霾之后的阳光、新的命运的起点，甚至是厄运之后的幸运。

第一节　不计较付出多少

要舍得全身心地付出

身在职场，学历太低不可怕，从业经验为零也不可怕，甚至能力不够突出还是不可怕……最可怕的是你不舍得付出，不愿意付出。要知道，天上不会掉馅饼，想得到就必须先付出，这是人生恒久不变的真理。

很多人都会羡慕那些已经取得成功的人，但是，千万不要简单地将其归功于运气。如果你有幸亲眼目睹人家所付出的心血和努力，或许你就能深刻体会到成功是多么的来之不易。

就算真有一点运气的成分在里面，那也是上天对他们曾经无私付出所给予的奖励。生活中，越是努力的人，运气就越好；职场上，越舍得付出的人，得到的就越多。

林华涛就是这样一个肯努力付出的人。在短短的三年时间里，他先由普通职员晋升为部门经理，后又被派遣到下属分公司出任总经理。如今，他仍然没有停止付出的努力，始终以超越老板期望值的标准严格要求着自己。

到公司不久，林华涛就注意到，每天所有人都下班回家了，老板却还会留在办公室里工作到很晚。他想，要是板需要帮忙的话，这么晚了肯定找不到人。于是，他便决定每天下班后都留下来，只为了在关键时刻能帮上老板的忙。

果然，老板办公时，经常需要找文件、打印材料、发传真等，最初这些工作都是他亲自来做。但是这一天，他却意外地发现林华涛没有回家，而是在随时等待自己的召唤。从那以后，老板便逐渐养成了有需要找林华涛的习惯。

要想在工作上得到更多的回报，就必须先准备好不计酬劳地付出。就拿下班后自告奋勇留在办公室、随时等待老板传召的林华涛来说，尽管这些额外的付出并没有给他带来实际的收益，可是能让老板随时看到自己，在需要时给予老板真心诚意的帮助，自然更容易获得老板的青睐，以至于最终有了提升的机会。

所以，在工作中不要过分地计较得失，所谓"功到自然成"，你为公司付出的一切，大家都会看在眼里。

事实上，很多人之所以不被重用，往往就是因为缺少付出精神，对于一些不属于自己的工作视而不见。在他们看来，能出色地完成本职工作就可以了，没必要再自找麻烦。

于是，对于领导下达的额外工作，这些人通常都会毫不犹豫地选择拒绝，并且根本认识不到自己有何不妥。有时候，这些人也会碍于面子，不好意思拒绝，只能勉强答应下来，但同时心里也产生了一股怨气，对工作也是一通敷衍，结果只能是费力不讨好。

而成功的人则恰恰与之相反，他们会欣然接受领导亲自部署的各项工作，并且高质量地完成。因为他们知道，这时往往才是自己表现能力的大好契机，当然要做到尽善尽美。这也正是为什么大家同在一家公司，有的人能深得老板喜欢，有的人却总是被忽略，甚至被打入冷宫的真实原因。

柯金斯曾经担任过福特汽车公司的总经理。这一天，总公司有非常紧急的事情要传达，需要尽快给所有营业处下发通告。由于时间紧，任务急，秘书一个人不可能很快完成。所以，柯金斯只好临时从其他岗位抽调一些员工予以协助。

当他安排一个书记员去帮忙套信封时，却意外地遭到了拒绝。书记员很不耐烦地说："我有权拒绝，公司雇佣我不是来套信封的，那不是我的工作。"

本来就已经很着急的柯金斯，听了这话非常生气。他严厉地说："公司花钱雇佣你，就是需要你在关键时刻付出劳动。既然你认为有绝对不属于你的工作，那么请另谋高就吧！"于是，这个不肯多付出一点的员工失去了工作。

要知道，一个吝惜付出的人，就算不被炒鱿鱼，也不可能得到重用，他的职业生涯也必定会举步维艰，难有出头之日。而一个舍得付出的人，就算资格不是最老，能力不算最强，也会得到老板的肯定，拥有良好的声誉。这笔无形的资产将会成为你征战职场的有力武器，为日后的成功打下坚实的基础。

通过大量的事实，我们不难看出，虽然付出不一定能得到回报，但不付出肯定得不到回报。在工作中，只要我们能比领导提出的要求多付出一点点，相信我们的前途就会产生巨大的改变。

想要得到，就必须先舍得付出！为了自己的职业生涯能更加顺利、更加快速地发展，不要那么小气，不要犹犹豫豫，慷慨大方地去付出吧，生活绝不会辜负一个舍得付出的人。

努力工作，不讲回报

假如你希望自己只需要待在家里，躺在床上，高额的薪水就会自动送上门来，那么恐怕没有工作可以实现你的愿望。假如你妄想不付出任何努力，就能获得丰厚的回报，那么恐怕没有任何一家公司可以满足你的奢望。这是因为，在得到之前，无论是谁都没有不必付出的特权。

不妨环顾一下我们的周围，那些升职快、薪水高、福利好的人，是不是工作最努力，表现最突出，最不计较个人得失的呢？想成为一名优秀的员工，就决不能在困难面前低头，更不可以被付出吓倒。倘若你面对付出闪躲了，面对工作逃避了，面对努力缩手缩脚了，那么回报也会放慢脚步，对你退避三舍。

职场就像人生的缩影，你的命运不在上司手里，不在同事手里，而是完全掌握在你自己的手里。在你埋怨没有得到回报之前，请先确定自己是不是已经全身心地付出了。

赖鸿轩刚毕业那年，曾应某电视台的邀请去主持一个特别节目。之后，导演认为他很有文采，于是又要他扛起了编剧的活。

可是，等到节目录制完成，赖鸿轩不仅没有领到自己作为编剧的酬劳，就连之前谈好的主持出场费也被导演扣去了一半。"你签约两千，但实际我只能给你一千，因为这个节目已经透支了。"导演边说边将收据递了过来。赖鸿轩没有吭声，以后，这个导演又先后找过他几次，每次都是按照最初的方式完成了节目。

年末的最后一次合作，赖鸿轩发现导演不但没扣钱，反而对自己十分客气。经过打听才知道，原来是台里的新闻组领导看中了赖鸿轩，决定培养他成为一名新闻主播。

那以后，赖鸿轩忙了起来，但偶尔还会在台里与导演相遇。或许是由于心虚，导演总是担心这个年轻人会找领导告自己一状。有一次，他终于忍不住了，尴尬地笑着问赖鸿轩是否还介意从前的事，谁知，赖鸿轩却摆摆手说："看您说的，那都是我自愿的。"

导演很好奇，赖鸿轩接着说："我觉得，不管在哪里工作，都不能上来就死盯着薪水不放，怎么着也要先干了再说。只要通过自己的努力，做出了成绩，薪水自然就会提高的。"

不管三七二十一，先干了再说！工作，只有真正付出劳动了，才会得到结果。想在职场中谋求发展，我们必须先闯出一片天地，取得一点成绩，然后再去要求升职或加薪，这样底气才会更足，成功的几率才会更高。

也许直到今天为止，你已经在最初的工作岗位上待了许多年，身边那些曾经与你同在一个战壕的战友们，早已经升迁的升迁，加薪的加薪，只剩下你还在原地踏步。

此时，千万不要将结果怪罪到领导头上，而是有必要好好地反省一下自己：这些年在岗位上的表现是不是足够出色呢？工作中还有哪些不周到的地方是亟待改进的？要知道，能力强只是吸引领导眼球的一方面，付出更是获取领导赏识的法宝。

萧越是某机械制造厂的技术员，在同一个车间里，他与其他二三十名同事的主要工作，就是负责特种零部件加工。

绝大多数员工每天都是卡着钟点进出车间，而萧越则总是比他们早来或晚走十来分钟。清晨，他会在其他同事到来之前，检查一下流水线能否正常工作，并将其启动预热；在其他同事还没有到来时，先检查一下机床，将机床启动预热；黄昏，他会在其余同事离开之后，检查流水线各个环节是否完全停止工作，将相关物品归位，并简单清洗一下机器。

这一切都在车间规章制度和领导安排之外，是萧越自己认为有必要做的工作。很多同事不理解，劝他没必要这样，因为老板根本看不到，既不会升萧越的职，也不会多给他发一毛钱。对于这些善意的提醒，萧越通常不会说什么，只是笑笑。

时间一天天地过去，萧越始终风雨无阻地坚持着默默付出。然而，这一切早已被车间主任看在眼里，并上报给老板，所有知情者都对这个小伙子赞不绝口。不久，车间主任在每周例行的员工大会上公开表扬了萧越，并正式提拔他做车间的质检部主管。

一个人的成功，是需要多方面因素共同作用才得以产生的。我们不能只是盯着自己的家庭背景和自身条件，这些的确是不可逆转，但却是可以通过后天的努力弥补的。

另外，我们也不要过于关注金钱、关系等社会因素对成就的影响，这些虽然占有重要的位置，但却是可以用其他因素来代替的。最终取得成功、获得荣誉、得到回报的人，不会在逆境中退缩，也不会在挫折后绝望。他们选择在失败的时候，再次尝试，因为如果在这个时候放弃努力，放弃付出，就永远也无法赢得最终的胜利。

总而言之，我们在付出之前绝不要过分地关注结果。不管做工作也好，谈恋爱也罢，都是要先付出，之后才有资格问结果。无论是升职还是加薪，都毫无疑问需要建立在你干出成绩的基础上。

只有努力付出，成功才会如影随形。如果在尚未付出任何行动之前，你便开始提要求，讲条件，与老板讨价还价，那么，恐怕真的连去干的机会都得不到了。

不怕吃亏，"傻"中得益

或许我们很难想象，"吃亏""傻"竟然可以与"杰出""成功"画上等号。也许你会问："既然吃了那么多的亏，这人肯定有点傻，怎么还能成功呢？"然而事实上，因为吃亏而变得杰出，因为傻而取得成功的人比比皆是。

从小老师就教导我们"向雷锋叔叔学习"，毛主席也曾经亲笔为雷锋题词。我国更是把每年的3月5日定为"学雷锋日"。由此可见，雷锋的一生是杰出的！尽管他的一生都不曾大富大贵，可是他那些不怕吃亏、不斤斤计较的事迹，直到今天我们仍然没有忘记，还有什么比让人民永远记住更了不起的呢？

新中国成立前，雷锋是一名孤儿，新中国成立后在党和政府的关怀下，他才读书参加工作。对于自己的工作，雷锋从来不计较是分内还是分外，是干多了还是干少了，吃亏了还是占便宜了，只要是力所能及，他都会尽最大的努力。当公务员时是这样，当工人时是这样，成为解放军战士以后仍然是这样。

在望城县委机关，他承包了所有办公室、会议室的卫生，还负责为全体工作人员打开水，打扫走廊；在治沩工地上，他不仅每天奔波几十里送信，还充当编外质检员，自觉监督工程质量；在鞍钢，雷锋所在的推土机班组本不用派人参与炼钢，但他还是利用下班时间主动加入其中，尽管一天要上两个班，可雷锋仍然是干劲十足，不知疲倦；在部队，雷锋帮助战友补习文化知识，帮他们拆洗被褥、缝补衣服，主动打扫卫生、淘厕所，义务为战友理发，到后勤帮厨……

这一切的一切并没有人吩咐他去做，也没有一分一毫的报酬。然而，雷锋却坚持这么做了，一做就做了一辈子。

很多人认为雷锋是个"傻子"，因为他净干些让自己吃亏的事。他们哪里知道，在雷锋"不怕吃亏，乐于付出"的背后，其实深藏着人生的大智慧。正所谓"吃亏是福"，从某种意义上讲，"亏"与"不亏"是相对的。

雷锋的一生做过很多捐款捐物、助人为乐的好事，他自己省吃俭用，却对别人慷慨解囊，无私奉献。乍一看是吃了亏，可也正是由于这些"吃亏的傻事"，彻底改变了雷锋的命运，使他得到了更丰厚的回报。

有一年，雷锋捐出了自己攒了一年多的钱，帮县委购买拖拉机。鉴于雷锋一贯的表现以及为购买拖拉机做出的贡献，县委决定派他去农场学习驾驶。

在20世纪50年代，拖拉机是农业机械化的象征，能成为一名拖拉机手，更是会惹来不少羡慕的眼光。这笔捐款改变了雷锋的命运，不仅从事着人人向往的"神圣职业"，更为他日后在鞍钢开推土机，到部队后成为汽车兵奠定了基础。

参军后，雷锋所在部队连续收到两封地方寄来的表扬信，都是表扬雷锋拿出自己的积蓄支援灾区重建的事迹。当时，这件事引起了部队领导的重视。在了解到雷锋的凄惨身世之后，上级派人开始整理他的事迹，并让雷锋写材料，做报告，报纸上也开始频繁地报道。

就这样，雷锋"红"了！都说"做好事不难，难的是一辈子做好事"，就这样做了一辈子好事的雷锋，没有惊天动地的壮举，也没有气吞山河的伟绩，更不知道富贵二字的含义，但对于他来说，"吃亏"又何尝不是一种福气？这种"傻"又何尝不能与"杰出"画上等号呢？

而电影《阿甘正传》的主角阿甘，一个智商仅有75，上小学都很困难的人，却凭借着自己独有的智慧，取得了无数次的成功，还当上了百万富翁，赢得了甜美幸福的爱情。

而那些自认为比阿甘"聪明"得多的人却到处碰壁，这似乎是对"聪明"的一种讽刺，实际上这正是在向人们宣传一种高于"聪明"的人生智慧。

虽然没有平常人的那些小聪明，但在阿甘简单的头脑里，却拥有着大智慧。他经常说的一句话就是："妈妈告诉我，人生就像一盒巧克力，你永远都不知道下一块是什么味儿。"

不难总结，阿甘的成功其实正是受益于他不如平常人那么"聪明"，也不懂得斤斤计较，患得患失；他所能做的只有简单地坚持，对挫折和失败视而不见，也不去计较赔了还是赚了，值得还是不值得，仅仅是"傻乎乎"，又很认真地干下去……

所以，当他的捕虾船每次打捞上来，都是水底那些杂物时，并没有就此放弃，或是转行干别的，而是仍然坚持一次又一次地将网撒下去，直到成功。就像阿甘自己说的，"你永远都不知道下一块巧克力是什么味儿"，所以也没有人能知道下一网打捞上来的会是什么！

从雷锋与阿甘身上，我们可以发现一些相似的地方：他们都将生活简化了，比不上寻常人那么精明，更没有"聪明人"的心计和城府，不懂得计较得失，只是不停地坚持做着自己认为对的事情。世界在我们眼中就像一张色彩鲜艳而繁杂的招贴画，而在他们眼中却简单得仿佛一张质朴的黑白报，纯净、灿烂，正如他们的心境。

有人倡导我们应该学习阿Q，用精神胜利法找到心理的平衡。然而，事实证明，我们更应该学习雷锋，学习阿甘，学习他们那种不断自我激励，永远力争上游的精神。

在职场，"傻""吃亏"经常被我们提起，并且绝大多数人都不会选择自己认为傻的工作。或许是我们还没有意识到，自己怀才不遇或处处碰壁的原因是否正在于此呢？

很多时候，"傻"还是"不傻"并不像外人所看到的那样。所以，我们应该给自己一个准确的定位，认认真真地完成本职工作，担负起属于自己责任，这样才能更准确地找到事业的突破口，让自己的职场生涯更加畅通无阻。

如果每个公司都能有很多像雷锋或阿甘这样的"傻"员工，那么老板们也就没有现在这么大的压力和烦恼了。由此可见，成为"傻"员工，无论对公司还是个人来说，都是绝对稀有珍贵的资源，也是一笔数目可观的财富。

要知道，天下没有免费的午餐，天上更不会有馅饼掉下来。我们只有靠着今天的辛苦和勤奋，才可能创造出明天辉煌的前途和美好的未来。

主动找分外的事去做

还没到下班时间，你已经闲得没事可干。同事问你为何这么清闲？你的回答是："老板安排的工作都完成了啊！"相信有这样想法的员工，每个公司都不在少数。或许你认为，只要做完老板安排的工作就已经做到最好了。但若是想要收获更多，除了完成老板安排的工作外，你还必须主动承担一些分外的需要你去做的事。

成功的机会总是在寻找那些能够主动找事做的人。只是可惜，大多数人根本意识不到这一点。在我们的人生旅途中，早已习惯了等待：等到老师点名才起立回答问题，等到妈妈发令才关上电脑上床睡觉，等到老板一样样地安排才知道工作内容……

倘若我们能主动一点，不再等待，或许一切都会有所改变。只有当你主动、真诚地为别人提供有价值的服务时，才能收获更大的成功。

卡耐基曾经说过："有两种人永远将一事无成，一种是除非别人要他去做，否则，绝不主动去做事的人；另一种则是即使别人要他去做，也做不好事的人。那些不需要别人催促就会主动去做应该做的事，而且不会半途而废的人必将成功。"

如今，布恩已经是一家公司的总裁了，但他的成功经历确实非常坎坷。读大学时，他做过许多工作：修理过自行车，卖过旧书籍，做过家教、收银员、出纳等。后来为了换取学费，他还帮别人打扫过院子，整理过房间。

曾经，布恩认为这些工作既单调又无聊，所以根本不会主动地认真去做。但是后来，他发现自己的想法完全错了。事实上，这些看似零散的工作给了他许多宝贵的教训。不管今后从事什么样的工作，都能从这段经历中学到不少经验。

如今他成了一名管理者，却依然像原来那样主动地找事做，尽管那并不是他的工作。这些主动不仅让布恩与众不同，也为他的成功铺就了一条道路。

有成功潜质的人，总是会主动比别人多付出一点点，主动为自己争取更大的进步。在他们心中很清楚一件事，只有积极主动地工作，才会让雇主得到惊喜；只有比原来承诺的付出更多，才能获得升职加薪的良机。

如果你可以在工作中顺利完成每一项工作，并且全部达到老板的要求，那么很不错，你绝对可以称得上是一位称职的员工。不仅不会失业，或许还有机会得到提拔，只是你永远不能给老板留下深刻的印象，永远也无法成为老板重点培养的对象，永远没有机会在这家公司中攀爬到你事业的顶点。

唯有超过老板对你的期望，才能让他眼前一亮，将你牢记在心，将来遇到一些高难度工作时，说不定会想起你，赐给你一个绝佳的锻炼机会。

一家外贸公司的老板到美国办事，并且要在一个国际性的商务会议上发表演说。身边的几名要员忙得头昏眼花，王平负责草拟演讲稿，张小玉负责拟订与美国公司谈判的方案。

老板临行前夕，各部门主管都来送行。有人问王平："你负责的文件打好了没有？"王平睁着惺忪的睡眼说道："只睡了4小时，实在熬不住了。反正我负责的文件是英文撰写，老板看不懂英文，在飞机上不可能复读一遍。等他上飞机后，我回公司把文件打好，再发邮件给他，肯定来得及。"

谁知，老板刚一来，头一件事就是向王平要文件和数据，他只好把刚刚的话又给老板重复了一遍，结果老板脸色大变："怎么会这样？我已经计划好利用在飞机上的时间，与同行的外籍顾问研究一下自己的报告和数据，不至于白白浪费坐飞机的时间呢！"王平哑口无言。到了美国，老板与要员一同研究了张小玉的谈判方案，觉得整个方案既全面又有针对性，包括了对方的背景调查，也包括了谈判中可能发生的问题，还包括如何选择谈判地点等很多细致的因素……

这就大大超过了老板和众人的期望，谁都没见到过这么完备而有针对性的方案。尽管后来的谈判很艰苦，可是由于对各种细致的问题早有准备，所以老板还是胜利而归。

回国后，老板立刻提拔了张小玉，而王平自然也受到了冷落。

如果你想获得更多，就不能只完成上司吩咐的工作，还要在时间上、质量上都尽量超过上司的期望，提前出色地完成任务。要知道，所有老板心中完成任务最理想的日期永远是：昨天。

老板通常不会明确要求员工主动工作，或提前完成任务，而你却必须明白，老板雇你来，是为企业创造最大利益的，所以你应该随时随地进行思考，尽快采取行动。

在工作中，只要我们发现有事要做，无论其是否为分内之事，都应该主动出击。主动，不仅可以让你在工作锻炼自我、充实自我、完善自我，而且还能增加你的表现机会，让你的才华充分展现，让你在平凡的工作中脱颖而出。

搞明白其中道理之后，就主动去做需要你做的事情吧，不要干等着老板或上司再来安排，自己的人生自己做主不是更好？当你全力以赴地完成需要你做的工作时，自然会得到高的回报。

尝试改进工作的不足

在工作中，总是有人抱着"付出少，得到多"的思想。其实，"不劳而获"只是人们不切实际的幻想。无论在工作中，还是在生活中，不逃避困难，用于付诸行动去改正不足，才是我们最好的选择。

每个清晨，在走出家门抵达办公室的路上，我们都要暗下决心，力求今天能更好地完成工作，至少要比昨天出色；每天傍晚，在离开办公室或其他工作场所前，我们都要暗自反省，希望明天能更合理地安排一切，至少比今天妥当。相信这样乐于付出的人，在业务上必定会取得惊人的成就。

吴胤生长在一个并不富裕的家庭，由于弟弟妹妹较多，身为长子的他不得不放弃念大学的机会，到百货公司打工。吴胤不甘心自己的一生就这样默默无闻地度过，在工作中仍然不间断学习，想尽一切办法充实自己，试图改变自己的工作境况。

经过几个月的细心观察，吴胤注意到，对于那些进口商品的账单，经理总是特别小心地检查，原因是那些账单多数是德文和法文。于是，吴胤便开始利用每天上班的空闲，仔细研究那些账单的组成，并努力学习与这些商务文件有关的德文和法文。

有一天，他看到经理面对一摞厚厚的账单，露出十分疲惫的神情，便主动要求协助。经理感激不尽，同时也惊讶地发现自己的手下还有这样一员猛将，干得如此出色，以后所有的账单自然都交由他接手。

半年后，吴胤被通知去见老总。"我干这行已经40多年了，据我观察，你是唯一一个每天都在要求进步，要求改变的员工。"

老总称赞地说，"从公司成立那天开始，我一直都想物色一个像你这样的助手，因为外贸工作比较繁杂，需要的知识也很庞杂，对适应能力的要求也特别高。现在，我决定把这个任务交给你，相信你一定不会让我失望。"

尽管对这项业务一窍不通，可吴胤还是凭着对工作认真负责的精神，不断提高自己的能力，弥补自己的不足。没多久，他已经完全胜任了这项工作，成了老总身边的红人。

在美国流传着一句谚语："通往失败的路上，处处都是错失的机会。"为什么会错失这些机会，走向失败呢？原因就是我们害怕付出努力，害怕承担责任，害怕有所改变……

殊不知，只有那些善于思考，勇于尝试，不计较得失的人，才能在今天弥补昨天的不足，抓住每一个天赐良机，顺势而上，成长为企业需要的卓越人才。

或许你跟大多数人一样，认为改变可以是一项一蹴而就的工程，认为只要在关键的时刻努力付出就够了，没必要每一天都紧绷着神经。然而，想着很容易，做起来就难了！俗话说"一口吃不成胖子"，随时随地的付出，一点一滴的努力，循序渐进的提高才是成功的关键。

"今天，我该从哪方面开始改进自己的工作？"如果你能在每天踏进办公室之前，向自己提这个问题，那么你的工作就一定会有进步，你的努力也一定能显现功效；如果你能在今后的工作中，将这个问题当做自己的格言，那么你就有可能前途无量；如果你能随时随地用这个问题来督促自己，努力付出，不计收获，改正不足，不断进步，那么你的工作能力就会达到一般人难以企及的程度。

事实上，每个人都希望自己能向好的一面发展。尤其在工作中，不断提升自己的价值，获得老板的认可更是每个人梦寐以求的。那么，究竟该从何处下手呢？

一般说来，你必须改变固有的思维方式，真正认识到付出的重要性，保证自己拥有良好的心态和十足的动力。如果将人生比作一个漫长的旅程，那么工作便是不可或缺的一段游历。收获并不是职场的全部，当你重新审视了自己的得失观念，改进了自己的思维方式，提升了自己的控制能力之后，就会摸索出获得成功的规律以及方法。

布留索夫曾经说过："如果可能，那就走在时代的前面；如果不可能，那就绝不要落在时代的后面。"在今天这个突飞猛进的时代，一个人想要获得成功，就一定要懂得付出，要善于捕捉新动态，掌握新技巧。只有这样，才能够不断地充实和提高自己，并且适应工作和时代的要求。

我们的身体之所以保持健康，是因为体内的血液无时无刻不在更新。同理，作为公司的一名职员，只有不断地付出，才能不断地收获；只有丢掉旧的，才能得到新的；只有每天改进一点不足，将来才能成就完美。

不要有"打工者"心态

"公司是别人的，我只不过是打工罢了，有必要那么拼命吗？"相信这句话一定道出了很多职场人的心声。在他们看来，工作不过是一种谋生的手段，无论干多干少，都是在为老板作嫁衣，与自己毫不相干。只要保证不犯错误，踏踏实实地熬到月底，足额领到自己的薪水，就算功德圆满了。

不错，从表面上看，我们按时上下班，参加大小会议，脑子不停地转，手里不停地算，整天忙忙碌碌……的确都是在为公司招揽生意，创造利润。但是，事实上，我们不是也通过完成这些工作，展示了自己的才华，成就了自己的梦想吗？这样说来，我们岂不是也在为自己工作？

如果你非要将自己划入打工者的行列，没有热情，不肯付出，那么你就注定永远只能是工作的奴隶，不会有发展，也不会取得成就。

泰迪和凯文在同一家工厂里做事。每天下午，时钟刚刚指向六点，泰迪就结束手上的工作，麻利地换好衣服，第一个冲到打卡机前面准备下班。而凯文却总是不慌不忙地将手上的工作完成，再仔细检查一遍，确定没有问题了才最后一个打卡离开。

一天，两个人在酒吧聊天，泰迪耷拉着脸对凯文说："兄弟，你让我们大家很没面子。"面对同事的指责，凯文有些疑惑。

"你的做法会让老板以为我们不够努力。"泰迪停顿了一下，接着说："要知道，我们只不过是在为别人工作，何必那么认真！"

"不错，我们的确在为老板工作。"凯文肯定地说，"但我们更是在为自己的梦想工作。"

在任何一家企业都不乏这样的员工：他们每天会准时出现在办公室，但却不能及时完成手头的工作；他们住得比较远，每天都披星戴月，但却对不起耽搁在路上的时间；他们只负责上班时间坐在位置上，但却无法管住自己"调皮"的思想；他们接受一切命令，但却敷衍了事，不顾结果……毫无疑问，这些人已经被打工者的心态深深地毒害了。

正所谓"心态造就人生"。那些不思进取，得过且过，怀有"打工心态"的人，永远都做不成老板；那些牢骚满腹，抱怨频频，怀有怨妇心态的人，永远也当不了英雄。

在朋友眼中，帕兰德是一个能力很强、才华出众的年轻人。可若是有人问起工作，他总是漫不经心地说："凑合吧，公司又不是我的，打工罢了！要是我有了自己的公司，一定投入全部精力，夜以继日地奋斗，保证比我上司强。"

终于，帕兰德在一年之后辞去了自己的工作，独立创办了一家广告公司。在聚会上，他踌躇满志地向朋友们宣布："一个崭新的时代即将到来，我会很用心很勤奋地去工作，因为它是属于我的。"

但是，仅仅过了半年不到的时间，帕兰德就结束了自己的时代，重新开始了为别人打工的生活。他给出的理由是："自己开公司事情太多、太麻烦、太复杂，根本不符合我的性格。"

为别人打工时没有激情，完全被动，还信誓旦旦地扬言说："如果我做了老板，就怎样怎样……"似乎此人天生就是做领导的材料。可怎知道，当了老板之后依旧是老样子，结果只能退回原点，继续为别人打工，真是可叹、可悲、可笑。

原来，一个缺乏敬业精神、懒惰又随性的人，不管从事哪种行业，也不管是打工还是创业，都注定毫无作为。

要知道，端正良好的工作态度，是一个人获得成功的关键。所有在职场取得成绩的人，都持有积极向上的人生态度。为别人打工时，他们坚强乐观，是最出色的助手；自己当老板后，他们严谨认真，是最优秀的管理者。

所以，不要再抱怨自己的工作不如意，也不要再计较自己付出太多而得到太少。我们最需要的，是唤醒自己心中沉睡已久的主人翁精神，赶走打工心态，在努力工作的同时完善自己，持续小小的坚持，收获大大的成功。

第二节　不计较薪水高低

工作目的不仅仅是薪水

在职场中，我们经常听到类似这样的抱怨："给这么点钱？还指望我上刀山下油锅，一天二十四小时都拼命地干活？笑话！""凭什么呀！拿多少钱，出多少力，我已经够委屈自己的了。"……

好像工作真的可以完全等同于交易：老板出多少钱，员工就卖多少力。在他们眼中，只看到自己做了多少事情，或完成了多少工作，却从来不考虑事情的结果怎样？工作的质量如何？

而且，一旦他们认为，所付出的劳动超过了心中自己主观设定的界限，便会爆发不平衡心态，开始抱怨、诅咒、发牢骚等等。

这种打工心态在当今社会十分普遍，人们最期待的是干最少的活，拿最多的钱，生怕自己付出得太多，让老板占了便宜。

一家排名世界500强企业的老总，曾经向公司里的一名职员提出这样一个问题："如果公司每月支付你1000元酬劳，那么，你应该做多少工作才合适呢？"

职员毫不犹豫地回答："公司支付给我1000元，我当然就要为公司做1000元的事了。"

"倘若事实果真如此……我想，公司必须开除你。"老总摇了摇头，"表面上看，支付给你1000元酬劳，换取你完成1000元的工作，是很合理。不过站在公司的角度，这样一来岂不是没有利润？要是再加上水、电、办公用品等等开销，恐怕还要赔钱。所以，只好解雇你了。"

或许你会时常问自己："到底怎么做，才能让自己的薪水翻倍？"如果你还没找到答案，那么不妨试试这样问自己："应该怎么做，才能让自己的工作价值提升十倍？"若是你肯换一个角度来提问，加薪应该会变得更容易一些。

如今，人们曾经崇尚的物有所值早已无法满足社会的需求，各行各业都在寻找综合能力突出的高素质人才。如果你希望自己的事业能够持续稳定地发展，如果你渴望拥有一个光芒四射的前程，那么别无选择，你必须使自己物超所值。

也就是说，你要想办法提升自己所创造的价值，让它尽可能多地超过老板支付给你的薪水。

例如，你希望老板加500元薪水给你，也就意味着你要为企业完成5000元的工作。只要你做到了，相信老板也不会吝啬那区区500元的。假如你只完成了500元的工作，连等价交换都谈不上，又有什么理由要求老板给你加薪呢？

所以，作为一名员工，一定要想方设法地为公司创造利润，同时也要努力提高自己创造利润的能力。

"给多少钱干多少活"的时代已经过去，如今，你必须相信，只要你有足够强的能力，可以给公司创造丰厚效益，老板就不可能亏待你！

有这样一株可以结果的苹果树：第一年，它结出了20个苹果，主人拿走了19个，自己得到1个。苹果树认为很不公平，对此非常气愤。于是，它毅然自断经脉，拒绝成长。

第二年，苹果树仅结出了10个苹果，主人拿走了9个，自己得到1个。虽然苹果树自己得到的并没有增多，但它依然暗自得意，因为这次主人只从它身上拿走了9个，比去年少了10个。

谁知第三年，主人就把苹果树砍倒了，因为它在主人眼里已经没有任何价值。其实，苹果树原本可以继续成长，如果第二年，它结100个果子；第三年结1000个……或许主人依旧会拿走99个或者999个，可主人却会对苹果树爱护有加，而不会砍了它。

有很多人在职场上也像这棵苹果树一样，过于计较失去的果实，从而失去了茁壮成长的机会。殊不知，对于自己来说，最重要的并不是一开始能得到多少果实，而是成长本身。如果你只把工作当成是一种等价交换，那么你失去的将是美好的未来。

那些为了贪图眼前利益，不惜断送自己美好前程的人，似乎更像是穿越时空，专程来为我们上演现代版买椟还珠的演员。虽然领到了满意的报酬，但却失去了更为珍贵的前途。

想想看，难道我们真的是在替别人工作吗？难道我们多付出一点，就吃了天大的亏了吗？老板既然雇佣你，当然会为你所做的工作支付报酬。只不过，他付给你的薪水肯定要低于你所创造的价值，这一点毋庸置疑！毕竟老板开的不是慈善机构，他也要生存，还要负担公司各个方面的开销。如果连我们依靠的大树都无法获得足够的养料，那么靠着大树的我们恐怕也只有死路一条。

平常总是提到换位思考，假如今天坐在老板椅上的是你，面对一个"给多少钱，干多少活"的员工，你又会作何感想呢？身为老板，听到这话是不是也会有些酸楚和不舒服呢？

不要只为薪水而工作

有人说，工作是一种全身心的投入与付出；有人说，工作是一个创造物质财富，积累精神财富的过程；也有人说，工作是为社会做贡献的一种方式；还有人说，工作是维持生存状态和提高生活质量的手段……

罗丹说："工作就是人生的价值，人生的欢乐，也是幸福之所在。"假如闲来无事，你是否也会反复思考下面这几个问题：此时此刻，我们的心满足吗？这种满足是源于工作吗？工作到底意味着什么？我们工作的目的又是什么？

心理学家经过研究认为，如果你的满足感源于工作，那么就表示你认为自己的工作是很有意义的；若具体谈到工作的意义和价值是什么，答案则完全在于你赋予工作的定义。

假如一个人将工作定义为时间与金钱的交易，恐怕还没开始上班，就感觉枯燥乏味了，不及时调整，此人便会沦为工作情绪的奴隶。假如另一个人将工作定义为劳动与物质报酬的等价交换，实在是太可悲了，日复一日机械地重复着，找不到精神支撑，此人将永远都是物质的奴隶。

倘若你步入社会参加工作，目的只是为了能多挣一些薪水，单纯地将工作当成解决自己生计的一种手段，那实在是得不偿失。要知道，薪水只不过是工作给予我们最直接的一种短期利益回报罢了，而那些在工作中学到的知识、积累的经验、掌握的方法等等更多的间接回报才是真正的无价之宝。

我们要关注的是更多的间接回报，工资虽然是最直接的工作报酬，但它只能是短期的利益，在工作中所学到的知识、经验才是更重要的，才是真正的无价之宝。

要是我们可以领悟到工作的真谛，并且赋予它更深层的意义，那么相信就不会有人再去忍受工作，而全部变成享受工作了。正如尼采所说："当你了解了为什么之后，一切的一切就都能被接受了。"

程若曦刚刚考到会计证，在一家私企的财务部做出纳。领导觉得她很聪明，不希望人才流失，所以便承诺她："试用期半年，要是干得好，试用期过后就升职加薪。"

初来乍到的程若曦干劲十足，比起老员工来，她每天干的活只多不少。转眼两个月过去了，她感觉自己的水平已经很高了，在企业独当一面是绝对没问题的，所以薪水也没理由拖到半年后再涨……想到这里，程若曦有点失落。

尽管日后她没有跟任何人提过这件事，可在工作态度上却有了180°大转变。从前那个认真踏实、积极上进的程若曦不见了，取而代之的是一个办事拖沓、粗心马虎的小丫头。

到了月底，由于要赶制财务报表，整个部门都需要留下加班。这时，程若曦跟总监说自己已经完成了工作，现在要回去了，完全不顾及集体中其他成员的感受。

半年很快过去了，根据程若曦的表现，领导当然不可能提加薪的事。谁知，她一气之下竟然选择了辞职。

直到一年后，程若曦在街上遇见同事才知道，谈到当初的离职，同事惋惜地说："太遗憾了，一个晋升加薪的好机会就这样让你给丢了。当时，领导看你踏实，业务能力又很强，本打算第三个月就给你涨工资的，而且也准备让你在试用期满后，担任主管会计的。哪知道后来你却变了，领导很不满意，甚至觉得是自己当初看错了人。"

领导也是普通人，他怎么可能一眼就分辨出你是天才还是蠢材呢？任何一个公正的领导在评价员工之前，都需要一个认识了解的过程，也就是试用期。在这个以认识和了解为主要目的的阶段，你的能力很有可能与薪金待遇不平衡，但这只是暂时的。你必须给领导足够的时间，让他对你尽可能地全面认识。等到你们彼此都熟悉得差不多了，那么距你升职或加薪的日子就为期不远了。

绝大多数人在选择工作的时候，都会提到一些现实的问题，比如薪水多少、具体工作时间、福利待遇是否齐全、有没有年假……甚至是何时加薪等等。

然而，这些人却忽略了一个最基本、最实际、最重要的问题，那就是，"我为什么要去工作？"是为了区区几千块的薪水呢，还是为了培养自己的能力，积累一些经验呢？

单凭每个月领到的薪水多少，根本无法准确判断一个人的能力。不错，那些成功者所具备的洞察力、创造力、决策力以及行动力都令人羡慕不已。可这些能力并不是他们与生俱来的，也是需要经过长年累月的学习和实践，才一点一滴地积攒起来的。接着，在一次又一次的失败中总结经验和教训，时刻为成功做最充分的准备。

应该说，在工作中培养各种对自己有益处的能力，正是我们工作的意义，也是工作回赠给我们最珍贵的礼物。

一个立志于在职场上打拼的人，应该以在工作中充分发挥自己的能力，全面展示自己的才华为出发点，同时积累大量实践经验以及其他一些成功必备的资源，也是很重要的。

机会比薪水更重要

月薪1万和月薪5000的两份工作摆在你的眼前，你会更倾心于哪一个？相信大多数人应该都会毫不犹豫地选择1万，谁不想拿高薪呢？说白了，谁会跟钱有仇，嫌钱烫手呢？

然而在职场中，没有几个成功者一开始就站在事业的巅峰。他们也曾领过很低的薪水，并且每天工作十几个小时。比如，在阿里巴巴的很多硕士甚至博士，当年的工资也不过几百块钱而已。

可是如今，他们都成了企业的领军人物，薪水也早已不可同日而语。这些巨大的改变源于机会。每一个成功的人都清楚，工作的目的不只为了薪水，好机会往往比高薪水更重要。

假设有两个员工：一个对工作精益求精，事事为公司利益着想；另一个喜欢投机取巧，老嫌自己薪水太低，总是把自己利益摆首位。如果你是老板，会更青睐于哪一个？或者说，更愿意把升职加薪的机会留给谁呢？

其实，对于年轻人来说，能在一个优秀企业获得学习知识、掌握技能的机会，远比短暂高薪重要得多。

卡罗·道恩斯本来是一名普通的银行职员，薪水虽然不高，但也足够满足温饱。后来，他出于兴趣改行到一家汽车公司，薪水只是原来的一半。因为喜欢这份工作，所以尽管薪水很低，他还是决定把握这次机会。

在工作中，道恩斯一直激情满满，从不偷懒。当同事们抱怨薪水太低，或跳槽到薪水高的公司时，道恩斯始终坚持留在这里，保持积极的工作热情。他很珍惜老板交给他的任务，在他看来，这些任务就是机会。

半年之后，道恩斯的业绩很突出，他想试试自己是否有提升的机会，便直接写信向老板毛遂自荐。得到的答复是："任命你负责监督新厂机器设备的安装工作，不保证加薪。"

由于没有受过工程方面的培训，道恩斯根本看不懂图纸。可他不甘心放弃任何一个机会，哪怕不加薪水，也值得付出比往常更大的努力。于是，道恩斯发挥自己的领导才能，自己掏钱找了一些专业的技术人员完成安装工作，并且提前了一个星期。

结果，他不仅坐上了部门经理的位子，薪水也提高了整整10倍。后来，老板告诉他："其实，我知道你看不懂图纸，让你做的唯一理由就是你有一颗进取的心。若是你随便找个理由推掉这项工作，我真的会开除你。"

退休后，道恩斯担任南方政府联盟的顾问，年薪只有象征性的1美元。而他仍然不遗余力，乐此不疲，因为他懂得机会比薪水更重要。一个人如果没有真材实料，那么再高的薪水也只能是昙花一现。只有获得提升能力的机会，才是拥有高薪的保障。

我们参加工作的目的绝不单单为了那一份薪水，更要看到工作背后的学习机会、成长机会、提升机会。其实，每一份工作中都隐藏着巨大的机会。只要你尽职尽责，坚持不懈，早晚会得到工作给予你的更多回报。不只是薪水会水涨船高，你的技能、社会经验、人格魅力，还有综合素质与个人修养，等等，都将得到很大的提升。与这些相比，薪水似乎就显得微不足道了。

放眼全球，你会发现世界上那些拥有财富的人，绝不是以赚钱为目标去工作的。他们往往更善于抓住机会，更懂得积攒一些价值不菲的能力。如果比尔·盖茨总是想着自己的薪水，那么他就不可能成为世界首富。

尽管世界上绝大多数人仍然在为薪水打工，可这并不代表你也要随波逐流。倘若你能干脆地拒绝为薪水工作，那么岂不是比别人更早迈向成功了吗？

初涉职场时，我们一定不要将薪水的高低作为择业的唯一判断标准，哪家薪水高就去哪家的想法是不可取的。你必须时刻提醒自己："现在工资低不要紧，我奋斗的目的是为了将来。只要能得到锻炼，得到提升，就有做下去的必要。"

可以想象，倘若你在自己的岗位上一事无成，即便是再清闲、薪水再高的工作，恐怕也无法带给你成就感，更不可能体现你的人生价值，那么高薪岂不变成了一种负担？

与其过多地考虑自己的薪水，倒不如将这些时间用在锻炼技能，接受新知识，展现才华，抓住机遇等事情上。要知道，在你未来的资产中，这些才是无价之宝，它们的价值远远超过你眼下所计较的那点薪水。

当你从职场菜鸟成长为麻辣高管时，便会发现，自己之前所有的付出都是值得的。因为在未来任何一个岗位上，你都可以充分发挥自己的才能，从而取得更大的成功，获得更高的薪酬。

不要总是抱怨工资少

"怎么才发这么点钱？"打住！先别忙着为自己的低薪水喊冤，仔细想一想，假如公司没有你会怎样？会受影响吗？会经营不下去吗？会关门大吉吗？

如果你觉得老板对自己不够重视，用一点可怜的薪水就把自己打发了，那只能是因为公司有你没你都无所谓，甚至你选择离职，老板还会暗自庆幸："腾出一个空缺，可以招纳更优秀的人才了。"

想在职场立足，想领到数目可观的薪水，发挥我们独特的竞争优势是最重要的，具备他人没有的能力更是关键中的关键。所以，在你还没有确定自己是不是公司里可有可无的人物之前，别着急忙慌地抱怨，当务之急是增强自己的不可替代性，让自己变成公司的精英人物。

早期，美国福特汽车公司有一台大功率电机突然发生故障。经理请来许多工程师和专家"会诊"，仍然没能找出电机故障的原因。实在没辙，经理只好请来了德国的电机专家斯坦因门茨。

他应邀来到现场，看看电机，听听运行的声音……最后，在机器上用粉笔画了一条线，说道："把画线地方的线圈截掉16个单位。"于是，这台大功率电机很快恢复了正常运转。

经理感激地说："请问，修理费需要多少？"

斯坦因门茨答道："1万美元。"

在场的专家和工程师都惊讶地吐着舌头："一条线值1万美元？"斯坦因门茨从经理手中接过修理费，对那个提出问题的专家说："用粉笔画一条线1美元，知道在哪里画线9999美元。"说完，就转身离开了。

"知道把线画在哪里"是斯坦因门茨能力价值的所在，就这一点来说，他的确是不可替代，别说1万美元，就是2万甚至3万，相信只要不超过那台机器的价值，经理也肯定会很乐意支付。

曾经有人说："我的工作是保卫国家军火库，这个岗位很重要，所以我的薪水也应该很高。"但是，很抱歉，这只能说明岗位确实重要，却不能代表你有多重要。就算换作别人，也一样可以站岗放哨。

由此可见，你在工作中体现出来的价值并不高。如果换一种说法，这些重要的地方只有你能保卫，而别人却做不了，那么此时，你对于工作来说就会变得重要，收入也自然会提高。

竞争是每一个人赖以生存的法则，原地踏步，安于现状，就会被超越；发展缓慢，步调懒散，也会被超越；即便是不停前进，脱颖而出，仍然有可能被超越……

好员工的价值不需要在老板或上司的施舍中体现，而是由自身能力的强弱来决定的。如果你缺乏足够出众的业绩支持，对于老板毫无重要性可言，那么你将随时都有会面临被社会淘汰的危险。

当然，不可替代的员工，从综合素质上来讲未必是最优秀的。之所以不可替代，是因为他们拥有自己独特的专长。

俗话说："三百六十行，行行出状元。"任何一个企业，都需要各方面的人才，不同岗位之间都有相应的不可替代性。

比如任劳任怨的保洁员、技术卓越的程序员、文笔出众的宣传员、热情周到的接待员、越挫越勇的业务员、头脑灵活的策划员等等，他们在自己的岗位上都是不可替代的。但若是交换一下，却要面临被开除的危险。

所以，想获得高薪，让自己变得重要，变得不可替代最关键的一步，就是明确自己擅长的工作，准确选择一个适合自己的职业，不断积累知识、经验，提升专业素质、能力，拓展自己在行业或专业领域内的声望和实力，将自己塑造成一把手。这样一来，你将会变得越来越不可替代，收入也会越来越高的。

你不妨好好想一想：假如明天离开公司，老板会真心实意地挽留你吗？假如明天离开岗位，公司会很快找到合适的人选来顶替吗？会不会因为暂时找不到接替你的人，而影响公司业务的正常开展呢？

如果会，那么你的职业地位就比较高；如果不会，那么你的职业地位就比较低。所以，想获得更高的薪水，我们当然要更努力地工作，为企业创造更多的利润。在提高自己能力的同时，也让自己变得更重要，成为企业之中不可或缺的一分子。于是，加薪的日子也就指日可待了。

工作经历远比薪水重要

走上工作岗位，我们便开始踏入了人生的历练之旅。而这种历练便是我们成长最好的陪伴。如果我们能尽快地从这种工作经历中汲取有益的成分，我们便会迅速成长，快捷地实现人生的梦想；反之，我们将不得不为自己的幼稚和懵懂付出相应的代价。

工作是促使我们成长和检验我们是否成熟的最佳舞台。一开始，我们在工作中会遇到很多前辈，他们的实际操作能力、业务能力、交际能力、理解能力都比我们高，会给我们带来无形的压力。此时，我们会对自己在工作中所遇到的问题感到迷惘，对自己所领取的工资、所获得的待遇感到焦虑。

我们不知道为什么我们与他人有差异，也不知道为什么会产生这样的差异。于是，有时候，我们想争一口气，将工作做得更好；有时候，我们愤愤不平，渴望得到更高的薪水，或跳槽到一个有更高薪水的岗位上去。但是，对于刚刚走上社会的我们来说，这些都是不切实际的想法。因为从长远的角度来说，工作历练远比你所想象的那些东西重要，更比你眼中的薪水重要。

江涛现在是一家公司的业务经理，事业干得风生水起。谁也想不到，以前的他无论是在学校的表现，还是刚毕业走上社会时应聘到的岗位，与同班同学相比，都丝毫不起眼。而他之所以能出现"蜕变"，是因为他踏实，是因为他跟着上司在自己的工作岗位上扎扎实实地学习了好几年，直至他真正成长起来、优秀起来为止。

刚刚走上工作岗位时，江涛什么都不懂，在大学里所学的一切都运用不上。不仅如此，他的工资也仅仅是比当地的最低工资标准线高一点点。他愤愤不平，也颇有些失落，想重新找工作但对自己又没有足够的自信，他根本不知道自己能干些什么，不重新找工作又对自己活得如此狼狈不堪而愧疚。想来想去，他决定先学一点本事再说，等学了本事，有机会就跳槽。

当时，江涛的业务主管是一个40多岁的中年人，他看到江涛踏实肯干，也愿意培养他。于是，每次出访客户时，上司都带上江涛。江涛不仅认真地听上司与客户谈商务，遇到重点时还详细地记录下来。

上司做事干净利落，雷厉风行，从来不觉得自己所做的事情有什么难度，也从来不畏惧什么，哪怕困难就在眼前。他经常鼓励江涛："小江，好好干，只要你开始真正地投入到了岗位中，不是草草地做事情，你就会有出头之日的！现在不要首先想着工资，你要好好地想想如何在岗位中历练，如何提升自己。"

受到鼓舞的江涛将他视为工作引导老师，通过观摩上司的工作技巧，学会如何去处理工作中的事，尤其是工作过程中的细小事情。

江涛跟着上司学商务谈判，如何说服客户，如何展示本公司产品的优势，如何在客户有所诉求时尽自己的努力满足他们的诉求，满足自己对于工作的期待。

不仅如此，江涛还学习上司开会时或者访谈时如何做笔记，学习他看哪些书，关注哪些知识，甚至学习他如何在工作过程中把握自己的生活节奏。

渐渐地，江涛懂得了很多的道理——为人处世、待人接物、商务谈判、学习生活，开始真正地成长了起来。两年后，江涛的业绩迅速上升，薪水节节上涨。而他也常常被上司夸奖，变得越来越优秀，有了自己的奋斗新目标，就更加自信和努力地去实现自己的更高目标。

孔子告诫我们："三人行，必有我师焉！"在人生道路上，我们谁都不可能完美无瑕，谁都会遇到一些困难或者坎坷。但是，这是人生道路上必须经历的考验。有时候，我们会将金钱看得很重，殊不知，钱财这种东西只要你努力了，只要你能够有实力承受，那么它必定是会有的。人们成长到某一阶段，有了足够的能力和实力，接近或者拥有了成功，钱财就自然不会缺少了。

因此，江涛走上工作岗位后，以努力提高自己工作能力、增强自己实力为着眼点，以上司为老师，从上司那里学习值得自己学习的东西，使自己能够在工作中得到更多的历练，对年轻人来说，无疑是值得借鉴的。

很多时候，一些刚走上工作岗位的年轻人会对上司抱有敬畏、奉承甚至抵触的情绪，然而，若是想要在某个行业中做得更好，那必然是需要有一颗跟着上司学习的心，因为上司之所以可以成为你的上司，必定是有你所不具备的多种能力，否则，他也无法成为你的上司。

在工作时，人们往往很在意自己能够获得多少薪水。当然，薪水意味着自己能够生活得更好，更多的薪水也就意味着更好的生活。然而，人生的过程中，金钱是重要的，却有很多的东西比金钱更重要。金钱失去了可以再赚回来，而人生则没有回头路。每一个阶段都有独属于那个阶段的历练。历练的过程中所获得的道理与生活的经验，会让人们积累更多的成长和成才的资本。

初入职场，我们每个人都应该好好地掌握生活的节奏，不要害怕历练，也不要畏惧工资低，更不要与上司为敌。如果我们将上司当作自己的老师，将历练当成是自己的人生经历，那么，我们就能够让自己慢慢地拥有除去年龄以外更大的资本。

第三节　不计较个人得失

把工作当成一种使命

在多数人看来，工作不过就是一种养家糊口不得已而为之的手段，甚至是一种苦役，怎么会跟幸福挂钩？如果不用工作就可以保证衣食无忧，相信不少人都会兴奋地喊出："我可以不工作了，我终于解脱了！"但你真的能就此获得幸福吗？

可能每个人都曾经有过这样的体会：刚开学，就盼着放寒暑假，然而等真放了假，不到一个星期，却又想上学了；厌烦了大都市熙熙攘攘的人群和忙忙碌碌的工作，早就盼着趁休假回老家过几天田园生活，然而回到家，过了没两天，却受不了夜晚的漆黑和寂静。

因为现实生活已经让我们习惯了工作，习惯了忙碌，习惯了必须做点什么……工作是人类与生俱来的职责，人的一生，必须要做事才可以体会到真正的幸福；人的一生，必须要工作才可以领悟出生命的真谛。

即便是富有到比尔·盖茨这个程度，赚到的钱几辈子都花不完，可是他依然没有停止工作。显然，工作早已成为他的使命，是他幸福生活的一部分了。

美国维亚康姆公司董事长萨默·莱德斯通被称为"75岁的年轻人"。在63岁那年，他开始着手建立一个庞大的娱乐商业帝国，旗下诞生了《泰坦尼克号》等让人记忆深刻的作品。

63岁，已经超过了普通人的退休年龄，然而萨默·莱德斯通没有选择常人退休后颐养天年的生活，而是重新回到工作中去。无论是工作日还是节假日，他总是一切围绕着维亚康姆公司转，个人生活与公司事宜之间没有任何界限，有时甚至一天工作24小时。

在萨默·莱德斯通看来，不管从事什么工作都好，有一个因素是极其重要的，那就是，"要非常努力地工作，要有非常坚强的意志，在做的过程中还要争夺第一，做到最佳，要有获胜的意愿"。

是的，工作不仅能让我们的人生更加充实更有意义，同时也帮助我们驱赶了很多烦恼和忧愁。就像我们身边不少领导，在职时个个都是风光无限红光满面，那是因为他们有工作有尊严，生活得充实而满足；可是退休不久，他们就会苍老了许多，那是因为他们不被他人需要了，没什么事情可做，当然也就满足不了自己。

这也正是如今会有这么多退休老人还在社区里发挥余热的原因。没有工作，对于一个人来说，可能表面丧失的只是生命归属，然而更深一层缺失的便是心灵寄托。当然，如果不信的话，你可以试着请一个星期的假，其他同事照常上班，不管你请假之后做什么，只要看看你是不是可以在这一个星期里，完全不去想工作的事情呢？

1978年夏天，商界传奇人物福特公司副总艾柯卡被叫进总裁室，亨利·福特宣布免去他一切职务。尽管之前早有心理准备，可此时艾柯卡还是按捺不住心中的怒火，慷慨陈词地列举自己8年来所取得的各项成就，并大声抗议。然而最后，他还是离开了。

这突如其来的"失业"，对艾柯卡来说就像是从珠穆朗玛峰坠入万丈深渊，几乎置他于死地；妻子气得心脏病发作，女儿也埋怨他无能。仿佛昨天自己还是英雄，而今天却成了狗熊，人人避而远之，真是应了那句"时来铁也生辉，运褪黄金失色"。

他愤怒过，彷徨过，苦闷过，甚至想到过自杀；他喝过酒，并对自己失去过信心，认为自己已经彻底崩溃，再也站不起来了。

然而，艾柯卡毕竟是艾柯卡，最终他还是没有向命运屈服，并且接受极大的挑战，应聘到当时濒临破产的克莱斯勒汽车公司出任总经理。凭着自己的智慧、胆识和魄力，他带领克莱斯勒公司起死回生，成为仅次于通用公司、福特公司的第三大汽车公司。他自己也重新获得了辉煌。

不可否认，工作有时的确很辛苦，尤其当你的工作性质属于重体力或者是高压力时，更是令人总恨不得立刻逃脱。那么，如果有一天真的不要你工作了，永远不再工作了，你觉得好不好呢？大家不妨跟身边的朋友打个赌，先抛开不工作就没饭吃的情况不谈，单是那种无聊已经足够把你逼疯了。

任何人在社会上，除了生存之外，还会有更多必不可少的心理需求，比如团队协作、人际交往、角色扮演、成就取得等等。失业后，你除了要承受经济上的压力，还要承受心理上的困扰；退休后，你可能会经常围绕着"我该做些什么"产生疑问，即使没有金钱方面的顾虑，也免不了会有健康方面的担忧。

所以，请不要再为今天的打工生活自怨自艾了，身体受点累没什么，流些汗也不要紧，最重要的是心里舒服。工作是一种幸福，为自己工作更是一种天大的幸福。虽然你现在还没有感觉，但希望在不久的将来你可以意识到，希望到时还不晚。

不要事事都去计较

英特尔公司总裁安迪·格鲁夫曾说："不管你在哪里工作，都别把自己当成员工，应该把公司看做自己开的一样。事业生涯除了你自己之外，全天下没有人可以掌控，这是你自己的事业。"

遗憾的是，很少有人能把工作这单生意做成，因为他们总是把老板与员工划分得非常清楚。比如，很多员工都认为自己每天加班加点，付出那么多的努力，就应该得到升职加薪的奖励。

可是很多老板却不这么认为，他们觉得员工还不够成熟，在能力上还存在着一定的缺陷，应该继续努力改进，而不是吵着邀功请赏。到头来，员工会因为自己的付出没有得到回报，认定老板是缺乏人情味的冷血动物。老板则会因为员工还没付出就想得到，认定他们不仅没有能力，更没有谦虚的态度。这样下去，双方的矛盾越积越多，必将无法更好地合作，甚至彻底决裂。

其实，作为员工大可不必事事计较，作为老板也没必要过于较真。一个有着主人翁精神的员工，不仅仅是企业利益的维护者，更是企业良好形象的宣传者。对于任何一个员工来说，能将企业当做自己的生意来经营，是做好一切工作的前提；对于任何一个老板而言，能拥有一个将企业看成自己生意来打理的员工，是获得蓬勃发展的根基。

杨飒在某贸易公司工作了三年，一直没有得到提拔。这一年，由于英国的一家分公司连年亏损，老板便派他过去收拾残局。杨飒明白，上级的意思是想把那里的员工全部裁掉，然后把公司剩余的货物运回来。

　　尽管清楚自己此行的目的，可杨飒还是决定按照自己的想法来实施行动，改变上级的目标，让这家分公司东山再起。在路上，杨飒的心情很纠结。

　　他想：虽然自己只是一个普通员工的身份，但也应该时时培养老板的心态，将公司看成是自己的买卖。如果能让一家即将倒闭的公司起死回生，不是更能体现自己的价值吗？

　　于是，杨飒没有"听话"，而是将自己的想法付诸行动，尽全力去挽救分公司。当英国分公司大小事宜恢复正常时，杨飒心中有说不出的满足，而他的上级也特别感动。除了对自己手下的员工能有这样的觉悟和胆识表示钦佩之外，杨飒的上级还宣布由杨飒出任英国分公司的总经理，全权处理那边的一切。

　　很多在职场打拼的人，之所以最后有幸成为老板，就是因为他们能够从老板的角度出发去看待自己的工作，能够像对待自己的生意那样去经营自己的工作。能够高标准、严要求地来培养自己的"老板"心态。

　　只有不事事计较，我们才能够主动维护企业利益，顾全大局，更全面地考虑利弊得失；只有把工作当成自己的生意，我们才能够正确处理个人与企业的关系，坚决抵制损害企业形象的行为，并敢于替老板去做一些职权范围之内的事，我们才能更熟悉地了解老板的风格，更接近未来的老板。

谢凡瑶在一家大型图书商场做收银工作，两年来她恪守己任，自认为是一个非常出色的员工。有一天，谢凡瑶正在跟同事闲聊，碰巧经理正在附近巡查。经理走到款台附近，环顾了一下四周，然后示意她在后面跟着。刚开始，谢凡瑶很不理解经理的意图。但是后来，她发现经理一边走一边在整理顾客乱丢的书籍，码放不够整齐的柜台，以及散落在收银台附近无人认领的购物车。

看着这一切，谢凡瑶才恍然大悟，原来经理是在用行动告诉自己："你才是经营卖场的主人！"尽管这不是自己的本职工作，可是作为企业的一员，谢凡瑶应该知道主人翁精神的重要性。

经理转过身，对她说："其实你真的很适合做这一层的主管，只是还差一点奉献精神！你要把这里当做是你自己的生意。事实上，你在奉献的同时，不仅为企业创造了利润，自己也会有实实在在的收获，不是吗？"

一个把企业的事当做自己的事来认真对待的员工，无论走到哪里都必然会得到重用。因为所有的企业、所有的管理者都愿意拥有这样的手下，也绝对放心将企业的一切事务交给他们来管理。

如果你不事事计较，那么你肯定不会仅仅以达到普通员工的标准为满足，而是会自我拟定一个更高的目标去超越。目的并不是做给谁看，而是为了实现自己对自己的挑战！

世界上任何一个人，只要发自内心地将企业当做自己的生意去经营，处处为其利益着想，随时随地对自己的所作所为负责，并且持续不断地寻找解决问题的方法……把自己当做公司的老板，把公司当做是自己的事业，就一定会有真正成为主人翁的那一天。

对生活小事看开一点

有些人无论是对待同事，还是对待家人，总爱斤斤计较，从不肯吃一点亏。这类人往往把芝麻绿豆点大的事看得比磨盘还大，只要认为别人侵占了他一点利益，就坚决不答应，常常把单位和家庭闹得鸡飞狗跳，不得安宁。

斤斤计较是我们评价某个人心态和价值观的一项标准，遇到事情不肯做一点让步，分毫必争的人在与人交往中必定会令人反感。

斗量有多有少，秤头有高有低，天平有毫厘之差，凡事都有个概率，绝对的平衡和平均是没有的。宇宙间万事万物之所以永不停息地运动，就在于万事万物始终在进行着从不平衡到平衡又从平衡到不平衡的循环往复的变化。所以，宇宙间绝对的平衡和公平是没有的。既然没有绝对的公平，那么人生也就不应该为了区区小事而斤斤计较，苛求绝对的公平。

计较往往使事情复杂化和矛盾化，甚至斗争化，凡不愉快的事情大都由斤斤计较而来。凡事从大的方面把握，这应当是人们为人处世的基本原则。正所谓"大行不顾细谨，大礼不辞小让"。人生应当宽宏大度，避免斤斤计较。

王旭大学毕业后，因为在学校表现良好，各门功课都学得不错，再加上父母的一些帮助，在家乡的小城里找到一家效益很好的单位。

刚上班的第一个月，王旭非常主动，也乐于给同事们提供帮助，因为他初来乍到，业务不多，所以，办公室里的开水就经常由他去打。几天后，每天提热水壶上楼打开水自然成了王旭分内的事。同事觉得这是理所当然的，再说这位大学生是个年轻小伙子，身强力壮的，就没有在意，认为他应该打水。

这天上午，王旭到外面办事去了，中午回到办公室想喝点水，但他揭开热水壶盖一看，里面空空如也。又累又渴的王旭突然觉得很委屈，但是，他也没有说什么，拿起水壶就去打水。

晚上下班回家，他就想：我是去上班的，又不是专门负责打水的，为什么这么长时间就我一个人在干，太不公平了。他越想越生气，第二天刚到办公室，他就大声说，从明天起轮流打开水。他不愿一个人承包。

就这样，本来同事们都对他印象很好，他却偏偏在这些小事情上斤斤计较，不愿吃一点亏，失去了人心。

斤斤计较有两个方面，一个是利益方面，一个是感情方面。我们在与人相处的过程中，常常会看到这样一些现象：没有能力的人身居高位，有能力的人怀才不遇；做事做得少或者不做事的人，拿的工资要比做事的人还要高；同样的一件事情，你做好了，老板不但不表扬还要对你鸡蛋里挑骨头，而另外一个人把事情做砸了，还得到老板的夸赞和鼓励……诸如此类的事情，我们看了就生气，会理直气壮地说："这简直太不公平了!"

公平，这是一个很让人受伤的词语，因为我们每个人都会觉得自己在受着不公平的待遇。事实上，这个世界上没有百分百的公平，你越想寻求百分百的公平，你就会越觉得别人对你不公平。

其实，在一些蝇头小利面前，我们不该斤斤计较，最重要的是要摆正心态，不必事事苛求百分百的公平，否则就是自己和自己过不去。对生活中的小事看开一点，对已经过去的事情不要耿耿于怀，把精力和时间放在创造新的价值上。这样，就单个事情来说不一定公平，但从整体上来说却是公平的。

另外，我们还可以设法通过自己的努力来求得公平，例如我们可以改变衡量公平的标准。公平是相对而言的，衡量公平的标准也不是一成不变的，当你换个角度来看问题时，你会发觉自己得到的比失去的要多。

不公平是一种进行比较后的主观感觉，因而只要我们改变比较的标准，就能够在心理上消除不公平感。而且产生不公平的心理也是因为不肯放弃自己的某些利益，如果你仔细想想，那些利益在你的生活中又能起到多大的作用呢？如果起不到多大的作用，那还不如放弃它。首先你可以赢得人心，其次，你也不必为了一些鸡毛蒜皮的事情伤脑筋。

有的人习惯于斤斤计较，他不觉得这样非常累心。其实不然，人的脑袋虽然有无穷的潜能还没有发挥，但是，当你的脑袋在被一些无关紧要的事情所累的时候，你的生活就会慢慢地转型，你脑子思考的问题也就渐渐地局限在了这些小事上。这不仅仅是浪费时间、浪费精力，还把你的脑力白白地浪费在了这些无用的事情上。

如果你能豁达一些，放弃那些蝇头小利，你的大脑只思考那些重要的、对你的人生起到"质"的作用的事情上，那么，潜能也会有无限发挥的空间。假如你有斤斤计较的时间，可以让大脑轻松一下，做一些对调节大脑有益的运动，岂不是更有意义吗？

不要和下属斤斤计较

一个企业的管理者，除了要有领导才能和专业知识以外，还应该具有高尚的道德品质和美好的情操。在日常的管理活动中，需要包容和理解下属，特别是不能和下属斤斤计较。

有些管理者在做人、做事和工作中，都表现得精明强干。当然，这是他们的优点。但是这种管理者也有缺点，比如爱出风头、喜欢当指挥。他们从来都不怎么相信下属的工作能力，甚至会把已经安排给下属的任务揽到自己名下忙碌地做着。

这些管理者对下属的要求相当严厉，下属稍有差错他们就会表现出极端的不悦。像这种情形，难免会产生一个结果，那就是在功劳的分配上和下属斤斤计较，千方百计想把下属的功劳占为己有。这是领导不能容人的最突出表现，尤其在中低层管理者中很普遍。

某公司的主管张强就是这样的一个人。这人在工作中会表现得很民主，他常常把大家召集起来，让下属们踊跃发表各自的意见。他总是会说："这个想法非常好，你将它写出来，务必在一个星期内拿出计划书给我。"

下属们听了这话都感到很高兴，争先恐后地作各种企划。每个人都兴奋地提供出自己的想法和意见，而且其中的一大部分，也都被张强吸纳、采用了。然而，公司的每一次业绩考核，下属们贡献出的创意和付出的努力却都归功于张强一个人。一年以后，张强的下属们全都离开了公司。

张强不了解那些员工离开的原因，他甚至感到很迷惑不解，不过他也没有多想。他认为可能是那些人的创意才能全都枯竭了。于是张强和其他部门交涉，调了几个新人到自己管理的那个部门。张强向这些员工提了一个要求，他说："我们这个部门，要发扬分工合作的精神，希望大家能够同心协力，提高我们部门的业绩。"

然而，没有人对张强说的话加以理会，他们心想："大家共同付出的创意成果，最后总要归于你一个人，老是和下属计较功劳的归属，这样的人不配做我们的领导。"最终，没有人愿意留在这个部门，张强也因此丢掉了主管的职务。

像张强这样，将自己部门内的工作，完全归功于自己，是作为一个主管很容易犯的毛病。任何工作，绝不可能始终靠一个人去完成。即使是一些微不足道的协助，也要表现由衷的感激，绝不可把下属的功劳都揽到自己的名下。作为一个主管，这是绝对要牢牢记住的。一个高明的管理者不但不会去计较本来就属于下属的功劳，有时还会故意把本属于自己的那份功劳贡献给下属。有付出就有回报，人与人之间的关系都是双向的，得到爱护和关怀的下属工作起来才会更加努力。

身为上级的管理者把自己的功劳让给员工，也许有人会认为这样损失太大而不值得做。但想成为一个合格的管理者，自己不去真心对待别人，别人怎么能够真心为他付出呢？

当然，一个管理者，当你将功劳让给员工时，千万不要要求员工对你报恩，也不要以恩人的态度自居，以避免员工的自尊心受到损害。如果员工因此在工作中产生了逆反和抗拒的心理，反而得不偿失。作为管理者，一定要有容人之量，因为金无足赤，人无完人。领导只有宽容待人，才能和下属和谐相处。俗话说："将军额上能跑马，宰相肚里可撑船。"这句话放到现代社会来理解，也是极富智慧的一句话。

所以说，管理者在工作中必须要有容人之量，对下属在各方面的表现和功劳分配上都不要斤斤计较，这样才有利于上下级之间建立起良好互信的工作关系。只有在这种工作氛围中，公司的每个员工才能释放出自己最大的能量。

一个优秀的管理者，肯定是一个有容人之量的管理者，而一个表现得小肚鸡肠、斤斤计较的管理者是不会受下属欢迎的。

不要和身边的人计较

一个人要想生活在快乐中，就一定要放宽心胸看世界，不能斤斤计较，特别是不要和身边的人计较，否则，很难获得人生的快乐。不计较，说起来是一件人生小事，但却反映出一个人的胸襟和情怀。

不计较，就没有锱铢必较的狭隘，你的心情就会坦然一些；不计较，就没有对手间的剑拔弩张，你与别人之间的关系就会和谐一些；不计较，得之淡然，失之泰然，心境平和一些，人生就会快乐很多。

人生中不如意的事情是随时随地存在的，比如说：无缘无故地，领导把你训斥一番；防不胜防地，评职称被人挤了名额；莫名其妙地，邻居把你痛骂一顿；糊里糊涂地，和老婆又吵翻了……你说气人不气人？无论是在工作中还是生活上，不如意的事情总像影子一样跟着你，给你带来了无尽的烦恼。

面对这些不如意的事情怎么办？是把它放在心上，时时折磨自己，还是不与它斤斤计较，坦然一笑，让它随风而去？我想聪明的人应该选择后者，因为计较是人生痛苦的开始，为了多与少的差别和人争吵不休；为了名与利的争斗和人反目成仇；为了一些琐碎小事和人大打出手……这样斤斤计较的结果只会让自己活得很累，找不到人生的快乐。

了凡禅师非常喜爱兰花，他在寺旁的庭院里栽植了几十盆各种各样的兰花。除了讲经说法外，他把余下的精力都投在了照料兰花上。庙里的和尚都说，兰花就是禅师的生命。

一天，禅师外出讲经，他让弟子在闲暇时给兰花浇水、除草。可是，弟子在侍弄兰花时一不小心把花架绊倒了，整架的盆兰都打翻在地，毁坏了很多兰花。弟子害怕极了，心想："师父回来看到心爱的盆兰被毁，肯定会大发雷霆。"

于是，这个犯错的小和尚就和其他师兄弟商量，等禅师回来后就赶紧认错。

奇怪的是，禅师回来后听说这件事，一点也不生气，反而笑着安慰弟子说："我之所以种植兰花，一是用它来供奉佛祖，二是美化寺院环境，可不是想生气才种兰花啊！凡是世间的一切都是捉摸不定的，不要纠结于一件事，这样你就会产生很多痛苦！"

在场的弟子们听了禅师这番话，对禅师更加尊敬佩服了。庙里的和尚都说，没有什么人能让了凡禅师生气。有人曾问了凡禅师："世人诽谤我、欺负我、侮辱我、厌恶我，怎么办？"了凡禅师回答说："你只需由他、任他、忍他，你看他怎么办。"有弟子向他诉说："山下有一恶人，经常向我吐口水，怎么办？"了凡禅师回答："你对他笑，对他施礼，你看他怎么办。"

了凡禅师从不和人计较什么，整天笑嘻嘻的。了凡禅师活了一百多岁，最后无疾而终。

可见，凡事不计较，这才是不纠结的秘诀。小和尚打破了大师心爱的盆兰，他却说："我不是想生气才种兰花啊。"他虽然喜欢兰花，但心中却没有兰花这个挂碍，这正是禅师胸怀宽阔凡事不计较的表现。

可是在生活中，能做到像了凡禅师这样凡事不计较、不纠结的人是少之又少。有些人总是把金钱、名利、权位这些物质的东西看得太重，凡事都喜欢计较，时刻算计着是你得的比我多，还是我得的比你少。这样斤斤计较的结果就是不仅和自己过不去，而且和别人过不去，既激化了矛盾，又弄僵了人与人之间的关系，失去了做人的快乐。

倩倩和男友准备结婚了，于是决定买一套婚房。他们跑遍了城市的各大楼盘，终于选定了一套总价120万元的现房。房价水平虽远高于两人的工资水平，但男友说了，他负责首付，倩倩负责装修和电器家具。男友家庭条件还不错，家里给他留了一套二手房，不久前刚卖掉就为了买婚房时付首付，那套房听说卖了60万元。

选好了房回家，倩倩十分高兴，想着终于能跟相恋六年的男友拥有自己的房子了，这是每天做梦都盼着的事情啊！每天早上，倩倩都是笑着从梦中醒来的。

在办理房子手续的那一天，男友准点到达，身后还跟着他的爸爸妈妈，倩倩想着可能是准公婆担心他们办不好手续，前来帮忙的吧。于是倩倩满脸笑容地迎上去，婆婆亲热地挽起倩倩的胳膊，她们一起走向服务台。

在办理手续时，工作人员问："房子写谁的名字啊？"有说有笑的四口人突然间冷场下来，倩倩觉得这是个很简单的问题，他和男友结婚房子当然是写他们两个人的名字，要不怎么是婚房呢？可男友却正为难地看着他爸妈。一时间大家陷入了一阵尴尬的沉默……

男友将倩倩拉到一边，低声告诉倩倩说，他的父母希望房产证上只写他一个人的名字，因为老两口竭尽所能凑了整整80万元，所以希望能写自己的名字落个安心，以免将来出什么差错。

听男友这么一说，倩倩明白了，可倩倩心想：按照两人的约定，房子一到手，她就得出钱装修买电器买家具，这也是一笔不小的开支呢，那怎么算呢？而且，两人结婚了，房贷肯定是两人一起负担，虽说余下的钱和首付的80万元相比不多，可40万元也不是个小数目呀。想到这里，倩倩有一种不被信任的感觉。

于是，当天房子的手续就没有办下来，后来倩倩父母在听到消息后也觉得非常生气，心想：我们把女儿都嫁给你们了，你们还这样计较，真是小心眼。

双方为这事见了好几次面。倩倩父母提出：如果房子只写男友的名字，那么房子后期的装修和其他一切开销都由男方承担才对，而男友父母却觉得装修至多也就花个20万元，比起80万元大少了，如果一定要写两个人的名字，那倩倩家应该也拿80万元出来。

就这样在来回争执中，倩倩伤心欲绝，他和男友之间的沟通越来越少，说不上三句话，话题就转到了房子的问题上，他们吵架的次数越来越多。后来，两个人都不堪重负，他们选择了分手。

一桩相恋了六年的婚姻最终因为房子问题搁浅了，这不能不说是个悲剧。问题的根源出在哪里？就是因为双方太过于计较了，尤其是男友的父母，把金钱看得太重，这样斤斤计较的结果只能是亲手毁掉了小两口的幸福生活，儿子女友最终以分道扬镳告终。

是呀，凡事不要斤斤计较，留三分余地给别人，其实就是留三分余地给自己。生活不是单纯的取与舍，也不是单纯的得与失。很多时候，我们都太喜欢计较了。为了名，为了利，为了一时之气，白白让自己身心负累。其实，快乐生活的秘诀就是不计较。不斤斤计较，该是你的，还是你的；不是你的，依靠计较得到，最终也会失去。

第三章
不抱怨

　　有些人似乎天生就爱抱怨，抱怨老板、抱怨同事、抱怨工资、抱怨客户、抱怨薪水太低付出太多……好像世界上就只有他是最不幸最倒霉的人，不抱怨他就没法过日子。可是抱怨有用吗？抱怨不但不能缓解所面临的窘境，不会解决你的问题，只能让你的生活越来越糟……停止抱怨吧！停止抱怨，或许你的生活马上就会改观。

第一节　抱怨是无能的表现

抱怨不能解决任何问题

抱怨，是最没影响力的语言。遇到困难、心情不好的时候，看淡一点，静静地思考一下面临困境的原因在哪里。当我们遇到困难的时候，每一个人都会或多或少地抱怨生活中的不公平。回想一下，我们在满腹牢骚时，能解决什么问题呢？

对上司满腹牢骚时，上司觉得像你这样的员工很难缠，公司的规定自有他的道理，奖金的分配也是有根有据的，你这样满腹牢骚，到底是对谁不满意呢？从此以后，一个不好的印象就留在他那里，这似乎对你没有什么好处，非但没有，你还有可能因为自己的一两句抱怨，在以后的工作中，失去更多升职和加薪的机会。

对于同事也是如此，你的牢骚满腹，只能让他们认为你这个人一点都不沉稳，稍微有一点不顺心，就会心怀不满。一个人想方设法让别人觉得自己有修养还来不及，为什么要用一两句毫无作用的牢骚，来毁掉自己好不容易才建立起来的良好形象呢？

公司要裁员，小文和小肖都被列在了解雇的名单上，按照公司的规定，被解雇的人员第二个月必须离开公司。

小文回家后，痛哭了一场，第二天到了公司，还是愤懑不平，她逢人就抱怨："我平时在公司干得这么卖劲，这么多人，凭什么要把我裁掉？公司真的是太不公平了！"

而且越到最后，话说得越难听，甚至有些话里的意思是，她之所以被裁员，是有人背后告了她的状。除此之外，她还把宣泄不完的愤怒都发泄在工作上，该她负责的工作故意拖延，甚至有很重要的数字文件也不认真处理。

小肖和小文的遭遇是相同的，但她态度却完全不一样。小肖虽然心情也很沉重，毕竟这是自己工作了多年的公司，而且待遇不薄，所以她没有向任何人抱怨，她觉得公司这样做也是不得已而为之。于是她暗下决心，先做好手头的工作，以后再寻找更好的机会。

在公司里，她在工作之余也会和同事们表示遗憾，说一些大家以后不能再在一起工作的话，并且及时地交接工作，以免自己走后给他们带来工作上的不便。

一个月后，公司却只通知小文一个人离开公司，人事主管的解释是："公司准备多留一个人，小肖在工作上仍然认真负责，且毫无差错，所以留下了她。"

不但在职场中，在家庭生活中也是如此，牢骚满腹，总是抱怨，会让家人没有安全感，也会让他们觉得你对他们来说不再是可以评判正确与否的标准，因为你总是吹毛求疵，对于他们认为没有问题的事情也挑三拣四，你的威信因此会大打折扣。

所以说，抱怨是最没有影响力的语言，遇到困难、心情不好的时候，看淡一点，静静地思考一下面临困境的原因在哪里，用什么方法可以解决。不但自己不发牢骚，还去安慰那些和你一样遭遇困境的人，这正是建立威望的好时机。

抱怨是负面情绪的宣泄

"我错了，我真的错了，我就不该嫁到这个地方来，我不嫁到这儿来，我的夫君就不会死，我的夫君不死，我就不会沦落到这么一个伤心的地步。"

看过电视剧《武林外传》的人，想必都会对同福客栈佟掌柜的这段唱词耳熟能详，这段唱词在整部电视剧中出现的频率之高，已经不能用一百以内的数字来计算。每每遭遇挫折，平日里乐观开朗的佟掌柜总会甩起水袖，掩住面庞，然后满是悔意和苍凉地用陕西腔调将这段话悲苦地吟出。

当你在电视机前为着佟掌柜动不动就进行的此类表白捧腹大笑时，是不是也从中看到了自己的影子呢？

女友莫名其妙地吵闹着向你提出分手、前两天还对你很是器重的上司突然之间便对你不冷不热、在平整的大马路上走着走着就一个趔趄扭伤了脚踝、一向精明的你在不经意间便被骗子那并不高明的手段玩弄于股掌之间……

在每个人的生命中，总是会猝不及防地遭遇到各种各样的光怪陆离之事，而负面情绪，便伴随着这些事情的出现汹涌而来，伤心、失落、愤懑、烦躁、难过、郁闷便也随之成了现代人的口头禅和常态。

约翰在华盛顿的一家大型电器企业工作。最初进入到这家企业的时候，他只是一家分店的一名普通员工，而他负责的工作，便是日常的货物搬运和店铺的清扫工作。

在这个岗位上，约翰勤勤恳恳地工作了十年。在这十年里，他无怨无悔地忍受着顾客的刁难、上司的责骂、同事的排挤、工作的挫折、妻子嫌弃的唠叨……

这十年过得很漫长，但因为他一直都在积极地追求着，因此还算是充实而平静。十年之后，约翰不再是那个默默无闻的小导购员了，他成了十几家连锁店的领导核心。而他在攀上事业顶峰的时候，却逐渐感到了失落。

在一个闲适的晚上，约翰夹着雪茄在新别墅的宽大阳台上回忆起了自己的辛劳岁月。在这十年中，工作似乎一直就是他活着的动力和核心，他把自己三分之二的时间都投入到了奋斗和数不清的应酬之中。

儿子出生的时候，他因为要参加一次重要的资格考试而没有陪在妻子身边；父亲突发脑血栓住院，而他自己却因为生意远在法国；亲人的生日派对，他从来都没有时间亲自参加，只是从蛋糕店订购一个生日蛋糕送去；十年来，他从没有和妻子共度过一次情人节，而陪着儿子去动物园的次数也寥寥无几……

想到这十年的付出和辛劳，现在拥有的名誉、金钱在他眼中突然变得一文不值，而这所装修华美的新居，竟也令他感到厌恶。

"我对现在的生活厌恶极了，从早到晚的工作，我没有一点时间去感受生活，去享受和家人在一起时的快乐。"

"我把那么多的时间花在了那些毫无意义的事情之上，比如整晚地陪着那些可能和我产生利益关系的客户喝酒、想方设法博得一些陌生人的欢心、参加上流社会那些无趣又喧嚣的晚宴、整夜地待在办公室里处理那些不着边际的数据，我没时间给儿子换尿布、没机会去参加他的家长会、周末的时候没办法和他一起在花园里打球，因为我必须陪我的客户打那些慢悠悠的高尔夫……我厌倦现在的生活，我觉得很累！非常累！"

在第三根雪茄快要抽完的时候，约翰深情而又有些愠怒地跟妻子发起了牢骚。牢骚过后，他便作出这样一个决定：辞掉工作，然后轻松平静地去过普通人的生活。

第二天，他便向上司提交了辞职申请，上司再三劝他再考虑考虑，可约翰态度坚定得仿佛十头牛都拉不回来。劝阻无效后，上司只好作出妥协："我不批准你辞职的要求，但我可以给你放个长假，在你想要工作的时候，我随时都欢迎你回来。至于辞职申请嘛，我先替你保管着，等你回来的那天，我再交还给你！"

"那随便你好了，如此枯燥无味的生活，我是再也不想重复了。"说完这句话后，约翰便洒脱地离开了上司的办公室。

离职以后，约翰便带着一些积蓄来到一个风景迷人的小岛上度假。这里的空气是那么清新，而人们的生活又是那样安逸，躺在温暖的海边，约翰甚至有了永远生活在这里的想法。

日子一天天地过去，十多天后，约翰却再也找不到初来岛上时的那种闲适和放松了，他突然开始怀念以前忙碌的日子，在这种情绪的主导下，海边轻柔的微风也让他觉得厌烦。

于是，他又开始了抱怨："这样的日子有什么意思，看着太阳从天尽头升起，然后便躺在海边等待着她慢慢落下，没有变化，也没有新意，百无聊赖……"

在这样的抱怨中，小岛上的诸多美好再也激不起约翰一丝一毫的兴奋。又忍受了五天的寂寥之后，约翰便回到了曾被自己唾弃的那个喧嚣俗世中，继续激情澎湃地投入到以前的工作里去了。

在负面情绪出现的时候，抱怨便是人们用来麻痹自己的一种逃避现实的方式。在负面情绪的影响下，很多自己曾经坚持的人生观和价值观在顷刻之间就变得一文不值。于是，值得抱怨的事情又多了些，生活便显得更加黯淡无光。

其实，当你被负面情绪左右的时候，那些牢骚、抱怨虽然可以让自己暂时放松，但它们却并不是你真正的需要。

当这种因为情绪波动而产生的美好希望被满足以后，你便无法再从中找寻到更多的满足感和幸福感了，而唯有在直面现实的时候，你才能在创造生命价值的过程里，找寻到自己真正的幸福和满足。

抱怨和逃避，只是一场负面情绪的喧嚣盛宴，看似庞大而隆重，但与追求和理想比较起来，却寡淡得没有任何意义。

抱怨是逃避现实的工具

世界上的爱抱怨之人，大体上可以分成两类：一类人是光说不做的空想者；另外一类人，便是想都懒得想，只知道一味埋怨世道不公的"全职"抱怨者。让我们来看看这两种人的人生是如何阻塞在抱怨里的……

在伦敦，有一个名叫克里斯汀的女孩子。她的父亲是当地一家声誉很高的大型医院的脑外科医师，母亲则在伦敦一所著名的大学里任教，克里斯汀便在这样一个可算得上是极其幸福的家庭中长大。

从克里斯汀懂事起，她便对演员这个职业有着异乎寻常的热爱，在很小的时候，她便常常学着电视里那些歌手的样子拿着麦克风摇头晃脑地唱歌，家人也总是被这个小人儿惟妙惟肖的表演逗得捧腹大笑。

在上初中之后，克里斯汀便更加坚定了自己想要当演员的理想，她觉得自己生来就具有当演员的天赋，因为她即使不说话，也可以用肢体表现出任何她想表达的意思，或诙谐，或深情。

朋友们都很愿意和她聊天，因为她极强的语言表达能力和丰富的表情与肢体语言总是能让别人感到轻松和愉悦。而且，克里斯汀还有一个绝招，那就是不管在任何场合，只要她愿意，她随时都可以流下眼泪。

她自己常说："只要有人能给我一次在镜头前露脸的机会，我一定会用我的笑容和表演征服所有的人。"克里斯汀想当演员的愿望很强烈，可在现实中，她却没有为自己的这个理想做过任何努力，因为父母虽然对她这个演员的职业规划不反对，但似乎也并不怎么支持。

而她自己呢，也不知道如何凭着一己之力去实现这个理想。日子一天天地过去，克里斯汀按着父母的想法和安排上高中、上大学、上研究所，然后在一所大学做讲师。

时间一天天流逝，克里斯汀距离自己曾经的梦想越来越远，而曾经的理想，只会在她工作不顺心或是心情郁闷时的牢骚声中出现："我本来可以成为一个像褒曼那样举世闻名的好演员，可我却生不逢时，没有遇到赏识我的人，长这么大，我居然连一次星探都没有遇见过……唉，演艺界没有人来挖掘我，我只好在教师这个岗位上耗费着我的青春和生命了……"

和那些忙着把所有时间和精力投入到为实现理想而努力奋斗的实干家比起来，空想者似乎有更多的时间和精力去发牢骚，在大谈理想之后，便忙着大叹现实的不平和与自己的格格不入。于是，理想便在这些空想家的抱怨和牢骚声中变得沉重起来，人生也似乎因为理想的沉重而变得充满了苦楚。

在现实中，空想者是根本不可能取得任何成就的，因为他们不敢或是根本就不愿为自己的理想而奋斗。他们所能做的，只是抱着那个永远都不可能实现的理想，也可以说是幻想期待着奇迹的发生。牢骚，也自然而然地变成了他们平衡情绪或逃避现实的工具。

抱怨是一种不良的习惯

长期的抱怨会侵蚀你的生理与心理健康。如果你没有学会给自己良性的心理暗示，至少不用不良的暗示来迫害自己。不分场合、不分对象地习惯性抱怨，什么都改善不了，还会失去原本可能到手的东西。

我们都知道，抱怨不是一种好习惯。在几千年前，荀子就说过："自知者不怨人，知命者不怨天，怨人者穷，怨天者无志；失之己，反之人，岂不迂乎哉！"

法国作家罗曼·罗兰也说过："应当让人懂得，他是世界的创造者和主人，对于世间一切不幸他都有责任，生活中美好的东西、荣誉也属于他。"因此，面对工作中暂时不完善的地方，我们最好不要牢骚满腹，不要怨天尤人，不要像裁判员、检察官那样居高临下地评判、抨击和指责别人，而应当看到自己的责任，拿出实干的精神和勇气来。

对工作和公司产生种种抱怨情绪，甚至采取一些消极对抗的行动，这是人的一种正常的心理反应。但是，一味地抱怨，不仅什么都改善不了，还会失去更多的东西。

有一位资深人士准备到一家新公司应聘，在众多竞争者中他的工作经验最丰富，学历最高，工作成绩也最显著。经过复试，他本已脱颖而出，却没想到最终被录用的竟不是他。

他很惊讶，到这家公司问个究竟，得到了这样的回答："的确，您的经验、能力是最突出的，但从您对您原来的公司的形容中，我们发现您是一个很喜欢抱怨的人，抱怨中午的工作餐不是人吃的，抱怨工作差、工资少，抱怨空有一身绝技却没人赏识……您口中的前公司那么差，而据我所知，我们两家公司的规模和体制差不多，我想您到我们公司来也一定会有同样的想法，所以……"

所有公司的领导都会认为，抱怨只是一种无能的表现。工作中不可能事事如意，也许暂时会有不顺，但不可能永远地失衡下去。只有将之化为动力，才能真正地提高工作效率，收到实际的效果，才会得到领导的认可。

某心理学家做过一个关于抱怨的心理测试，得出了这样的结论：如果你想抱怨，生活中一切都会成为抱怨的对象；如果你不抱怨，生活中的一切都不会让你抱怨。

有位成功人士说得好："就算生活给你的是垃圾，我认为，你同样能把垃圾踩在脚底下，登上世界之巅。"

何况，一味地抱怨不但于事无补，有时还会使事情变得更糟。所以，不管现实怎样，都不应该抱怨，而应该换种想法来思考问题，靠自己的努力改变现状并获得幸福。

比如，我们应明白骑在驴上找马这个道理。现在这份工作的经验，是你开始另一份更适合你工作的垫脚石。没有一份经历是全然失败的，这份工作至少让你多了一个总结经验的机会。"他山之石，可以攻玉"。在不断的调整中才有可能寻找到自己的最佳位置，可这个前提是，你得首先有个位置作为坐标。

不要浪费过多的时间在无聊的事情上。如果你的工作让你一点成就感也没有，那就赶紧想办法另谋高就，而不是不停地抱怨。抱怨不会提高你的口才，也不会让你得到什么有益的经验。只会使你浪费更多的时间，从而错失更多的机会。

另外，不抱怨就是给自己良性的心理暗示。心理暗示的作用是非常强大的，我们都知道良性心理暗示的正面作用，可很少去想不良心理暗示的负面作用。

当人忧郁、气愤、心情不佳时呼出的气体是有毒的，这个你知道吗？长期地抱怨会侵蚀你的生理与心理健康。如果你还没有学会给自己良性的心理暗示，至少你不应该用不良的暗示来迫害自己。

最后，也是非常重要的一点，如果你真的要发泄而抱怨，那么你必须要分清场合，看清对象，你可以和家人或知心好友说说，他们是真正关心你的人，会用心地倾听，并且可能会给你一些好的建议。切忌同那些交情一般且有工作关系的人去抱怨，否则，只会给你带来不利。

请记住：在工作中，没有什么是一成不变的。如果你不能适应，不能调整心态，就永远无法摆脱烦恼。一切都会变好的，你的生活也是美好的。对生活中的困难和人生中的困惑，只要你坚持乐观向上的态度，充满信心，咬紧牙关，少一点抱怨，多一些热爱，那么所有的美好都将属于你。

抱怨只会给自己增加痛苦

抱怨相当于赤脚在石子上走路，而乐观是一双结结实实的靴子。抱怨的人以为自己经历了世上最大的困难，却不知道听他抱怨的人也经历过这些，但是感受不同。抱怨是什么？抱怨就像烟头烫伤破气球一样，让别人和自己都泄气。

宽容地说，抱怨为人之常情。"居长安，大不易"，难道不允许别人说一说苦闷吗？

然而，抱怨不可取，就在于：你抱怨，等于往自己的鞋子里倒水，使行路更艰难。苦难是一回事，抱怨是另一回事。抱怨的人认为自己是强者，只是社会太不公平，这就如同说全世界的人都合伙破坏他的成功。

抱怨不同于坦然承认自己的失败。敢于承认失败的人，会赢得别人的尊重。而抱怨，是明明失败却把伤口装扮成花朵一般的庸人。人们本来容易同情弱者，由于抱怨的人气急败坏，反而会得不到别人的同情。

抱怨的人在抱怨后，心情会变得更糟，怀里的石头不但没减少，反而增多了。常言道，放下就是快乐，包括放下抱怨，因为它是心里很重但又无价值的东西。

人们往往倾心于那些乐观的人，实际上是倾心于他们表现出来的超然。生活需要的信心、勇气和信仰，乐观的人都具备。他们在自己获益的同时，又感染着别人。

乐观包括豁达、坚韧，让人觉得困难从来都不是生活的障碍，而是勇气的陪衬。和乐观的人在一起，自己也会得到乐观。

有一位美丽的妇人，带着她半生的积蓄，来到了一座大城市，准备在那儿开一家美容院，平平安安地过一生，谁料到，当她准备下火车的时候，钱却被小偷偷走了！她站在那里一下子就呆了！

可过了一会儿，她又想道：只不过是丢了钱而已，我并没有丢失我所有的一切啊！我还有朋友，还有家人，抱怨只会让自己的面容更加苍老而已！

后来，那位美丽的妇人终于借钱开了一家美容院，而且生意越来越火。因为人们相信，有这么美丽容颜的女人，她的技术肯定一流。最后，那个女人成了百万富翁。

瞧！多么豁达、聪明的女人！她懂得抱怨是于事无补的。其实，在你的生活中，只要像那位妇人一样，你也就成功了，因为你没有失去全部。想一想，这世界上还有那么多比我们更加困难、更加可怜的人们，他们不是照样活得好好的？所以，我们的思想要乐观，要乐观地去面对每一天，你真的就成功了！

许多人都抱怨过处境的艰难，发现无济于事之后便缄口了。抱怨相当于赤脚在石子上走路，而乐观是一双结结实实的靴子。

第二节　失败者才会抱怨

抱怨不能改变人生

吃了好多闭门羹之后，沮丧的独臂乞丐终于在一个炎热的午后，敲开了这座装饰精美的别墅的大门。来开门的是一个老太太，体态丰满，神态安详，独臂乞丐一看，便赶紧蹙起眉头可怜巴巴地向着老妇人开始了他那套说辞："您是个好心人，求求您给我点儿钱吧，天气这么热，我讨了一上午都没要来一分钱。"

看着脏兮兮的来人，老妇人并没有赶紧给他些钱然后厌恶地将其赶开，她只是不动声色地上下仔细打量起了乞丐："小伙子，我看你年轻力壮的，你干吗不凭着自己的力量去养活自己，却要在这儿低三下四地以乞讨为生呢？"

"用我自己的力量……怎么可能？我只有一只手臂呀……"乞丐边说边向老妇人晃动着那个空荡荡的袖管，"唉，都怪我命不好呀，你以为我喜欢现在的生活？我活得恶心死了，连只狗都不如，可我只有一只胳膊，我能干什么？除了这样将就活着，我还能怎么样？"乞丐对自己目前的状况显然很不满。

听了乞丐的牢骚，老妇人一言不发，只是打开院门，作出一个让乞丐进去的手势。乞丐疑惑地跟着老妇人进入院子里。这所房子显然建好没多久，外面虽然装修得很华丽，可院子里却乱糟糟的。

走到屋门口的一堆砖头旁边，老妇人停住了，扭过头来对独臂乞丐说："你要是能帮我把这堆砖头搬到花池旁边，我就给你钱！"

"什么？"听了老妇人的要求，乞丐不由得惊呼一声。他在心里抱怨道："现在的有钱人可真是抠门儿，跟我这样一个残疾人都这么较真儿！"

老妇人似乎看穿了乞丐的心思，但她并没有说什么，只是走到砖堆旁边，用一只手捡起一块砖头丢在花池旁边："你看，一只手也可以的！"

乞丐无奈，只好学着老妇人的样子用一只手搬运起来，可心里却叫苦连天。两个小时以后，乞丐终于把砖头移了过去。在他气喘吁吁地坐在地上再也不能动弹时，老妇人却端着一杯水笑盈盈地从房间里走了出来："来，小伙子，喝点儿水吧，这是你的酬劳，你拿好。"说完后，老妇人便把两百块钱塞到了乞丐手里。

"酬劳？"乞丐很是不解。

"对，你帮我干活了，这是给你的酬劳！不要再因为你身体的缺陷而抱怨了，看到了吧，你也可以养活自己的！"老妇人以一种毋庸置疑的口吻说。

独臂乞丐拿着钱，心灵却被深深地震撼了。他站起身来，向着老妇人鞠了一躬，然后便昂着头走出了大门。

多年之后，独臂乞丐因为他味美价廉的馄饨店而远近闻名。说起往事，他总要发出这样的感慨："是那位大妈的两百块钱让我找到了人生的目标，从那以后，我只想要靠我自己的能力养活自己！"

美国散文作家爱默生有句名言：靠自己成功。成功并不是天上掉下来的馅饼，砸到谁就是谁的。成功，是需要我们去努力、去搏击，然后用汗水和泪水促使其实现的。

在你因为理想难以实现而大发牢骚时，你要先静下心来想一想，自己是不是真的有什么远大而又切合实际的理想；即便你有了这样的理想，你也要认真思考一下，自己是不是为了理想的实现付出过什么。

抱怨起不到任何作用

生活中许多失业者，都有一个共同的特点，那就是充满了抱怨。失业的痛苦困扰他们的身心，使他们觉得自己仿佛被命运挤到墙角，其实是他们自己走到了命运的墙角，因此只有通过抱怨来平衡自己。然而，这种抱怨的行为恰好说明他们所遭遇的处境是咎由自取。

季某是北京一所名牌大学的毕业生，能说会道，各方面的表现都不同凡响。他在一家私营企业工作两年了，虽然业绩很好，也为公司立下了汗马功劳，可就是得不到老板的提升。

季某心里有些不平衡，常常感叹老板没有眼力。一日，和同事喝酒时季某发起了感慨："想我自到公司以来，努力认真，试图在事业上有所成就。我为公司建立了那么多的客户，业绩也很不错。虽然兢兢业业，成就人所共知，但是却没人重视、无人欣赏。"

世上没有不透风的墙，本来老板准备提升季某为业务部经理，得知季某之言，心里不是滋味，后来放弃了提升他。季某之所以得不到老板的提升，就在于他不了解老板的心理，而只是一味地从自己的利益出发抱怨老板没有识人之"能"。

抱怨是无济于事的，只有通过努力才能改善处境。人往往就是在克服困难的过程中，形成了高尚的品格。相反，那些常常抱怨的人，终其一生，也无法形成高尚的品格，自然也就无法取得任何成就。我们不妨假想一下，你喜欢与那些抱怨不已的人为伍，还是与那些乐于助人、充满善意、值得信赖的人一起共事呢？哪一种同事更受欢迎呢？

有时候，在工作中，碰到一些并非我们职责范围内的工作。只要我们站在公司的立场上，为公司着想，而不是置身事外，采取观望态度，那么，我们所做出的努力将会得到回报。

在现实中，我们难免要遭遇挫折与不公正待遇。每当这时，有些人往往会产生不满，而不满通常会引起牢骚，希望以此引起更多人的同情，吸引别人的注意力。

从心理角度上讲，这是一种正常的心理自卫行为。但这种自卫行为同时也是许多老板心中的痛。牢骚、抱怨会削弱员工的责任心，降低员工的工作积极性，这几乎是所有老板一致的看法。

许多公司管理者对这种抱怨都十分困扰。一位老板说："许多职员总是在想着自己'要什么'，抱怨公司没有给自己想要的，却没有认真反思自己所做的努力和付出够不够。"

对于管理者来说，牢骚和抱怨最致命的危害是滋生是非，影响公司的凝聚力，造成机构内部彼此猜疑，团队士气涣散，因此他们时刻都对公司中的"抱怨者"有着十二分的警惕。

抱怨的人很少会积极想办法去解决问题，不认为主动独立完成工作是自己的责任，却将诉苦和抱怨视为理所当然。其实这样的抱怨毫无意义，至多不过是暂时的发泄，结果什么也得不到，甚至会失去更多的东西。

一个将自己的头脑装满了过去时态的人，是无法容纳未来的。聪明的做法是停止计较过去，不要对自己所遭遇的不公正待遇耿耿于怀。现在一些刚刚从学校毕业的年轻人，由于缺乏工作经验，无法被委以重任，工作自然也不是他们所想象的那样体面。

然而，当老板要求他去做应该负责的工作时，他就开始抱怨起来："我被雇来不是要做这种活的""为什么让我做而不是别人"于是对工作丧失起码的责任心，不愿意投入全部力量，敷衍塞责、得过且过，将工作做得粗陋不堪。

长此以往，嘲弄、吹毛求疵、抱怨和批评的恶习，将他们卓越的才华和创造性的智慧悉数吞噬，使之根本无法独立工作，成为没有任何价值的员工。

一个人一旦被抱怨束缚，不尽心尽力，应付工作，那么在任何单位里都将自毁前程。抱怨是失败的一个借口，是逃避责任的理由。这样的人没有胸怀，很难担当大任。

抱怨和嘲弄是慵懒、懦弱无能的最好诠释，它像幽灵一样到处游荡扰人不安。如果你想有所作为，如果你想让自己变得优秀，不妨在遇到不公或是心情郁闷想要发泄时多问一下自己"我抱怨什么？有什么可值得我去抱怨的"，然后平静地将答案告诉自己。

一些人遇到困难的时候，总觉得如陷深渊而不能自拔，只有通过抱怨来平衡心态。然而，抱怨是没有任何意义的，只有艰苦努力才能够改善环境。高贵品格的形成，往往就是在人们克服困难的过程中。而那些总是在抱怨的人，终其一生恐怕也无法培养出真正的勇气和坚毅的性格，因此也就无法获得成功。

没有人愿意与抱怨不已的人为伍，大多数人更倾向于与那些乐于助人、亲切友善并值得信赖的人在一起。在工作中也是如此，很少有人因为脾气坏以及抱怨等消极情绪而获得提拔和奖励。

现实生活中，确实有些人承受了巨大压力，或者是来自各方面很不公平的对待，但这都不能成为抱怨的理由。从另外一个角度看，如果我们用一种宽广豁达的心态来对待它，把它当成是对成功者的一种考验，我们将收获到更多。

抱怨是没有意义的，最多只是一时的发泄，什么也得不到，甚至还会失去更多东西。宽容是一种成熟的标志，作为一个成熟的人，聪明的做法是停止去计较过去的事，不要再对自己遭遇的不公正待遇而耿耿于怀。

抱怨让你一无所有

在我们的一生之中，大部分的时间与精力都投入到了工作上。每份工作都有它的价值，我们在这个世界上找到什么样的工作，我们便会过着什么样的生活。

工作是我们赖以生存的基础，是陪伴我们安然行走在人生大道上的重要保障。因此，对我们来说，一切合法的工作都值得我们去尊重，一切值得我们尊重的工作都有它不容轻视的价值。

通泰电子集团首席执行官的约翰·克林斯顿在向外界介绍他的成功秘诀时说："我并不认为自己有多么优秀，我只是经常对自己的员工强调，在公司中无论你是什么身份，干着什么样的工作，不管是CEO，还是普通员工，都必须记住一点，否定自己的劳动是个巨大的错误，只有看重自己所从事的工作才会有发展。"

现在，有很多人认为自己所从事的工作只能勉强生活，在人生事业上无足轻重。正是这样的态度严重地限制了他们的人生价值，阻碍了他们事业的发展。他们置身于自己所从事的工作之中，虽然也将工作当成一种必须，但却认识不到工作的真正价值，日复一日、年复一年的辛苦劳作不过是为了生计。他们轻视自己的工作，对工作敷衍了事，总把心思放在怎样才能干一件大事来摆脱自己的现状上。这样的人怎么可能有大的发展！

著名的管理咨询专家蒙迪·斯泰尔在为《洛杉矶时报》所撰写的专栏中曾经说道："每个人都被赋予了工作权利，一个人对待工作的态度决定了这个人对待生命的态度，工作是人的天职，是人类共同拥有和崇尚的一种精神。当我们把工作当成一项使命时，就能从中学到更多的知识，积累更多的经验，就能从全身心投入工作的过程中找到快乐、发现机会，进而取得成功。当然，拥有这种工作态度或许不会有立竿见影的效果，但可以肯定的是，当'轻视工作'成为一种习惯时，其结果可想而知。工作上的日渐平庸，虽然表面上看起来只是损失了一些金钱和时间，但是对你的人生将留下无法挽回的遗憾。"

奎尔是一家汽车修理厂的修理工，从进厂第一天起，他就开始喋喋不休地抱怨：修理这活太脏了，没本事的人才干这样的活。一天到晚累个半死，浑身上下没一处干净地方，真是丢死人了。

如此，奎尔每天都在这种抱怨和不满的心情中度过。他认为自己的工作是一份很低等的工作，只是日复一日地在为一点可怜的工资出卖苦力。因此，他便慢慢地开始消极怠工。当同他一起进厂的同事将眼光盯着师傅手上的"活"时，他却窥视着师傅的眼神和举动，稍有空隙便偷懒耍滑，应付手中的工作。

几年过去了，当时同他一起进厂的三个工友，各自凭着自己的手艺和工作的劲头，或升职做了他的上司，或另谋高就有了自己的事业，或被公司送进大学进修。只有他，仍旧在抱怨声中，做着他自己蔑视的修理工。

奎尔的行为所造成的结果难道是一种偶然吗？相反，这是一种必然。作为员工，你幼稚地认为你对工作的轻视目光，会瞒得过老板的视线。老板们或许并不了解每个员工的具体表现，熟知每一项工作的细节。但他能作为你的老板，一定有他超出一般的能力和见识，或者因为经验，或者因为曾经在某方面卓有成效的努力。你轻视他给你的工作，他自然也会根据你对工作的态度，来设定你在公司的未来。这一点，天经地义。

在我们身边，奎尔这样的人并不少见。他们不尊重自己的工作，不将工作看成是创造人生事业的必由之路和发展人格的助力，而把它视作衣食住行的供给工具，认为工作是生活的代价，是无可奈何、不可避免的劳碌。

这样的错误观念，将他们的人生和事业都定格在一种永远被动的生活方式里。使他们不愿意奋力崛起，努力改善自己的生存环境。对他们来说，只有体面的工作才是真正的工作，只有从事有高薪的工作才能使自己致富。

岂不知任何伟大的工程都始于一砖一瓦的堆积，任何耀眼的成功也都是从一点一滴中开始的。这一砖一瓦、一点一滴的累积，都需要人们在工作中以尽职尽责的精神去完成。

好岗位、好工作人人趋之若鹜，普通琐碎的工作人人唯恐避之不及。但好工作和好岗位是从哪里来的呢？什么样的工作才算是普通琐碎的工作呢？

亨利和阿尔伯特是同班同学，两个人大学毕业后，恰逢英国经济动荡，都找不到适合自己的工作，便降低了要求，到一家工厂去应聘。恰好，这家工厂缺少两个打扫卫生的职员，问他们愿不愿意干。亨利略一思索，便下定决心干这份工作，因为他不愿意依靠领取社会救济金生活。

尽管阿尔伯特根本看不起这份工作，但他愿意留下来陪亨利一块儿干一阵子。因此，他上班懒懒散散，每天打扫卫生时敷衍了事。一次，两次，三次，老板认为他刚从学校毕业，缺乏锻炼，再加上恰逢经济动荡，也同情这两个大学生的遭遇，便原谅了他。

然而，阿尔伯特内心深处对这份工作抱着很强的抵触情绪，每天都在应付自己的工作。结果，刚干满了三个月，他便彻底断绝了继续干这份工作的念头，辞了职，又回到社会上，重新开始找工作。当时，社会上到处都在裁员，哪里又有适合他的工作呢？他不得不依靠社会救济金生活。

相反，亨利在工作中，抛弃了自己作为大学生、高等学历拥有者的身份，完全把自己当做一名打扫卫生的清洁工。每天把办公走廊、车间、场地，都打扫得干干净净。

半年后，老板便安排他给一些高级技工当学徒。因为工作积极，认真勤快，一年后，他成了一名技工。尽管如此，他依然抱着一种积极的态度，在工作中不断进取，认真负责。

两年后，经济动荡的局面稍稍稳定后，他便成了老板的助理。而阿尔伯特，此时，才刚刚找到一份工作，是一家工厂的学徒。但是，他认为自己是高等学历拥有者，应该属于白领阶层。结果，在自己的工作岗位上，仍然把活干得一塌糊涂，终于在某一天又回到街头，继续寻找工作。

今天工作不努力，明天努力找工作。一个不轻视自己工作的人，工作中任何一件琐碎和不起眼的小事，都会成为他成长和锻炼自己的机会。一个尊重自己所从事工作的人，根本无须为他的未来担心。

平凡的是工作岗位，平庸的是工作态度。无论你从事的工作多么琐碎，都不要看不起它。要知道，所有正当合法的工作都是值得尊敬的。只要你诚实地劳动，没有人能够贬低你的价值，你在工作中所能收获到的一切，完全取决于你对工作的态度。

一个人认为自己是怎样的，他便会朝着他认为的那个方向发展。一些人认为自己的工作很卑微，没有前景，之所以每天要去工作只是为了糊口。如果我们对工作缺乏热情，甚至消极怠工，工作自然不会使我们成功。

同样，如果我们认为自己能力有限，不能承担重任，因此在工作上只是不马虎行事，而从不去积极进取。这些想法就注定我们只能成为公司的二流员工，平平庸庸地过一辈子。

反过来，如果你认为自己很重要，自己的工作亦非常重要，便能在工作中不断总结经验，接收到一种积极的心理信息，从而帮助和促使我们把工作中的每一件事都做得更好。一件做得更好的工作意味着更多的升迁机会、更多的薪金、更多的权益，以及更多的发展空间。因此，一个人尊重自己的工作其实就是尊重自己。

抱怨让你失去机会

生活中，我们经常可以看见这样一些人，他们整日在不同公司之间穿梭，看起来很忙，但却不是在为工作而忙，而是在忙着到处寻找工作。他们曾经在许多公司任职，从事过不同的职业，能力不能说没有，但却被自己满腹的抱怨掩盖。

其实，他们所抱怨的东西并不是导致失业的最主要原因。恰恰相反，这种抱怨的行为正好说明，他们现在的处境——四处寻找工作，完全由自己一手造成。他们说："每天累死累活，只能拿到这么点钱，这算是什么工作。"

他们说："老板太抠门，干得再好有什么用？"

他们说："公司领导一个比一个差劲，这根本就是一个烂摊子，在这干得再久也翻不了身……"

他们就这样，抱怨公司的老板抠门；抱怨工作时间过长；抱怨公司管理制度严苛；甚至抱怨自己当初怎么会进这家公司……他们的这些抱怨，有时在管理者和被管理者固有的矛盾之间会得到一些实据，因而也许会受到一些善良之人的宽慰，使自己的内心压力暂时得到一定的缓解，并不能给公司造成损失而影响自己的发展。

但是，持续的抱怨势必会使人的思想摇摆不定，进而不能专注地工作，甚至敷衍了事。久而久之，问题自然就出现了，到那时即使你不炒老板的鱿鱼，老板也已将你排在了最应辞去的人之列。何况，如果你因此养成抱怨的习惯，想找到下一份工作，或者想在下一份工作中有所作为，将会是一件很难的事。这一点，凡是频繁换过工作的人都应该有深刻的体会。

《致加西亚的信》的作者阿尔伯特·哈伯德曾向一位聘用过数以百计员工的管理者请教，他是如何考察不同的应聘者的。这位管理者说："我招聘员工时，十分看重应征者如何评价自己刚刚离开的那家公司和以前从事的主要工作。如果前来应征的人只是说过去雇主的坏话，甚至恶意中伤，这种人我是无论如何也不会加以考虑的。"

抱怨使人思想肤浅，心胸狭窄，一个将自己头脑装满了抱怨的人无法容纳未来，也不会被未来容纳。

看看我们周围那些只知抱怨而不努力工作却在努力找工作的人吧，他们从不懂得珍惜自己目前的工作机会，总是抱着近乎愚蠢的奢望，以为下一个工作会更好。

他们不懂得，丰厚的物质报酬是建立在努力工作的基础上的。更不懂得，即使薪水微薄，也可以充分利用工作的机会提高自己的技能。他们在日复一日的抱怨中，失去一次又一次工作机会，任自己的大好年华白白流逝，使自己未得到良好增长的技能在飞速发展的现代社会变得一钱不值。

他们始终没有清醒地认识到一个严酷的现实：在竞争日趋激烈的今天，工作机会来之不易。不珍惜工作机会，不在自己现有的工作中努力，不管学历有多高，能力有多强，最终都会被庞大的失业队伍淹没。

小王大学毕业后便找到了一份不错的工作，同学、朋友都祝贺他，他开玩笑道："瞧瞧你们那点追求，这工作就算好了，这只是开头，好的还在后面呢。"

小王工作后，在公司附近租了一套房子，这时他的女友也找到了一份不错的工作，于是俩人决定合租。两个人两份工资，交完房租外，剩下的足够贴补生活之需，日子过得相当惬意。

可是好景不长，没过几个月小王就突然烦躁起来，从公司一回家就对女友诉说对公司的不满，抱怨公司领导层的无能，没几天就辞职另找了一份自己认为不错的工作，并将家也搬了过去。

如此几年后，他因不停更换工作，将家从南城搬东城，再从东城搬到北城，有时一年中光搬家就有好几次。她的女友开始还以为他真的没碰上好工作，还经常安慰他，让他不要着急。

后来越发觉得不对，也慢慢对他各种各样的抱怨产生了反感，终于在他又一次准备辞掉工作时，向他发出了最后通牒。

她说："咱们俩在一起这么几年，光工作你就换了七八个，每个你都说不行，难道这些公司真都像你说的那样不行吗？我看你干事就是虎头蛇尾，而且不愿意吃苦，别人住在东城都可以去北城上班，你为什么不行？"接着说："如果你这次再不坚持下去，我看我们也只能做普通朋友了。"

听了女友的话，小王不知如何是好，没几天就一个人搬了出去。原来，这次不是他不想坚持干下去，而是他没好好干公司要辞他，他不好意思给女友说实话，才说是自己想要辞职的。这样的事在他身上并不是第一次发生，却是第一次的无可挽回。

几个月后，小王在一家超级市场门口偶然碰到他的女友，女友问他最近怎样，他很尴尬地笑了笑说："现在要找一份好工作真是不容易，到处都是找工作的人，竞争很激烈。不过我刚找到一家还算合适的，虽工作性质和以前不同，工资也没有以前的高，但和我找的别的几家比起来已经很不错了。"

女友看到他这种情况显然不知道说什么。他急忙说："我得走了，这家公司约我两点半面试，我不能迟到。"

故事中小王的情况具有一定的普遍性。生活中像他这样因不努力工作而去努力找工作的人比比皆是，他们在一次一次的失业中降低了自己，使自己得到了应得的藐视。

人们说，赌博就像用两只碗来回倒一碗水，倒来倒去，只有一个结果：碗里的水越来越少。其实，因为自己不努力而频繁更换工作也一样，是用无数个碗来倒一碗水，最后能剩下什么可想而知。

现在社会上找工作的人越来越多，光北京一年大的招聘会就有几十场，每一场都是人满为患。据此，很多人认为，大多数人的失业是因为用人单位减少了对劳动力的需求，才使得很多很有能力的人无工可做。

事实真的是这样吗？当然不是，现在许多公司、机构里，有很多空缺职位没有合适的人填补。在报纸上，到处都有"诚聘职员"的广告，许多老板也正急切地想找到能为自己所用的人才。再者，一年几十场的大型招聘会本身也说明这种说法根本不能成立。

如果非要对此作出解释，那答案或许只有一个，所有的公司需要的都是那些受过良好的职业训练、具有非凡才干的人才和那些能够努力工作、积极进取的员工，而不是投机取巧，马虎轻率、嘲弄抱怨、朝秦暮楚的平庸劳动力。

迈斯曾经做过许多种工作，却一次次地沦落为一位可怜的失业者。他总是唉声叹气地对身边的人说："工作压力太大，生活负担太重。"他渴望能够获得一个有充分闲暇时间的工作，有时候他甚至将无所事事看成一种人生乐趣。

如此他换了很多种工作，但没一个能达到他要求的标准。于是他到中年时，仍觉得自己的生活苦不堪言，想改变却又无从着手，只好逢人便说："我怎么这么倒霉，这么多年连个像样的工作都找不到。"

一个人不停地抱怨只会浪费时间和精力，也就是恰在此时，机会已经从他们的身边溜走了。人都有好逸恶劳的习性，如果不是被环境所迫，多半都只会安于现状，不求上进。而当不幸真的降临时，他们却只会问："为什么倒霉的事总发生在我身上？"偏偏从不在自己身上找原因。

好工作不是找出来的，是干出来的。其实，我们每一个人一直都拥有成为优秀员工的潜能，一直都拥有被委以重任的时机，一直都面对升迁和加薪的大门。

但是，为什么一定要等到无路可走的时候，在遭遇人生的"晴天霹雳"之后，才试着改变自己的心态和做事方式呢？不要在平安舒服的日子里让光阴一点点溜走，不要在那里坐等"晴天霹雳"突然将你击倒。努力工作的人懂得，要把命运牢牢地掌握在自己手中，不给"晴天霹雳"击倒自己的机会。

有位哲人说过，只有拒绝成长的人，才会觉得成长痛苦不堪。上天通常都是先用温和的报警来提醒我们，但当我们对他的报警置之不理时，他老人家就会重重地敲下一锤来。

从平凡的工作中脱颖而出，一方面由个人的才能决定，另一方面则取决于个人的进取心态。这个世界为那些努力工作的人大开绿灯，直到他生命的终结。

抱怨破坏你的人际关系

我们在抱怨时，可能尝到获得注意力或同情的甜头，也可以回避去做让自己紧张的事；然而抱怨的行为也是双刃剑，将带来负面的影响。

"烦死了，烦死了！"一大早就听见王宁不停地抱怨，一位同事皱皱眉头，不高兴地嘀咕着："本来心情好好的，被你一吵也烦了。"

王宁现在是公司的行政助理，事务繁杂，是有些烦。可谁叫她是公司的管家呢，事无巨细，不找她找谁？

其实，王宁性格开朗，工作认真负责。虽说牢骚满腹，但该做的事情，一点也不曾拖延。设备维护、购买办公用品、交电话费、买机票、订客房……王宁整天忙得晕头转向，恨不得多长出几只手来。再加上她为人热情，中午懒得下楼吃饭的人还请她帮忙叫外卖。

刚交完电话费，财务部的小李来领胶水，王宁不高兴地说："昨天不是来过了吗？怎么就你事情多，今儿这个，明儿那个的。"抽屉开得噼里啪啦，翻出一个胶棒，往桌子上一扔，说："以后东西一起领！"小李有些尴尬，又不好说什么，忙赔着笑脸说："你看你，每次找人家报销都叫亲爱的，一有点事求你，脸马上就长了。"

大家正笑着呢，销售部的王娜风风火火地冲进来，原来复印机卡纸了。王宁脸上立刻晴转多云，不耐烦地挥挥手："知道了。烦死了！和你说一百遍了，先填保修单。"单子一甩，"填一下，我去看看。"王宁边往外走嘟囔："综合部的人都死光了，什么事情都找我！"对桌的小张气坏了："这叫什么话啊，我招你惹你了？"

态度虽然不好，可整个公司的正常运转还真离不开王宁。虽然有时候被她抢白得下不来台，但也没有人说什么。怎么说呢？她不是应该做的都尽心尽力做好了吗？

可是，那些"讨厌""烦死了""不是说过了吗"……实在让人听了不舒服。特别是同办公室的人，王宁一叫，他们头都大了。"拜托，你不知道什么叫情绪污染吗？"这是大家的一致反应。

年末的时候公司民主选举先进工作者，大家虽然觉得这种活动老套可笑，暗地里却都希望自己能榜上有名。奖金倒是小事，谁不希望自己的工作得到肯定呢？

领导们认为先进非王宁莫属，可一看投票结果，50多份选票，王宁只得了12张。

有人私下说："王宁是不错，就是嘴巴太厉害了。"

王宁很委屈："我累死累活的，却没有人体谅。"

有时，抱怨的确可以让人的情绪得到舒解，有益健康。但如果抱怨太多，就会使人厌烦。抱怨绝对不是好事，它不会为你带来多少正面的效益。

很多人不喜欢每天只知道抱怨的人。因为经常抱怨的人，生活的态度非常的消极，对任何事都处于不满意的状态。其实完全没有那种必要，无论怎么样的生活，都是自己必须要过下去的，何必不停地去抱怨生活呢？

长期抱怨的人，最后可能会被周围的人们放逐，因为每个人都发现自己的能量被这个抱怨者榨干了。他们喜欢抱怨的天性，把我们原有的怜悯变成了厌烦。相反的，有些面临严苛处境的人，却能保持乐观，不让自己感觉像是受害者。

我们更不喜欢看到一些人为了向其他人炫耀自己的某一方面，然后故意去抱怨一些事情，好像自己很了不起一样。说穿了，无论你怎么抱怨，这都是生活。生活意味着自己必须要过下去，何必为了自己不能得到想要的生活而抱怨地活着呢？坦然面对生活中发生的一切，才是人生。

第三节　摒弃抱怨走向成功

忍受不可避免的现实

正视自己遇到的难题，并以坦然之心去接受和改变它，这样便能使问题得到根本的解决。比尔·盖茨说过："要学会接受不可避免的现实，学着去应付缺陷带来的问题，并且不为此而抱怨。"

我们只能接受已经存在的事实并进行自我调整，怨天尤人不但能毁了自己的生活，而且会使自己精神崩溃。

我们要意识到，抱怨比缺陷本身对我们更有害。如果我们能把用来抱怨的一半时间和精力，用来解决由此带来的问题，那么我们就不会再有抱怨。我们会发现，原来以前的生活中，我们只学会了为问题而抱怨，而没有真正学会如何面对和解决问题。

有一次，著名小提琴家欧利·布尔在巴黎举行音乐会。在饱含深情的演奏过程中，小提琴上的A弦断了。一般来说，演奏者在这种情况下会停下来，换一把小提琴再演奏。如果不巧找不到另外一把适用的小提琴的话，这支曲子也就只好到此为止了。

但是欧利·布尔在这种情况下表现出了与众不同的天才：他用剩下的三根弦演奏完了那支曲子。

我们不去讨论欧利·布尔的精湛技艺，只看看他遇到问题时的镇定、从容。他教我们如何直面生命中的不足与缺憾：小提琴的A弦断了，就在其他三根弦上把曲子演奏完。任何人都有自己的缺点和弱点，但是区别在于，能不能实事求是地对待自己的不足，利用剩下的三根琴弦，拿出勇气去突破自己。

荷兰阿姆斯特丹有一座15世纪的教堂遗迹，里面有这样一句让人过目不忘的题词："事必如此，别无选择。"这和欧利·布尔的断弦之作有着异曲同工之妙。对待环境和外界的不利因素，我们要学会接受和改变，而不是每天面对着这些困扰抱怨和发愁。

从前，有一老一小两个相依为命的盲人，每天靠弹琴卖艺维持生活。一天，年老的盲人终于支撑不住，病倒了。他自知不久将离开人世，便把年幼的盲人叫到床前，紧紧拉着他的手，吃力地说了一番话。

年老的盲人说："孩子，我这里有个秘方，这个秘方可以使你重见光明，我把它藏在琴里面了。但你千万记住，你必须在认真地弹断第一千根琴弦的时候才能把它取出来，否则，你是不会看见光明的。记住，一定要认真地弹。"年幼的盲人流着眼泪答应了师傅，老盲人含笑离去。

时光荏苒，岁月如梭。小盲人用心记着师傅的遗嘱，不断地弹啊弹，将一根根弹断的琴弦收藏着，铭记在心。

当小盲人弹断第一千根琴弦的时候，当年那个弱不禁风的少年已经到了垂暮之年，变成一位饱经沧桑的老者。他按捺不住内心的喜悦，双手颤抖着，慢慢地打开琴盒，取出秘方。可是，别人告诉他，那是一张白纸，上面什么都没有。

泪水滴落在纸上，他却笑了。刹那间，他看见了，他看到了师傅的良苦用心，看到了他一生辛勤中的幸福。一千根琴弦的磨炼，日日夜夜的期盼，这些都是这无字秘方的真谛。

在这秘方的指引下，他坦然接受了命运的不公，在漫漫无边的黑暗探索与苦难煎熬中，他没有退缩，没有抱怨，他有的是现在的幸福和永远的希望。因为有了遥远的希望，他能沉下心来，看看近在眼前的幸福。这一千根琴弦，每一根都饱含着他的深情。

成功学大师卡耐基也说："有一次我拒不接受我遇到的一种不可改变的情况。我像个蠢蛋，不断作无谓的反抗，结果带来无眠的夜晚，我把自己整得很惨。终于，经过一年的自我折磨，我不得不接受我无法改变的事实。"

在美国东部有一所学校有着严重的困扰，因为它紧邻一个治安极差的贫民区，学校的玻璃经常被顽童打破，学生的车子总是失窃。"我们这么伟大的学校，怎能有那么糟糕的邻居。"愤怒的董事们开会商讨此事，当举手表决时，竟然一致通过："把那些不文明的邻居赶走！"董事们的方法很简单，以学校雄厚的财力把贫民区的土地和房屋全部买下，改为校园。

校园变大了，但是问题不但没有解决，反而变得更严重。因为那些贫民虽然搬走了，却只是向外移。隔着青青的草地，学校又与新贫民区相接，加上校园扩大难于管理，治安就更乱了。

董事会一筹莫展，头疼不已，于是他们请来当地的警官共谋对策。"当你们与邻居相处不好时，最好的方法不是把邻人赶走，更不是将自己封闭，而是应该试着去了解、沟通，进而影响、教育他们。"警官说。

警官的话没有嘲讽之意，可是校董们听后，却如芒刺在背。因为他们发现身为学府的董事，竟然忘记了教育的功能。他们相顾半晌，哑然失笑。

后来，他们设立了平民补习班，送研究生去贫民区调查探讨，捐赠教育器材给邻近的中小学，并辅导就业。还开辟部分校园为运动场，供青少年们使用。没有几年，这所学校的环境治安已经大大地改观，而那邻近的贫民区，也步入了小康。

我们要学会适应而不要抱怨不利的环境。对不可避免的现实的苦恼和抱怨，解决不了任何实际问题。只有正视自己遇到的难题，并以坦然之心去接受和改变它，才能使问题得到根本的解决。

命运中总是充满了不可捉摸的变数，如果它给我们带来了快乐，当然是很好的，我们也很容易接受。但事情却往往并非如此。有时，它带给我们的会是可怕的灾难。这时如果我们不能学会接受它，反而让灾难主宰了我们的心灵，整天抱怨老天的不公，那生活就会永远失去阳光。

看淡生活中的不平事

生活确实有它不公平的一面，绝对的公平是不存在的，世界不是根据公平的原则而创造的。

生活，有时候并不像我们想象的那样美好，它往往存在着许多的不公平。有的人，从生下来就显得那么顺利，干什么都一帆风顺，心想事成，没有什么坎坷，事业、爱情，都让人羡慕；而有的人，从生下来就注定是个倒霉鬼，生活的艰辛，事业的挫折，情感的失意，无不困扰着他，甚至有时连一个小小的打算都难得实现。

亨特遭到女友抛弃后去请教大师，他说女友提出分手一点伤感的情绪都没有，还活得好好的，对此他感到愤恨难平，他抱怨老天不长眼睛。大师非常诧异，问他为什么。

亨特回答："我们在一起时发过重誓的，先背叛感情的人在一年内一定会死于非命，但是到现在两年了，她却还活得很好，老天真是太不长眼睛了，难道听不到人的誓言吗？"

大师笑了，他告诉亨特，如果人间所有的誓言都会实现，那人早就绝种了。因为在谈恋爱的人，除非没有真正的感情，全都是发过重誓的。如果他们都死于非命，这世界还有人存在吗？老天不是无眼，而是知道爱情变化无常，我们的誓言在智者的耳中不过是戏言罢了。

"那我该怎么办呢？"亨特问。

大师没有直接回答他这个问题，而是给他讲了一则寓言：

"从前有一个人，用水养了一条非常名贵的金鱼。一天，鱼缸被打破了。这个人有两个选择：一个是站在水缸前诅咒、抱怨，眼看金鱼失水而死；另一个是赶快拿一个新水缸来救金鱼。如果是你，你怎么选择？"

"当然是赶快拿水缸来救金鱼了。"亨特迅速而理智地说。

"这就对了，你应该快点拿水缸来救你的金鱼，给它一点滋润，救活它，然后把已经打破的水缸丢弃。一个人如果能把诅咒、抱怨都放下，才会懂得真正的爱。"大师语重心长地对亨特说。亨特顿悟，面露微笑，欢喜而去。

生活中，即使我们遇到不公平的事，也不要整天怨天尤人，其实，抱怨也没有用，它丝毫改变不了你的境遇，只会徒然增加自己的烦恼而已。面对生活中不公平的人和事，学会包容显得尤其重要。只要我们能够平心静气，不被其所牵绊，不因它而抱怨，不公平自然会慢慢转变成公平。

你也许没有好的家境背景，但是你经过漫长的坚韧努力，最后获得了突出的成绩，这是由不公平变成公平；你也许这次没评上职称，但是你忍耐下来，从改进自己的工作入手，最后你成了公司独当一面的人物，这也是由不公平变成公平。

既然如此，你又何必对不公平耿耿于怀呢？人的心理常常受到伤害的原因之一，就是要求每件事都必须公平。其实，世界上根本就没有绝对的公平，所以我们不要事事都拿着一把公平的尺子去衡量。不要抱怨生活中的不平，如果你能够包容，看淡生活中的不平事，那么，这不平事也许会转变成公平之事。

公平的命运靠自己创造

强者的最大优势，就是他们从来没有对命运听之任之。他们从来不会抱怨命运的安排，而是自己站在命运驾驭者的位置上。

鲁迅曾经说过："真的勇士，敢于直面惨淡的人生。"每个人都有各种不足，但是敢于正视一切弱点，并有勇气自己去创造命运，那才是精彩的人生。强者们通过自身的努力，完成一次次的蜕变，给自己挂上一串串花环。

她叫张玉良，是一名青楼女子，后来有人把她赎了出来。恩人给了张玉良一个介质，她把它当做起跳点，奋力跃起，并最终成为世界级的艺术家，书写了一代传奇。

张玉良17岁的时候，遇到了潘赞化，即刚刚上任的安徽芜湖海关监督。张玉良有一种预感，她觉得这个男人可以救她。于是张玉良就冒着很大的危险去求潘赞化，让他帮忙把她赎出来。不知出于什么原因，潘赞化竟答应了她，并真的把张玉良赎了出来，纳为小妾。

张玉良跟随潘赞化到了上海，他们居住在渔阳里。由于张玉良喜欢绘画，就跟随邻居一位绘画教授洪野先生学习绘画，并考取了刚创立的上海美术专科学校，校长刘海粟将其名字改为"潘玉良"。这对她来说，意味着新生活从此开始。

潘玉良非常热爱艺术，她将艺术视为生命，每一张画卷，都倾注了她全部的心血。1921年，潘玉良留学巴黎。1927年，她习作的油画《裸体》获意大利国际美术展览会金奖。这次获奖奠定了潘玉良在画坛的地位。

结束了9年的国外漂泊的生活，潘玉良回到了上海，她先后举办了4次画展，这些画展震动了中国画坛。由于在家里不被潘赞化的太太接受，1937年，潘玉良借参加法国巴黎举办"万国博览会"和举办自己的画展的机会，再次离开了祖国。

作为外国人眼中有艺术天分的中国人，她的作品曾多次入选法国具有代表性的沙龙展览，并在美国、英国、意大利、比利时、卢森堡等国举办过个人画展，曾荣获法国金像奖、比利时金质奖章和银盾奖、意大利罗马国际艺术金盾奖等20多个奖项。

谁不喜欢将命运掌握在自己手中呢？那么，就从现在开始，锻炼你的把握能力吧。首先，让我们的头脑中充满积极和勇敢，要敢于面对生活的艰难。困难不过是人生的一个组成部分，是攀登高峰时必须经历的有益训练。

其次，将外部条件抛之脑后。优秀和平庸之间没有不可逾越的鸿沟。古希腊智者普罗太戈拉斯说："人是万物的尺度。"这里借用一下，"我是优秀的尺度"。

再次，敢于行动。命运就握在你的手里，如果你不信，握握自己的拳头，为自己加一次油，从跨越一个小障碍开始，你终会发现命运绝非你想象的一样桀骜不驯、不可一世。

海明威说过："一个人必须是这世界上最坚固的岛屿，然后才能成为大陆的一部分。"既然我们都喜欢公平，那么，我们就要及早地放弃对命运的抱怨，试着去创造命运，早日成就自己。

以平和的心态直面人生

适时调整自己，扼制抱怨，等待时机，是我们生存必备的修养。人生在世，谁都会有不顺心的时候，也会有突然跌落逆境的时候。人只有在千百次打击、磨炼之后，才会变得更加坚强、成熟。生于忧患，死于安乐。这是古人从大量历史事实中提炼出来的警句，直到今天，它仍以其深刻性启迪着人们。

当你一次又一次地碰壁，一次又一次地失败，一次又一次地受挫时，你可能会自问："现在应该怎么办？"甚至会抱怨，老天对自己为何如此苛刻？其实，此时的"绝境"并非真正的绝境，调节一下自己，也许你对整件事情的把握会有所改观。

英国劳埃德保险公司曾从拍卖市场买下一艘船，这艘船于1894年下水，在大西洋上曾138次遭遇冰山，13次起火，116次触礁，207次被风暴扭断桅杆，但是它从没有沉没过。

劳埃德保险公司基于它不可思议的经历和在保费方面带来的可观收益，最后决定把它捐给国家。现在这艘船就停泊在英国萨伦港的国家船舶博物馆里。

不过，使这艘船名扬天下的却是一名来此观光的律师。当时，他刚打输了一场官司，委托人也于不久前自杀了。尽管这不是他的第一次失败辩护，也不是他遇到的第一例自杀事件。然而，每当遇到这样的事情，他总有一种负罪感。他不知该怎样安慰这些在生意场上遭受不幸的人。

　　当这位律师在萨伦船舶博物馆看到这艘船时，他忽然有了一种想法，为什么不让他们来参观参观这艘船呢？于是，他就把这艘船的历史抄下来和这艘船的照片一起挂在他的律师事务所里，每当商界的委托人请他辩护，无论输赢，他都建议他们去看看这艘船。

　　因为这艘船的经历告诉我们：在大海上航行的船没有不带伤的，没有谁的生命旅程是一帆风顺的。就算屡遭挫折，我们依然要坚强地、百折不挠地挺住。

　　任何通向成功的道路，都布满了荆棘，并充满了数不清的辛酸与煎熬、艰难与困苦。可以这么说，所有成功者在获得成功之前都是失败专家。

　　在奋斗的征程上，有的人只走了几步便回头了，成为一个哀怨忧愤的小人物，湮没在茫茫人海中；有的人走得稍远一点，但是也没有坚持下来，因为多次的失败令他焦头烂额，抱怨声起，于是打了退堂鼓；有的人走得更远一些，甚至走到了离成功只差很小一步的地方，而此时必定是他人生中最黑暗的时刻。

　　只要能够再走出那么一小步，成功就将属于他。所以，我们应如这种人一样，千万别让一时的抱怨阻挡我们跨出那一小步。

　　大学毕业后，有一个年轻人到一家外资单位上班。他的工作有点像秘书，但大家都叫他"助理"。他从大学里的一个学生领袖到做别人的"助理",心里很难受。特别是老张、小李等人动不动就唤他去打杂时,心中就有一股无明火。他觉得很没尊严,自己又不是奴才,凭什么被他人指挥着干这个又做那个。

不过,事后冷静一想,他们并没有错,自己的工作就是这些"一地鸡毛"。刚进公司时,王经理也事先对他这么说过,但一涉及具体事情,他的情绪就有点失控。有时咬牙切齿地干完某事,又要笑容可掬地向有关人员汇报说:"我做好了!"有几次还与同事争吵起来。从此以后,他的日子更不好过了,孤傲不成,倒是孤独了。

一天,女秘书小吴不在,王经理便点名叫他到他办公室去整理一下办公桌,并为他煮一杯咖啡。年轻人硬着头皮去了,王经理一眼就看出他的不满,便一针见血地指出:"你觉得很委屈是不是?你有才华,这点我信,但你必须从起点做起!"

年轻人心里一惊,"他竟懂我心!"他笑了笑,表示感谢。经理叫他先坐下来,聊聊近况。可没有椅子呀!他总不能与经理并排坐在双人沙发上吧?经理到底在开什么玩笑?

这时,王经理笑着意有所指地说:"心怀不满的人,永远找不到一把舒适的椅子。"看到经理如此亲切和蔼,年轻人放松了许多,他心里想:"原来,王经理不像一个'剥削者',他更像自己的一个合作伙伴,只不过,他是长辈,我需要尊重他。"

手脚忙乱地弄好一杯咖啡后,年轻人开始整理王经理的桌子,其中有一盆黄沙,细细的,柔柔的,泛着一种阳光般的色泽。他觉得奇怪,心想:"这干吗用的?又不种仙人球,这人真怪!"

王经理似乎看出他的心思,伸手抓了一把沙,握拳,黄沙从指缝间滑落,很美!他神秘地一笑:"小伙子啊,你以为只有你心情不好，有脾气，其实，我跟你一样，但我已学会控制情绪，不再抱怨……"

原来，那盆沙是用来消气的，是经理的一位研究心理学的朋友送的，一旦他想发火时，可以抓抓沙子，它会舒缓一个人的紧张、激动的情绪。

朋友的这盆礼物，已伴他从青年走向中年，也教他从一个鲁莽的少年打工仔，成长为一名稳重、老练、理性的管理者。王经理说："先学会管理自己的情绪，才会管理好其他的人。"年轻人的心一下子爽朗了许多，他也忍不住抓了一把那黄金般的沙子。

适时调整自己，扼制抱怨，等待时机，是生存必备的修养。中国有一句古话"十年河东，十年河西"，就是说目前虽然处于不幸的环境中，但是终究会有峰回路转的一天。此言提醒人们要学会忍受现在的痛苦，等候时来运转。

在漫长的人生旅途中，失败和挫折在所难免。与其不断地抱怨命运的不公，不如在在失败中看到自己的不足，不断地调整方向，改变策略，直到前面露出希望的曙光。把一次次的失败看成重新开始的机会，把失败当做一条寻找通向成功的台阶，把沿途的所见所闻当做特别的风景来欣赏，这该是多么美丽的事情啊！

与其抱怨，不如行动

不要抱怨上天不公，是英雄总有用武之地。你被淘汰，只能证明你的准备不足。《诗经》中有一篇标题为"鸱鸮"的诗："迨天之未阴雨，彻彼桑土，绸缪牖户。今此下民，或敢侮予！"

意思是说：趁着天还没有下雨的时候，赶快用桑根的皮把鸟巢的空隙缠紧。只有把巢坚固了，才不怕人的侵害。后来，大家把这几句诗引申为"未雨绸缪"，意思是说做任何事情都应该事先准备，以免临时手忙脚乱，这就叫心动不如行动。

人生如风云变幻，想要以后不后悔，就要未雨绸缪，行动为先。民谚有云"囤谷防饥"，说的就是这个意思。一切都要尽早开始，做好准备，才能安然享受艳阳的高照，才能在暴风骤雨中有惊无险。

寒号鸟的故事人尽皆知。阳光明媚时，它忙于歌唱，非常自得地欣赏着自己嘹亮的歌喉。看到别人辛勤劳动，它反而嘲笑不已，好心的鸟儿提醒它说："快垒个窝吧！不然冬天来了怎么过呢？"

寒号鸟不以为然："冬天还早呢，着什么急！"然而，冬天眨眼就到了，鸟儿们晚上躲在自己暖和的窝里安乐地休息，而寒号鸟却在寒风里冻得发抖。它也忏悔，但是过了寒夜，迎来朝阳，它就又忘记了垒窝的大事。

就这样，日复一日，它在滴水成冰的冬夜被冻死了。事情已经明显地摆在了眼前，寒号鸟都不愿意去做，那它只有抱怨天气寒冷，等待死亡的惩罚了。

世界上最可悲的一句话就是："曾经有一个非常好的机会，可惜我没有把握住。"遗憾的是，这种事情在很多人身上都发生过。其实，机会对我们所有人都是平等的，它有可能降临在我们每一个人的身上，但前提是在它到来之前，你一定要做好准备，做到未雨绸缪，这样你才不会再被抱怨缠身。

鼹鼠是完全生活在地下的地鼠，它们擅长在地底挖洞，挖的不只一条，而是四通八达、立体网状的坑道。要挖出这样的坑道当然很辛苦，但一旦完成，它们就可以守株待兔地等食物上门。

同样，在地底钻土而行的蚯蚓、甲虫等，常会不知不觉闯进鼹鼠的坑道中，被来回巡逻的鼹鼠捕获。鼹鼠在自制的网状坑道里绕行一周，就可以抓到很多掉进陷阱的猎物。如果俘获的昆虫太多，吃不完的就先将它们咬死，放在储藏室里。有人就曾在鼹鼠的储藏室里发现数以千计的昆虫尸体。

　　鼹鼠的生活哲理就是先花些时间，做好完善的硬件设施，未雨绸缪，这样才有安逸清闲的日子可过。只有这样，才不会因为没有食物而抱怨。我们在惊叹动物的精明的同时，也会看到自身的不足。

　　很多糊涂人，处于养尊处优环境中的人，或者侥幸经历过一两次幸运事件的人，总以为食物是充足的，未来是美好的，没有什么可担忧的，于是就在守株待兔中，优哉地蹉跎了岁月。等到要用真功夫时，才发现自己什么本事都没有。相反，有所准备的人，才能安然享受命运的垂青。

　　2005年西甲赛场上，一位神奇的门将赫然出世，他就是西班牙的卡梅尼。那个赛季，卡梅尼6次扑点球成功，而罚球者都是声名显赫的球员，如托雷斯、罗纳尔多、巴普蒂斯塔和洛佩斯等。

　　2007年，尽管卡梅尼才20出头，但他已经成了西甲不折不扣的"扑点球大师"。对于扑点球，卡梅尼有着自己独特的理解："罚点球就像西方的决斗，是两个人之间的决斗。要想战胜对手，你就必须了解对手，了解对手使用什么武器，知道对手会往哪个方向踢，会踢半高球还是低平球。"

　　当人们惊叹于卡梅尼的扑点球天赋时，他的老师——西班牙的守门员教练恩科马透露说："做到这一点，卡梅尼付出了极大的努力。卡梅尼每场比赛之前都要观看无数的录像带，尤其是对手罚点球的录像带。在走上球场之前，卡梅尼其实早就知道，对方阵中谁会主罚点球，主罚点球的人是左脚还是右脚，喜欢往左边踢还是往右边踢。"

正因为这样，西班牙足球俱乐部已经宣布，联赛结束后的第一件事，就是给卡梅尼加薪并修改合同，全力保住这名天才门将。

我们听到很多人抱怨"这次升职没有我，那是因为老板偏心"或者"这次下岗轮到我，我怎么那么倒霉"。

如果你问他们：为了这次升职，你做了哪些努力？为了这次不下岗，你弥补了哪些不足？他们就会哑口无言。

平常若不充实学问，临时抱佛脚是来不及的。不要抱怨没有机会，平时没有积蓄足够的常识与能力，即使让你升职，你能胜任吗？不要抱怨上天不公，是英雄总有用武之地，你被淘汰，只能证明你的准备不足。

谁不想自己有一个精彩的未来人生？可是精彩的人生不会自己主动走过来，我们所需要的就是要未雨绸缪，打好基础，为美好的未来做好充足的准备，然后坦然地走向未来。

人生课堂
为人三会
——会说话，会办事，会做人

张 洋◎编著

民主与建设出版社
·北京·

© 民主与建设出版社，2019

图书在版编目（CIP）数据

人生课堂 / 张洋著 . -- 北京：民主与建设出版社，

2019.7

ISBN 978-7-5139-2507-5

Ⅰ . ①人… Ⅱ . ①张… Ⅲ . ①人生哲学—通俗

读物

Ⅳ . ① B8421-49

中国版本图书馆 CIP 数据核字 (2019) 第 098582 号

人生课堂
RENSHENG KETANG

编　　著	张　洋
责任编辑	刘树民
封面设计	三石工作室
出版发行	民主与建设出版社有限责任公司
电　　话	（010）59417747　59419778
社　　址	北京市海淀区西三环中路 10 号望海楼 E 座 7 层
邮　　编	100142
印　　刷	三河市天润建兴印务有限公司
版　　次	2020 年 1 月第 1 版
印　　次	2021 年 3 月第 4 次印刷
开　　本	880 毫米 ×1230 毫米　　1/32
印　　张	15
字　　数	528 千字
书　　号	978-7-5139-2507-5
定　　价	108.00 元（全 3 册）

注：如有印、装质量问题，请与出版社联系。

目　录

第三章　会做人

第一章
会说话

　　说话或许人人都会，但要会说话却很难，不是任何人都能把话说好，也不是谁说的话别人都爱听。事实上，古往今来，不通说话之道者，一般都难成就大事，而能成大事者，一定在语言方面具有其独特的能力。

第一节 说话的深奥艺术

说话是一门语言艺术

说话是人际沟通的主要手段。利用言语交流信息时，只要参与交流的各方对情境的理解高度一致，所交流的意义就损失得最少。特别是言语沟通伴随着合适的副言语和其他非言语手段时更能完美地传达信息。

人们说话的音调、强度、速度、停顿、升调、降调的位置等都有一定的意义，它们成为人们理解言语表达内容的线索。这些伴随言语的线索称为副言语。

同一句话加上不同的副言语，就可能有不同的含义。例如"你想到美国去"这句话，如果用一种平缓的声音说，可能只是陈述一种事实；如果加重"美国"这个词，则表示说者认为去美国不明智；如果加重"你"这个词，就可能表达对那个人是否能独走他乡的怀疑了。

研究副言语存在的一个困难，就是这些线索一般没有固定的意义。人们都清楚"美国"意味着什么，"想去"意味着什么，但是对于伴随他们的副言语的意义，人们的理解可能不一致。

对某些人来说，停顿可能意味着强调。对另一些人来说，或许意味着不肯定。研究表明，嗓门高可能意味着兴奋，也可能意味着说谎。副言语的特定意义依赖于交谈情境以及个人的习惯和特性。

社会心理学家研究言语沟通的重点，放在说者和听者是怎样合作，以及对信息的理解是怎样依赖于沟通情境和社会背景的。言语沟通要遵循一定的规则，这些规则通常是不成文的共同默契。

谈话规则在不同社会、不同文化、不同团体和不同职业之间有所差别，但也有一些普遍性的规则。例如，一方讲话时对方应注意倾听；不要轻易打断对方的谈话；一个时间只能有一个人讲话，另一个人想讲话，必须等别人把话讲完；要注意用词文雅；等等。

在实际的言语沟通中，根据内容和情境的需要，谈话的双方还必须有一些特殊的交谈规则。例如，一个计算机专家给一个外行人介绍计算机知识时，要少用专业术语，而多用通俗性的语言，多打些比喻。至于谁先讲，什么时间讲，讲多长时间，怎么讲等，都要与沟通的各方进行协调。

交谈中还有一种更重要的协调，即说者的意思和听者所理解的意思之间的协调。如果说者所使用的某个词有好几种意义，而在这里指某一个意义，那么听者只能在这个特定的意义上去理解，否则沟通就会遇到困难。

社会心理学家在研究人际沟通时，尤其看重语言所表达的意义的分析。语义依赖于文化背景和人的知识结构，不同文化背景的人所使用的词句的意义可能有所不同。即使在同一文化背景下，词句的意义也可能有差别。哲学家对"人"的理解和生理学家对"人"的理解往往有差异。

为了区分词义上的差别，心理学家把词义划分为基本意义和隐含意义两种。例如"戏子"和"演员"，这两个词都是指从事表演活动的人，但两者的隐含意义不同，戏子含有贬义，而演员则含有褒义。词的隐含意义，主要是情绪性含义，在人际言语沟通中起着重要的作用，使用不当会破坏沟通的正常进行。

语义的理解还依赖于言语中的前后关系和交谈情境。研究表明，要理解脱离前后文孤立的词是很困难的。人们容易听清一个成语却不太能听清一个孤立的词。语义和情境的关系更为密切，"戏子"这个词如果在朋友间打趣时用，可能含有褒义。

自古至今，语言充满着独特的魅力和无穷的力量。它作为人际交流必不可少的工具，在人类历史的长河中一直发挥着不可替代的作用。说话是一门艺术。还有很多方面需要我们慢慢斟酌，慢慢学懂。学会游刃有余地说话，才能处理好各种人际关系，为人生增添些许惬意。

说话技巧是立身之本

会说话是一个人的立身之本，20世纪著名励志专家卡耐基先生曾说："假如你有好的口才……就可以结交好的朋友，可以使人家喜欢你，使你获得满意的结果，可以开辟前程；假如你是一名教师，你的口才就可以增加学生学习的热情；假如你是一个店主，你的口才就能帮助你吸引顾客；假如你是一个律师，你的口才便能吸引一切诉讼的当事人。"

这话一点也没有错。这个世界上每天都会有许多人因为巧舌如簧而擢升了职位，获得了名利；也有许多人因为口吐莲花、妙语连珠而赢得了他人的喜爱，赢得了社会地位；当然，也有许多人因为口笨舌拙、词不达意而四处碰壁，心灰意懒。我们的一生，有太多的成败直接囿于口才的好坏，那么，还犹豫什么呢？振奋起来，做一个会说话的人。

国外曾有一家旅馆老板测试三名男性应试者，问："假如你无意中推开房门，看见女房客正在淋浴，而她也看见你了，这时，你该怎么办？"

甲答："说声'对不起'，然后关门退出。"这个对答无称呼，虽简洁，但不符合侍者的职业要求，而且也没使双方摆脱窘境。

乙答："说声'对不起，小姐'，然后关门退出。"这个称呼准确，但不合适，反而加深了旅客的窘迫感。

丙答："说声'对不起，先生'，然后关门退出。"

结果，丙被录用了。为什么呢？因为他这种故意误会的说法，维护了旅客的体面，非常得体、机智，表现出一个侍者应该具有的职业素质和应变能力。

这就是口才的艺术。它能改变场景的尴尬，改变一个人的际遇，甚至一生。在第二次世界大战时期，美国人曾经把"舌头"、原子弹和金钱称为不可战胜的三大战略武器，进入21世纪又把舌头、金钱和电脑视为经济发展和社会进步的三大战略武器。那么，口才真的能有如此大的力量吗？

1984年9月，苏联外长葛罗米柯访问白宫时，曾开玩笑似的对第一夫人南茜说："请贵夫人每天晚上都对里根总统说句悄悄话——和平。"言外之意是里根总统头脑不够冷静，往往做出有损于世界和平的事。对此，南茜回敬说："我一定那样做，同样地，希望你的身边也能常常吹出这样的'枕边风'。"葛罗米柯听后，心领神会地讪讪一笑。

人各有立场，如果葛罗米柯与南茜夫人都冲动地、直截了当地阐明自己的立场，恐怕两国的交往就不那么平静了。因此他们都选择了将尖锐的批评用委婉含蓄的语言包藏起来，抛向对方，不显山不露水地进行此番较量。这就是语言的力量，含蓄之中藏着三寸钢针。它能改变邦国之间的敌对气氛，甚至能避免战争。

我国古人云："一言能兴邦，一言能丧国""一人之辩重于九鼎之宝，三寸之舌强于百万之师"，就充分证实了口才的力量。在不同的场合，口才发挥着不同的作用，我们应炼就良好的口才，观色而语，妙语连珠，做到"在官言官，在府言府，在库言库，在朝言朝"。也只有如此，才能在鱼龙混杂、尔虞我诈的社会中立身安本，脱颖而出！

说话一定要合乎逻辑

有了丰富实在的思想内容，只是具备了动听口才的基础条件。这些思想内容还要经过合乎逻辑的整理，才能靠口头传达出来。

与人交流，沟通思想，其实就是把心里的感觉、内在的意识整理传达给别人的过程，也是一个动脑思考、进行抽象思维的过程。因此，一个人的抽象思维能力如何，将很大程度上决定他说话是否准确严密，是否简洁清楚，而抽象思维能力也就是逻辑思维能力。做一个形象的比喻，如果把待讲的内容比作各种蔬菜和调味品的话，那么怎么烹调就要看厨师的手艺了，也就是说，要想会说话，合乎逻辑是关键。

什么是"合逻辑"呢？要讲清楚这个问题，我们还必须首先对逻辑这个词进行简单的说明。逻辑是一个外来词,源自希腊语。同时它又是一个多义词,至少有如下四个义项:客观事物的规律;思维的规律;研究思维形式及其规律的科学,即逻辑学;某种理论或说法。我们这里所说的逻辑,是指思维的规律。比如,我们说一个人的讲话不合逻辑,就是指他说话不合乎人们的思维规律。

思维是人的认识的理性阶段,是人的大脑对客观事物间接而概括的反应。我们都知道,人的认识分为感性认识和理性认识。感性认识是认识的初级阶段,是对客观事物的现象、部分和外部联系的反应。它的形态是感觉、知觉和表象。

而理性认识阶段是人们经过对感性材料的加工整理,产生认识的飞跃,形成概念、判断和推理,从而把握住事物的本质和规律,也就是思维的阶段。人们认识和改造世界,需要多种能力,而其中最重要的就是思维能力。

可以这么说,思维能力的高低,决定着人的其他能力,尤其是口语表达能力的高低。因为口语表达有其特殊性,要求人在极短的时间内组织好语言材料。因此,要想有良好的口才,就要注意提高自己的逻辑思维能力,培养自己良好的思维习惯。

人的大脑构造虽然一模一样,但是思维水平、思维品质却是各有不同,思考起问题来,有的正确,有的错误;有的严密,有的粗疏;有的开阔,有的狭窄;有的敏捷,有的迟钝。思维能力强,就是思维正确、严密、开阔、丰富、敏捷而高效。

一位年轻人想进入大发明家爱迪生的实验室工作。他对爱迪生谈了自己伟大的抱负:"我想发明一种万能溶液,它可以溶解一切物品。"爱迪生立刻故作惊奇地问:"那么,你用什么器皿盛放它呢？"年轻人立刻哑口无言了。

这位年轻人的思维包含了一个无法克服的逻辑矛盾，如果不是爱迪生敏锐地揭示出来，他可能会为此白白耗费一生的宝贵时光。语言的运用离不开思维，语言的恰当运用更离不开逻辑思维。如果思维混乱不合逻辑，语言表达就不可能清楚明白；而自觉地运用逻辑，则能够促进语言的严密准确、深刻有力。这里有一个小故事：

三位科学家从伦敦驱车前往爱丁堡。透过车窗，他们看到路旁有一只黑羊，于是科学家们议论开了。天文学家说："多有意思，苏格兰的羊是黑的。"物理学家反驳说："你的论断不对，应该说，有些苏格兰的羊是黑的。"逻辑学家仍然感到不妥当，纠正说："我们只能相信这一点：苏格兰的羊至少有一只并且至少它身体的一面是黑的。"

可见，说话严不严密取决于思维是否严密。要把我们的思想正确地表达出来，第一件事情是要讲逻辑。因此，在开始各种具体的研究之前，花些工夫学习点逻辑知识，可以让自己在提高说话水平的过程中获得更有力的思维武器。

鲁迅先生就是一个逻辑思维方面的天才，他的杂文，如同投枪、匕首，每一次出击都可以刺到敌人的最痛处。他非常善于抓住对手语言中的逻辑谬误，把对手驳得体无完肤。他的演讲同样也是深入浅出、周密妥帖，这些都反映出他语言逻辑造诣之高。

但是，正如鲁迅先生自己所言，"我不过是把别人喝咖啡的时间用在了工作上"。这句话当然有先生自谦的成分，但是也确实反映出他的勤奋程度。这就告诉我们，逻辑能力绝不是天生就具备的，而是自己刻苦勤奋的结果。

早在留学日本时期，鲁迅先生就钻研过逻辑学。在1907年发表的《科学史教篇》中，他就认为把演绎法和归纳法结合起来，真理才能昭然若揭。后来，除了在自己的文章和演说中使用炉火纯青的逻辑技巧语言表达，他还写了《论辩的灵魂》等十多篇杂文，可见先生对逻辑的重视与用心。

我们在这里强调的是：必须要重视逻辑训练。如果你擅长语言表达，那么逻辑知识可以令你锦上添花；如果你讲话时总是不知道从何说起，不知道怎样有条理地表达你的思想，那么你更应该从逻辑思维出发，有意识地进行自我训练。在这方面有了进步，那么你的收获绝不仅仅是拥有了出口成章的好口才，你一定会惊奇地发现，你看问题、做事情比以前少了份盲目和困惑，多了份自如和信心。

说话是交际的艺术

说话既是一门科学，更是一门艺术。在经济发展的现代，沟通的重要性正日益显现。在一个群体中，要使每一个群体成员能够在一个共同的目标下，协调一致地努力工作，就绝对离不开说话。

在每个群体中，它的成员要表示愿望、提出意见、交流思想；群体的领导者了解下情、获得理解、发布命令，这些都需要借助说话完成。

每个人生活在一个群体之中，而人际关系就成了你与社会交往的一根纽带。在现代社会中，不善于说话，便会失去许多合作的机会；而没有合作，单靠一个人或少部分人的努力，是不会成功的。

在说话时，人们不仅传递消息，而且还表达愉快之情，或提出自己的意见和观点。雄辩滔滔、口若悬河并不是沟通技巧的全部。

除此之外，说话还有广阔的领域。人们经常使用非言语方式，如面部表情、语音语调等，来强化说话的效果。

作为社会的一员，一生可能会与各种人打交道，这就需要掌握说话的艺术。在与人交谈时，要容忍别人的不同观点或意见。由于各人生活经验不同，学识各异，不管别人的观点或意见多么荒谬，自己要先听，并试着去容忍和接受。

说话时语义要明确，表达要清楚。无论自己的意见如何精彩，若想让别人领会，第一要求对方要"听"，第二就与自己的语义表达有关了。

说话既是技术，也是艺术。当两人吵嘴后让第三人评理时，我们常听到吵嘴者"我刚才不是这个意思""当时你如果这么说我就不生气"等推托之词。所以，很多时候在双方沟通中由于语义不明，难免会引起争吵。

在与别人讲话时要给予得体的反应。在人与人语言沟通时，要懂得用口语和肢体动作做出合适的反应，来引导对方更多的陈述。出现争端，不要使用讽刺或辱骂的话语。

交谈要在彼此尊重的情况下才能进行，如果互相存在排斥、拒绝的心理，那就不可能沟通了。在出现争端时，切忌在口头或肢体语言上表现出侮辱、讽刺、蔑视的态度。沟通中的双方不管是谁的颜面受到伤害，都会影响沟通的效果。

当自己的意见与对方发生冲突时，难免要发生争执。要切记，争论时要论事而不论人。彼此争论时，要针对此时此地的事做讨论，既不要重翻旧账，也不要把事情扩大化。

如果你是领导，与别人讲话时最好伴有实际行动。想劝人改变其态度或做法，不要先给予批评指责，而应理解对方的感受，给予恰当的帮助和指导，最好伴有实际行动。

我们常在工作中听到"批评了老半天，到底有什么具体的意见可提出来""光是批评、指责，说不定自己也不懂"等抱怨。就是说，提意见的人没有做出榜样，没有相应的操作。

如果你说话时不伴有实际的行动，就会使自己发表的意见不被接受，反而有时还会被误解，造成敌意，起不到沟通的效果。

善于说话的人，总是尽量把长处呈现在人们的面前，如伶俐的口齿，渊博的知识，温文尔雅的举止，甚至巧妙的妆容，都能成为追求成功的利器。

职场生存要借助口才

口才是职场生存与发达的资本，一个人职场生涯的成功与否，与自身的口才有着直接的关系。如果你拥有良好的口才，那么你就会很容易地为自己赢得比别人更多的发展机会，甚至会使自己的人生与事业光彩照人。

练就出一副口吐莲花的好口才，就可让你在职场中左右逢源、游刃有余、一帆风顺，甚至步步高升。在职场中打拼的每个人都想获得成功，谁都不甘于碌碌无为地度过自己的人生，好口才就是职场成功的利器与法宝。

从表面上看，说话很简单，张嘴言谈，人人都会。但是，要把话讲好，却很不容易，它是一门高深的学问。一个人要在复杂的职场中正确对待各种人和事，必然要学会说话。

会说话，就会让上下左右都对你满意并刮目相看。反之，则必然会处处碰壁，一事无成。许多时候，有些人吃了亏就是源于不会说话，不能管理好自己的嘴巴。

王利在某国家机关做办公室文员，她性格内向，不怎么爱说话。可每当别人就某件事情征求她的意见时，她每次说出来的话总是刺人，而且她的话中总是在揭别人的短。

有一次，同一部门的同事穿了件新衣服，别人都称赞"漂亮""合适"之类的话，可是，当那位同事询问王利感觉如何时，王利直接回答说："你身材太胖，不适合。"甚至还说："这颜色你穿有点艳，根本与你不相配。"

此话一出口，搞得当事人很生气，而且周围大赞衣服如何好的人也感到十分尴尬。因为王利说的话有一部分是事实，比如说该同事就是比较臃肿。

虽然有时王利会为自己说出的话不招人喜欢而后悔，可很多时候，她照样说些让人难以接受的话。长此以往，同事们就把她排除在集体之外，有了事也极少去征求她的意见。如今，王利自然明白大家不搭理她的原因。

由于职场人际关系的复杂性与岗位工作的特殊性，使得很多职场人在许多情况下，要想把话说好是极为困难的，比如批评上司、向同事提意见、点破别人谎言等，如果表述不当，方法不妥，极容易引发矛盾，甚至造成更为严重的后果。

张慧现在一家计算机公司做高级程序员，她之所以离开以前的公司，主要是因为她在同事跟前抱怨老板的话传到了老板的耳朵里，老板处处排挤她，逼得她不得不辞职走人。事情是这样的。一次，老板交给张慧一个难度很大的任务，并跟她事先声明："这件事难度大，你敢不敢承担，敢不敢接受挑战？"

尽管张慧明白自己的实力，但她觉得在公司众人中，老板主动找自己征求意见，说明老板器重自己，于是她一咬牙就接受了。由于老板给的期限较短，张慧没有按时完成任务，结果可想而知，张慧因此事遭到了老板批评，并受到了经济处罚。

"老板真过分，这么短的时间里，让我干那么难的活儿，我说做不了，可他非让我做，没做完还罚我。"事后，张慧对身边同事都这么抱怨。不久，老板又给她新任务，还好，这回张慧完成得相当顺利。

正当张慧高兴时，老板又把一个难度更大的任务交给她。并说："这里我是老板，下属只有服从，不许抱怨。我不养白吃饭的人，适应不了就走人。如果你这次再完不成任务，就要考虑是否该换一份自己力所能及的工作了。"

由上述可见，若想人生腾达，就要学会说话。若要职场顺利，必须重视口才的修炼，换句话说，就是要学会沟通。要想说好这类话，不仅需要很高的智慧和丰富的人生经验，更需要高水平的说话技巧。

只有我们深入分析了这种情况形成的原因，探讨应对这种场面的方法，提供在这种情况下把话说好的各种对策，掌握把话说好的技巧，就可以把同样的事用巧言来说，把难办的事用妙语作答。

职场中，赞美别人也是有学问的，只有恰当地赞美才能赢得别人的好感。比如当赞扬领导时，最好以"公众"的语气去赞美他们，同时也应把自己的赞美融入进去。某报社的张主编有一篇稿子在××报上发表了，小李不失时机地称赞："张主编，大家都在学习您的报道呢！我们都认为您报道的角度独到，大家都要向您请教呢！"张主编听了这番话后感到十分开心。

当你赞扬领导的时候要尽可能地使用中性的词语，需要记住的是：不要去用那些形容词以及副词，否则就极容易使领导者感到你言过其实，并且感到你比较虚浮，言不由衷。例如，一位领导常常自己动手写稿，秘书偶尔帮他准备稿子的时候，他也是事先把稿子的"思路"告诉秘书，供执笔人参考。

为此，秘书经常对他说："假如都像您这样当领导，我们都快失业了""别人都说写稿子是苦差事，然而，为您写稿子是美差事。"因为赞扬得非常美，非常灵妙，这位领导每次都开心地接受了。假如秘书说："您真的很有水平""别的领导跟您都没法比"，那么，这位领导就肯定会难以接受，最终也不会产生好的成果。

"说话"看似简单，但并非任何人都能把话说好且达到双赢的目的。如何能拥有好的口才，是职场中的我们都要面对的问题。也许你会认为，办公室只是工作的地方，取得成就要凭真才实学，与口才无关，这种想法是极其有害的，它可能影响到你的前途。

因为即便是简单地传达上司的指令，汇报自己的工作，与同事闲谈，也需要拥有良好的表达能力。有人说："人与人之间的矛盾并非心意不同，而是言不达意。"职场中，如果你不能准确、清晰地表达自己的意见或者不具备说服他人的能力，就很难做好工作以及得到上司的重用。

美国一家贸易公司的经理设计出了一个商标，并开会征求各部门的建议。经理说："这个商标的主题是旭日，象征着希望以及光明。与此同时，这个旭日很像日本的国旗，假如日本看到了就一定会来购买我们的产品。"

后来，他又向部门主任征求意见。营业主任和广告主任对经理构思出的这个商标都极为满意。最后轮到代理出口部的年轻职员发表意见，他说："我不同意这个商标。"整个办公室的人都十分惊奇地看着他。

"怎么？你不喜欢这个设计？"经理非常吃惊地问他。

"这个商标我倒是很喜欢，"年轻人回答得十分直率。其实从艺术的观点来说，这位年轻人确实对这个商标很不满意，但他明白，和经理辩论审美观是起不到什么效果的。因此，他只是说了："我怕它太好了"。

经理听完他的话后，笑了起来，又说了一句："你说的这句话我很不明白，你倒是解释给大家听一听。"

"这个设计鲜明而生动，自然是没有话讲的。因为与日本的国旗相似，不管是哪个日本人都会很喜欢的。"

"是啊，这正是我的意思，我刚才已经说过了。"经理对他所说的已经有些不耐烦了。

"然而，我们在远东还有一个比较重要的市场，那就是华人社会，并且还包括中国以及东南亚国家。假如这几个国家的人们看到了这个很像日本国旗的商标，就会毫不犹豫地想起日本人的国旗。日本人尽管很喜欢这个商标，但是由于历史的原因，这些国家和地区的人们就不一定会喜欢这个商标了，甚至有的人会产生反感。这就是说，他们不愿意买我们的产品，这样一来不就是因小失大了吗？照本公司的营业计划，是要扩大对中国和东南亚国家及地区贸易的，可是用这样一个商标，结果已经很明确了。"

"天哪！这一点我怎么没有想到呢？你提出的建议非常对！"经理高兴得几乎叫了起来。

在上述例子中，那位青年说了一句"我恐怕它太好了"，先满足了经理的自尊心，这样就不会使他产生不悦的心情。然后，他又发表自己的理由，如此一来，经理也就不会因此而觉得难堪了。

综上所述，无论你是初涉职场，还是在职场上打拼多年的人，都要会说话，并真正领悟口才的真谛，使口才成为自己事业的助推器，这样就能为你的职场道路锦上添花。

会说话才能推销自己

早在两千多年前，孔子就主张推销自己。有一次，子贡曰："有美玉于斯，韫椟而藏诸？求善贾而沽诸？"子曰："沽之哉，沽之哉！我待贾者也。"子贡问话的意思是说，先生您有美德是隐藏起来呢，还是推向社会经世致用呢？

孔子接过话头，爽快答道："快卖掉吧！卖了它吧！我就是在待价而沽呢！"在隐遁避世和经世致用之间，孔子选择了后者。可见，他有一种直面人生、直面社会的积极态度，即我们讲的推销自己。

有人说，推销自己是人的一种本能。细细想来，此话不无道理。一个人要成功，就要达到自己预先设定的目标。追求目标的过程，就是向社会和他人推销自己、行销自己的过程。当然，生活中并不是每个人都懂得推销自己，而且推销自己首先要有好的沟通技巧。

有人说，生活就是一连串的推销。我们推销商品，推销一项计划，我们也推销自己，推销自己是一种才华，一种艺术。当你学会推销自己，你几乎就可以推销任何有价值的东西。

可见，推销自己对于每一个人来说是多么重要的一件事情。在生活中，我们的每次沟通，实际上就是在推销自己，无论在以下哪一种情况下进行交流，情况都是一样的：相互问候、电话交谈；与家人、朋友、同事、陌生人或客户闲聊；在会议上发言；工作面试；作为候选人参加竞选；教学；谈判。这些事情都与推销自己有关。从某种意义上说，我们一生只做一件事，那就是推销自己。

推销要有才气，特别是要有沟通的口才，"口"通达畅顺，方谓之"才"。只有让别人将自己定位为"才"，方能身价百倍。

吉尼斯大件商品推销纪录创造者乔·吉拉德，曾在一年中创造了零售汽车每天四五辆的纪录。当年他去应聘汽车推销员时，经理问他："你推销过汽车吗？"

他说："我没有推销过汽车，但我推销过日用品、家用电器。我能成功地推销它们，说明我能成功地推销自己。我能将自己推销出去，自然也能将汽车推销出去。"

确实如此，如果一个推销员连自己都推销不出去的话，何谈推销自己的产品呢。所以，推销产品首先是推销自己。一位英国皮鞋厂的推销员曾几次拜访伦敦一家皮鞋店，并提出要拜见鞋店老板，但都遭到了对方的拒绝。

后来他又来到这家鞋店，口袋里揣着一份报纸，报纸上刊登了一则关于变更鞋业税收管理办法的消息，他认为店家可以利用这一消息节省许多费用。

于是，他大声对鞋店的一位售货员说："请转告您的老板，就说我有路子让他发财，不但可以大大减少订货费用，而且还可以本利双收赚大钱。"销售人员向老板提赚钱发财的建议，那家老板能不心动吗？

在现今这个竞争激烈的社会中，并不是只有销售人员需要把自己推销出去，而是每个人都需要如此。说话是成功地把自己推销给理想"买主"的"润滑剂"。

如果我们与"买主"一接触就出师不利，以后要想改变这种状况，可就难了。将说话作为自我推销的必修课之一，实在是时势使然、不容回避。

在现实生活中，尽管许多人有高学历，但由于他们不善于语言，结果连工作也不好找。在现在的大都市中，看到那些找不到工作的博士、硕士，并不足为奇。他们不是因为缺乏专业知识，而是因为缺乏推销自己的技能。

相反，也有一些人尽管连高中也没有毕业，但他们勇于推销，善于推销，结果获得了成功。

在日本有个叫原一平的人，身高只有145厘米，是个标准的"矮瓜"。但他的工作业绩却是相当惊人，曾连续15年占据日本全国寿险销售业绩之冠，被人誉为"推销之神"。

原来，原一平的身材虽然低人一等，但他的沟通技巧却高人一筹。在推销寿险产品时，他经常以独特的矮身材，配上刻意制造的表情和诙谐幽默的言辞，逗得客户哈哈大笑。他面见客户时往往是这样开始的：

"您好！我是明治保险的原一平。""噢！是明治保险公司。你们公司的推销员昨天才来过的，我最讨厌保险了，所以被我拒绝啦！""是吗？不过，我比昨天那位同事英俊潇洒吧？"原一平一本正经地说。"什么？昨天那个仁兄啊！长得瘦瘦高高的，哈哈，比你好看多了。""可是矮个儿没坏人啊。再说，辣椒是越小越辣哟！俗话不也说'人越矮，俏姑娘越爱'吗？这句话可不是我发明的啊！""可也有人说'十个矮子九个怪'哩！矮子太狡猾。""我更愿意把它看成一句表扬我们聪明机灵的话。因为我们的脑袋离大地近，营养充分嘛！""哈哈！你这个人真有意思。"原一平就是这样凭着出色的沟通技巧与客户坦诚面谈，在轻松愉快的气氛中，不知不觉拉近了自己与客户之间的距离，很快，一笔业务就谈成了。

一位推销大师说："世界上没有推销不出去的产品，只有不懂得推销的人。很多时候，顾客首先接受的不是你的产品，而是你这个人！"有一本书叫《把冰卖给爱斯基摩人》，爱斯基摩人当然不需要冰，但怎样才能让他们接受呢？这就是口才的问题了。

有位演说家在讲到喝酒的害处时，不禁喊道："我看应当把酒通通扔到海底深处去！"

听众之中有个人说："我赞成。"

演说家更加激动："先生，应当恭喜你，我觉得你是一位富于牺牲精神的男士。请问你从事什么工作？"

"我是深海潜水员！"众人把目光都看向了这位深海潜水员。

在演说过后，众人都跑到这位潜水员身边，询问神秘的海底是怎样的一个世界。

如果潜水员像我们平常介绍自己一样，向人们说我是哪里人、什么学位、现在从事什么工作，相信几乎没有人能记住他。而潜水员只用一句简单的话，让大家都牢牢记住了他，从众人中脱颖而出，我们不能不说他是一位成功的推销家。

运用妙语成功地推荐自己，这是博得上司信任，化被动为主动，变消极等待为积极争取，加快自我实现的不可忽视的手段。

常言道："勇猛的老鹰，通常都把它们尖利的爪牙露在外面。"这不是启示人们去积极地表现自我吗？精明的生意人，想把自己的商品待价而沽，总得先吸引顾客的注意，让他们知道商品的价值，这便是杰出的推销术，人何尝不是如此呢？

真理往往掌握在少数人手中，这20%人与80%人的思维与说话的方法是反向的。所以说，我们要努力培养说话的技巧，它将有助于我们在众人之中脱颖而出。

第二节　说话的基本技巧

说话时要尊重他人

尊重他人，是文明的起点。在语言的表达和交流之中，首先应该做到讲文明，懂礼貌。而尊重他人便是做人的基本美德，一切不文明行为都是不尊重他人的表现。

将心比心，凡事要替他人多想。每个人都有自尊，只有去尊重别人，才会赢得别人的尊重，才有利于沟通。人活在世上，必须和别人交往，与人交往对我们的生活有着重要意义。在交往的过程中，尊重他人是我们进行有效沟通的前提。

有一次，英国著名的戏剧家、诺贝尔文学奖获得者萧伯纳，在莫斯科街头散步时，遇到一个非常可爱的小女孩。萧伯纳在那里和小女孩玩了很久、很开心，在分手的时候，他对小女孩说："回去告诉你的妈妈，你今天和伟大的萧伯纳一起玩了。"

小女孩儿也学着大人的口气说："回去告诉你妈妈，你今天和女孩儿安妮娜一起玩了。"这句话让萧伯纳很是吃惊，他立刻意识到自己的傲慢，并连忙向小女孩儿道歉。一直到后来，每每萧伯纳回想起这件事，都感慨万千。他说：一个人无论有多么大的成就，对任何人都应该平等相待，应该永远谦虚。

这是一个人懂得尊重他人的谦虚，也是得到他人尊重的前提。尊重是一滴水，一滴干渴时的甘露；尊重是一朵花，一朵开在心间的花；尊重是一条路，一条通往美好的路；尊重是一团火，一团温暖你我的火。

尊重是一缕春风，一泓清泉。它常常与真诚、谦逊、宽容、赞赏、善良、友爱相得益彰，与虚伪、狂妄、苛刻、嘲讽、凶恶、势利水火不容。

给成功的人以尊重，表明自己对他的敬佩、赞美与追求，以他为榜样；给失败的人以尊重，表明自己对他的鼓励、认同与祝福，他会以你为榜样。

良好的交谈应建立在真诚与尊重的基础上。只有学会尊重他人，才能赢得他人对自己的尊重。尊重他人不仅仅是一种态度，也是一种能力和美德，它需要设身处地为他人着想，给别人面子，维护他人的尊严。

一个纽约商人看到一个衣衫褴褛的铅笔推销员在地铁站卖铅笔，出于怜悯，他塞给那个人一元钱。不一会儿他返回来又取了几支铅笔，并抱歉地解释自己忘取笔了。然后又说："你跟我都是商人，你也有东西要卖。"

几个月后，他们再次相遇，那个卖笔的人已成为推销商，他充满感激地对纽约商人说："谢谢您，您给了我自尊，是您告诉了我，我是个商人。"

这个故事告诉我们，尊重别人是崇高道德的表现。在生活中，每个人都有能力给需要帮助的人一些力所能及的帮助。可是，在帮助他人的同时，考虑到他人的自尊却不是每个人都能做得到的。

从这一点来说，那位纽约商人的做法的确让人敬佩，因为他很懂得去尊重别人。尊重别人不仅可以使自己的心灵受到深深的震撼，更可以使他人拥有自尊和自信。

纽约商人的几句话，让铅笔推销员从自卑中解脱出来，自信地踏上经商之路。可见，尊重的力量无穷之大。它可以让失望的人们看到光明，让自卑的人们找到自信，甚至可以改变一个人的一生。

每个人在这个世上，都不可能做到尽善尽美，完美无缺。所以，你没有理由以俯视的目光去审视别人，也没有资格用不屑一顾的神情去嘲笑他人。

假如别人某些方面不如自己，不要用傲慢和不敬的话去伤害别人的自尊；假如自己某些方面不如别人，也不必以自卑或嫉妒去代替应有的尊重。

一个懂得用心去尊重别人的人，一定会受到他人的尊重。一个不懂得尊重他人的人，绝不会得到别人的尊重。就如一个人对着空旷的大山大声呼喊，你对它发泄不满，它也对你不满；你对它友好，它也回应友好。在人与人之间的交往中，自己待人、处世的态度往往决定了别人对你的态度。

有人曾这样说过：知惧怕，就是对法律的尊重，就是信服法律的威严；知羞耻，就是对道义的尊重，就是坚守道德的底线；知艰辛，就是对劳动、对师长的尊重，就是找到了学习的动力、勤奋的理由。从某种意义上来讲，一个从内心懂得去尊重他人的人，或者一个致力于要学会去尊重他人的人，无疑，他的人生一定应该是一个圆满的人生。

尊重是什么呢？尊重就像一个善解人意的小姑娘。她透明的微笑叫理解，她淳朴的心灵叫高尚；尊重又像一位德高望重的学者，饱含待人处世的智慧，尽显人格操守的高贵。

尊重是对生命的热爱，尊重你周围的一切，就是对自己的尊重。现在，你该明白尊重是什么了吧？当你跋涉在崎岖的山路，朋友鼓励的目光推动着你，那是尊重；当你遭遇人生的挫折，老师温暖的双手紧握着你，那是尊重；当你拾起马路上的垃圾，路人赞许的微笑感染着你，那是尊重；当你懊悔曾经的过失，父母的宽厚与理解包容着你，那是尊重。生活中，到处都充满了尊重。用心去发现，用心去尊重，你一定会收获一个最美丽的生活。

在现代社会中，尊重别人是与人说话要遵循的基本原则。在交往中，任何不尊重他人的言行，都会引来别人的反感，都不会赢得别人对自己的尊重。所以，要想得到他人的尊重，尊重他人是前提。

注重自我表达能力

从某种程度上说，自我表达是锻炼精神力量的唯一途径。这种精神力量可能存在于音乐中，可能表现在画布上，可能贯穿在演说里，也可能存在于销售商品或写作的过程中，但不管怎样，它都必须借助于自我表达。

任何合理的自我表达，都能激发出一个人身上的潜能与创造力。但是，所有的自我表达方式中，只有面对公众的演说能够最彻底地锻炼一个人，能最迅速地释放出他所有的能量。

如果不研究表达艺术，尤其是公众的演讲艺术，要达到最高的表达能力是很困难的。对于任何年龄的人来说，演说都是最高程度的自我展现。对年轻人来说，不管他们以后想从事什么职业，无论是做工程师还是农场主，商人还是医生，都得学习自我表达。

竭尽所能地在公众面前演讲，能最快最有效地激发一个人的潜力。当一个人在公众前不得不站立着思考，做即兴演讲时，他的能力和技巧就面临着严峻的考验。

公共演说的实践、急中生智的挑战、全力以赴的决心，能激发一个人身上的所有潜能。聚精会神、感情充沛和滔滔雄辩带来的力量感，能给人注入自信与勇气，使人雄心勃勃，锋芒毕露。

当一个人在进行自我表达的时候，他的判断力、他所受的教育情况、他的勇气和性格特点，会像一幅全景图一样完全展现出来，这时他会变得才思敏捷，口齿伶俐。演讲者会调动起所有的经验、知识、先天和后天的能力，他会集结所有的力量去努力展现自我，以赢得观众的赞同和掌声。

一个作家写作需要灵感，当他想写作的时候才会动笔。他清楚，如果书稿不合他意，他会毫不犹豫地烧掉它。很少有人注意他。他拥有的忠实读者并不多，他也不必像一个演说家那样去注意每一个观众的反应。他爱怎么写就怎么写，不用顾忌该用多少脑力和精力，只要高兴就行。没人时时刻刻盯着他。他的骄傲和虚荣不可触及，他所写的东西别人也看不到。

而且，他总是有修改的机会。在音乐领域，不论是声乐还是器乐方面，人们所演奏或是演唱出来的东西只有部分是属于自己的；另一部分是属于作曲家的。

在交谈时，我们没感觉到我们的话语中包含着丰富的信息，仅有少数人会倾听，或许没有一个人会再回想起谈话的内容。但是，当一个人试图在一群观众前演讲时，他失去了所有的支柱——他无所依凭，他得不到帮助，得不到建议，他必须在自己身上寻找力量的源泉，他处于完全孤立的状态。

他可能家资百万、良田万顷，住在富丽堂皇的宅邸中，但现在所有这些都帮不了他。他现在所能依靠的就是他的记忆、经验、教育和能力。他所说的话，他在演讲里所展现的东西决定着人们对他的评价。在观众的评价中，他要么出类拔萃，要么一无是处。

任何有文化的人都应该训练自己站立着思考，这样才能灵活应变，妙语连珠。现在，酒宴上的演说已越来越多。许多已经在办公室里解决了的问题在饭桌上又被拿出来探讨争论。各种商业洽谈也在饭桌上进行。酒宴演说有如此之大的需求，这是一种空前的现象。

我们知道，有些人通过艰苦奋斗功成名就，然而，他们却不敢在公共场合演讲，甚至不敢说话，不敢动一动，否则浑身颤抖得如同一片萧瑟的秋叶。

其实他们年轻时，在辩论俱乐部里有大量机会可以消除他们的怯场意识，可以获得在公共场合轻松自在的信心。但是，因为他们胆小，或是觉得别人会辩论得更精彩，回答得更出色，所以他们逃避每一次机会。

今天有很多商人，如果能让他们回到过去，弥补早年错过的机会，学习站着思考说话，他们愿意付出更高昂的代价。现在他们有钱，有地位，但是一旦被叫到公众面前说话，他们就变得一无是处。他们所能做的就是发傻、脸红、结结巴巴地道歉，然后坐下来。

前些时候，在一个公共集会上，有一个人在人群中站在非常靠前的地方，他是所在专业领域里的学术泰斗，他被请上去谈谈对某个问题的看法。只见他站起来后，浑身发抖，支支吾吾，简直魂飞魄散。他甚至没法大大方方地亮相。

他是学术权威，经验丰富，但是他站在那里，无助得像个孩子，感到尴尬、屈辱。如果他在早年能训练自己即兴演讲的能力，使自己能站立着思考，并且说话掷地有声，绘声绘色，他很可能愿意为此付出巨大的代价。

在这次集会上，这个德高望重的权威人物没能就他所熟悉的重要问题发表意见，令所有在场的人都大失所望。然而，这个城市里一个知识不及前者百分之一的商人，却作了一次精彩的发言，不知底细的人毫不怀疑地认为他是个更大的权威。其实，他只不过培养了站着说话的能力，并获得了现场发挥的机会而已，而前一个人没有这样做过。

纽约有一个出色的年轻人在短时间内登上了负责人的位置。他告诉我说，在几次公共场合中，当他被叫上去发言时，他都惊慌失措，现在他最后悔的就是过去错过了太多展现自我的机会。

努力用简明扼要、雄辩生动的语言表达自己的思想，能使一个人的日常语言更加精炼简洁，能大大改善个人的语言表达能力。

演讲在许多方面能促进精神力量和性格的不断完善。这足以说明，一个参加公共辩论或辩论社团的中学生或大学生，他进步的速度为什么会如此之快。

切斯特菲尔德勋爵说过：只要肯下苦功，人人都可以谈吐大方、妙语连珠；他的一举一动都可以温文尔雅，成为一个受欢迎的演说家。这是用不用心、准不准备的问题。你想知道什么，你就必须得学习。你的语言能力、风度、精神修养都应该细细考虑，小心培养。面对观众站着思考时，你必须能够急中生智，能够在电光火石的刹那间切中要害。

同时，你还必须调整好嗓音，而且表情和身体姿态要非常得体。这些素质都需要早年的训练。单调乏味、死气沉沉的演说很快会让观众腻烦。必须避免单调。单调只会使人的大脑迅速疲劳。尤其是当语调平淡乏味时，情况就更糟了。使声音抑扬顿挫、流畅悦耳，这是门大学问。

格莱斯顿说：百分之九十九的人不能出类拔萃，是因为他们完全忽视了对嗓音的训练，他们认为这种训练不具有任何意义。

据说，德文郡的一个公爵是唯一一个在自己演讲时打瞌睡的英国政治家。他简直是个发表枯燥无聊演讲的完美天才，他有本事瓮声瓮气不换语调地一路讲下去，时不时还会停下来打个盹，养养神。

未来的演说家在年轻时就必须培养强健的体魄，因为热情、自信、意志力深受健康状况的影响。他也必须培养身体姿态，必须具备挥洒自如的良好习惯。

如果他一直坐在议会里，把脚搁在桌面上，结果会如何呢？一个像诺迪卡那样的出色歌手如果懒懒的躺在沙发上，或是没精打采地坐着，他能够使观众疯狂激动才怪呢！

说话要学会就地取材

相互介绍姓名后，刚开始交谈是最不容易应付的问题。因受时间的限制，不容许你多作犹豫，而话不投机，又不能冒昧地随便提出其他话题。"今天天气很好"这话最常用，但除了在户外或沙滩上散步时不妨用用之外，在别的场合上说来不仅太过敷衍，而且缺乏内容，难以发展出较趣味的谈话。而对谈话内容的就地取材，似乎比较简单适用。

何谓就地取材？那就是按照当时的环境而觅取话题。如果相遇地点在朋友的家里，或在朋友的喜宴上，那么对方和主人的关系可以做第一句的话题："你和某先生大概是老同学吧？"或者说："你和某先生是同事吗？"如此一来，无论问得对不对，总可以引起对方的话题。问得对的，可依原本主题急转直下。猜得不对的，再根据对方的回答又可顺水推舟，继续畅谈下去。

"今天的客人真不少！"虽是老套，但可以引起其他话题。"这礼堂布置得很不错！"赞美一样东西，常是最稳当得体的开始。若是一般社交活动，则"山上的樱花开得很灿烂，颜色真好看，你曾去看过吗？"或"大热天在园子里喝茶，实在太舒服了！"都是就地取材的办法。

一句的最高境界，是人人能了解，人人能加进自己的意见。由此再探出对方的兴趣和嗜好，然后拓展谈话的领域。如果指着一件绘画说："真像梵高的作品！"或听见鸟唱就说："很有孟德尔颂音乐的感觉！"除非知道对方是内行，否则不仅不能讨好，反而会在背后挨骂的。

如果不知道对方的职业，最好是不要问他。万一他正失业赋闲在家，问他职业无异迫他承认失业，否则他还要随便撒个谎，对于自尊心很重的人是不大好的。如果你想"开发"主题而希望知道他的职业，只能用试探他的方法："你平常会做点球类运动吗？"如果他说"不"，你就可以问他是否很忙，继续下去问出他每天是否有固定的工作时间。如果他说"是"呢，便可加上一句问他通常在何时去运动，而决定他有无职业。

找不出其他话题时，那么中国原有的老方法也可运用。那就是请问对方的籍贯，这"府上是什么地方"的问题，以中国人的习惯上是一点不觉得唐突的。知道了籍贯，话题就容易找了。如果是同一个县市呢，那更方便了，随便谈些两人皆知的社会新闻、都市建设、地方习俗等都可以。

如果是遇到一些知名人士，或有特殊成就的人，或介绍者已早对你说出对方的身份底细，那么，你大可提出话题，鼓励对方多谈谈他自己得意的方面，一则彼此均甚愉快，同时对方会对你产生好印象。再则，也可以由交谈中吸取新知，获得宝贵经验。

说话时切忌重复啰唆

社交场合一旦出现了这样性格的人，无论什么人都会感到伤透脑筋。他们大大咧咧、漫不经心，讲起话来啰里啰嗦一大堆，看不出他们所说的话中间有什么逻辑联系。

他们既不知道自己是在说些什么，也不知道自己为什么要说这些，更不知道自己遇到与人谈话的场合应该怎么办。这样的人往往心地善良，不含恶意，但就是让人受不了。

在社交场合说话啰唆，无论如何也是性格上的一大弱点。它让人神经紧张、心情厌烦又不好粗暴地打断话头："闭上你的嘴！"于是就有人提出了颇具幽默的设想，建议具有这种性格弱点的人说话时想象自己在打国际长途电话，说话的每一分钟你都必须付款。

这是一种合理的想象，你在浪费别人的时间。而一旦你真正这样想的话，那么你肯定会知道自己要说些什么，也知道为什么要说这些。

至于怎么办，这很清楚，唯一的原则就是简洁明快。从任何角度来看，没有人会心甘情愿为自己的一堆废话去付账。所以，这条建议不失为一个行之有效的方法。

问题在于，说话啰唆的人往往觉得自己所说的含义丰富，他们认识不到自己的弱点。有两个多年未见面的老朋友相聚，他们彼此都对此盼望了很久。

结果其中一个带了他热情开朗的新婚妻子一起来。那位妻子从一开始就独占了整个谈话，滔滔不绝，一个接一个地说着一些自己觉得很好笑、很有趣味的事情。

出于礼貌，两个男人沉默地听着，偶尔尴尬地彼此对看一眼。当他们分手的时候，那位妻子站在门口的台阶上挥舞着手套，兴高采烈地说："Byebye！"

她觉得度过了一个很有意义的夜晚，认识了丈夫的朋友，还进行了一次快乐的谈话。而两个男人却对老朋友分别多年后的情况仍旧一无所知，心里诅咒着这个开朗得过分的女人，即使她的丈夫也是如此。

心理学专家们为具有这种性格的人罗列出七个典型的特征：打断他人的谈话或抢接别人的话头，希望整个谈话以"我"为重点；由于自己注意力分散，一再要求别人重复说过的话题，或自己的话不记得已经说过了，一再重复；像倾泻炮弹一样连续表达自己的意见，使人觉得过分热心，以致难以应付；随便解释某种现象，轻率地下断语，借以表现自己是内行，然后滔滔不绝；说话不合逻辑，令人难以领会意图，并轻易地从一个话题跳到另一个话题，有时自己也莫名其妙；不适当地强调某些与主题风马牛不相及的东西，东拉西扯，制造大拼盘；觉得自己说的比别人说的要来得更有趣。

凡此种种，都是说话啰唆者的通病，也往往造成社会交往中的尴尬场面。你不妨对照一下，只要具备了七条中的任何一条，你就有必要在交谈的技巧上加以提高。

切记，仅仅有充分热情的交谈愿望是远远不够的，毫无技巧的谈话只会给人带来烦恼，而不会增进友谊。如果你把这只当作一个无足轻重的小毛病，那就大错特错了。

这里有几个具体步骤能提醒你在交谈时更注意技巧，更清晰地表达。既然是交谈，就要先听清楚别人在说什么，还得用心记住，免得三分钟后你又重新发问，或自己说的和别人说的对不上号。聆听有时比说话更重要。

心不在焉、漏听字句和记性不佳，都会使谈话变得冗长、拖沓、无聊。试想，如果你在说话时，有人时时提问："你刚才在说什么？"那是多么令人扫兴的事。

谈话时要注意观察他人的反应，包括他人的语调是否热情，是否对你说的话感兴趣。谈话就像司机驾车过十字路口一样，要时时注意红绿灯。

当别人表情冷淡、哈欠连连，你仍然滔滔不绝地往下说，无异于违反了交通规则。如果别人对你说的话感兴趣，就会做出积极鼓励的反应，邀请你说下去。否则就是亮红灯，你要赶紧刹车，适可而止。

你如果要开口说话，就要把话说得有条理。最令人困扰的就是缺乏条理的谈话习惯，它会轻而易举地将人引到信口开河、废话连篇、离题万里的泥塘里去。说话无组织、无逻辑是思想不清楚的表现，没有人愿意和他打交道。

不要把"我"当成谈话中最大的字，要引导对话者积极参与进来。这样即使你要说很多话，也不会让人觉得太冗长。在与人交谈时摆正"我"的位置，是一门大有学问的艺术，你不是一个伟人，没有必要居住在地球中心。

说话要学会吊人胃口

设置悬念是说话技巧中最为常用的一种。这种技巧一般是把自己的思路引入对方的思维轨道，然后来个急转弯，把对方置入困惑之地，让对方"着了你的圈套"。然后再用一句话点破，让听者恍然大悟，从而达到你的既定目的。

美国有个倒卖香烟的商人到法国去做生意。一天，在巴黎的一个集市上他大谈特谈吸烟的好处。突然，从听众中走出一个老人，径直走到台前，那位商人吃了一惊。

老人在台上站定后，便大声说道："女士们，先生们，对于吸烟的好处，除了这位先生讲的以外，还有3大好处哩！"

美国商人一听这话，连向老人道谢："谢谢您了，老先生，看您相貌不凡，肯定是位学识渊博的老人，那就请您把吸烟的3大好处当众讲讲吧！"

老人微微一笑，说道："第一，狗害怕吸烟的人，一见就逃。"台下一片轰动，商人暗暗高兴。"第二，小偷不敢去偷吸烟者的东西。"台下连连称奇，商人更加高兴。"第三，吸烟者永远不老。"台下听众惊作一团。商人更加喜不自禁。要求解释的声音一浪高过一浪。

老人把手一摆，说："请安静，我给大家解释。"

商人格外振奋地说："老先生，那就请您快讲讲吧。"

"第一，吸烟人驼背的多，狗一见到他以为是在弯腰捡石头打它哩，能不害怕吗?"台下笑出了声，商人吓了一跳。"第二，吸烟的人夜里爱咳嗽，小偷以为他没睡着，所以不敢去偷。"台下一阵大笑，商人大汗直冒。"第三，吸烟人很少长命，所以没有机会衰老。"台下哄堂大笑。此时，大家一看，商人已不知什么时候溜走了。

这则故事一波三折，层层推进，一步一步把听众的思维推向迷惑不解的境地，在把听众的胃口吊得足够"馋"时，才不慌不忙地表达出自己的意思。按照一般的思维，吸烟是应该遭到反对的，因为吸烟的危害人所共知。当老人一言不发地走向大谈吸烟好处的商人时，一般认为老人是要提出反对意见，老人却也大谈吸烟的好处。

商人和听众一样大惑不解，因而急切地想知道原因。最后，老人以幽默的话语作了妙趣横生的解释。既让听众开心，又让听众从商人的欺骗性话语里走出来，意识到吸烟的危害性，真是一举两得，一石二鸟。

交谈时要善于倾听

要想使他人对你表示出极大的崇敬，首先要让对方畅所欲言，还要学会仔细恭听别人的说话。因为你的恭听不但能够受人敬慕，更是鼓励别人说话的最好办法。倾听是一种美德，倾听能让你化解干戈，倾听能深入心灵，倾听能够使别人对你产生敬慕，倾听是人人都能运用的策略。

当初蒙娄初受柯立芝总统之命，去往墨西哥任新任公使。但是对一个才上任的新官而言，这确实是一项苦差事，曾经有位美国知名人士点评说："墨西哥是美国最疼痛的一个手指头，到那儿做公使，是再麻烦不过的事了。"

蒙娄初重任在身，他觉得此行最关键的时刻，就是他在第一次和墨西哥总统卡尔士会面的时刻。他能不能让自己和美国得到胜利的结果呢？他能不能在墨西哥总统心里留下一个美好的印象？这都不得不依赖蒙娄初事先拟定的策略了。会见的第二天，墨西哥总统卡尔士对一位朋友说："新任美国公使真是一位能言善辩的人啊！"

蒙娄初是怎么跟墨西哥总统进行沟通的呢？他又使用了一些什么样的策略才使墨西哥总统卡尔士对他留下了如此美好的印象呢？

原来，在他和墨西哥总统进行会谈的时候，他压根儿不提公使应当提到的官方性的那些严重事件，只是顺便夸了夸当地厨师的手艺，还多吃了一些面包和菜品；随后，他请卡尔士总统讲一讲墨西哥的现状，以及墨西哥内阁对国家的发展有什么新的举措、总统自己现在有没有什么正在计划的事宜，还有卡尔士总统对未来的形势有什么样的看法，等等。

蒙娄初用了人人都可运用的策略。他说这些话，只是为了让卡尔士总统感到轻松和愉快。蒙娄初鼓励卡尔士总统发表自己的见解，让他率先开口说话，自己则一心一意地倾听着。在这个过程中，他流露出对于对方的兴趣表现出的崇敬之意，从而提高了对方的自尊心和自信心。

当我们翻阅那些成功者的传记或自传时，我们可以发现，有许许多多的成功者都是倾听策略的受益者。每一个成功者在他成功的过程里，都必定有着恭听别人说话这一策略的功劳。因此，学会恭听别人说话也是非常重要的。

约翰·海是美国的一位著名政治家，他不但能够作精彩的演讲，同时也是一位极佳的听众。他在恭听别人谈话的时候，总是做出一副明显地对对方表现出崇敬的样子，非常专注。

任何跟他谈过话的人，只要一起坐上半个小时，他们就会感受到自己已经被约翰·海给征服了。同时，无意之中也受到他的鼓励，双方的关系不知不觉地向前走了。

豪斯先生曾是威尔逊总统在位时的副总统，工作非常出色。他的一位朋友曾经这样评价道："豪斯先生一向是一名好听众。他之所以能够出任威尔逊的副总统，可能多半是出于他对人恭听的态度。因为豪斯和威尔逊首次在纽约会面时，他就用他善于恭听的策略征得了威尔逊的好感，同时也引起了威尔逊对他的注意。"

一切领导人物，都是注重而且善于运用聆听艺术的。这些领导人物不但会对别人的发言表示出浓厚的兴趣，还会把这种感觉真切地表露出来。

可是在这个熙熙攘攘的社会里，虽有很多人明白这种策略的重要地位，有时也还会遇到发展的良机，然而他们还是在疏忽之中没有善加利用而失去了许多机会。

许多到各地去拜访过名人们的年轻人都有过这样的感觉，那些大人物对自己并没有好感，大人物认为他们是有着错误观念或是粗心大意的人，不知道他们为什么会有这种感觉。

其实，真正的原因在于年轻人自身，他们没有能够静静地聆听被访问者的谈话，只是不断考虑自己接下来应当说什么话，结果他们并不能专心地听对方到底说了些什么。很多大人物都曾表示说，认为一个善听的人要比一个健谈的人更能让人满意，所以听讲的才能要比健谈的才能更为重要。

常发牢骚的人，甚至最不容易讨好的人，在一个有耐心、具有同情心的听者面前都常常会软化而屈服下来。这样的听者，在被人家鸡蛋里挑骨头骂得狗血淋头的时候，都会保持沉默。

举例说明：纽约电话公司发现，该公司碰上了一个对接线员口吐恶言的最凶恶的用户。他怒火中烧，威胁要把电话连根拔起，拒绝缴付某些费用，说那些费用是无中生有的。他写信给报社，到公共服务委员会做了无数次的申诉，也告了电话公司好几状。

最后，电话公司最干练的"调解员"之一，被派去会见那位惹是生非的用户。这位"调解员"静静地听着，让那位暴怒的用户痛快地把他的不满全部吐出来。电话公司的"调解员"耐心地听着，不断地说'是的'，同情他的不满。后来，这位"调解员"把他的经验在卡耐基培训班上叙述出来：

他滔滔不绝地说着，而我倾听着，几乎有三个小时。然后，我又继续倾听下去。我见过他四次，在第四次会面结束之前，我已经成为一名他要成立的一个组织的会员，他把它叫作"电话用户保障协会"。我现在仍然是这个组织的会员，而就我所知，除了那位老兄之外，我目前是这个组织的唯一会员。

我倾听着，对这几次见面中他所发表的每一个论点抱着同情的态度。他从来没见过一个电话公司的人跟他这样谈话，于是他变得友善起来。在第一次会面的时候，我甚至没有提出我去找他的原因，第二次和第三次也没有。但是第四次的时候，这件事就完全解决了，他把所有的账单付了，而且撤销了对公共服务委员会的申诉。

无疑，那位老兄自认是一位神圣的主持正义者，维护大众的权利，免得受到剥削。但事实上，他所要的是一种重要人物的感觉，他先以口出恶言和发牢骚的方式得到这种重要人物的感觉。但当他从一位电话公司的代表那儿得到了这种感觉后，那无中有生的牢骚就化为乌有了。

辛格曼·弗洛伊德要算是近代最伟大的倾听大师了。一位曾遇到过弗洛伊德的人，描述着他倾听别人时的态度："那简直太令我震惊了，我永远都不会忘记他。"

"他的那种特质，我从来没有在别人身上看到过，我也从没见过这么专注的人，有这么敏锐的灵魂洞察和凝视事情的能力。他的眼光是那么谦逊和温和，他的声音低柔，姿势很少。"

"但是他对我的那份专注，他表现出的喜欢我说话的态度，即使我说得不好，还是一样，这些真的是非比寻常。你真的无法想象，别人像这样听你说话所代表的意义是什么。"

如果你要知道如何使别人躲闪你，在背后笑你，甚至轻视你，这里有一个方法：绝不要听人家讲三句话以上，不断地谈论你自己。如果你知道别人所说的是什么，就不要等他说完。他不如你聪明，为什么要浪费你的时间倾听他的闲聊？但这样做的结果，只能是使自己处于不利的地位。

只谈论自己的人，想到的只有自己。而"只想到自己的人"，哥伦比亚大学校长尼可拉·斯巴特勒博士说，"是不可救药的未受教育者"。"他没有受过教育，"斯巴特勒说，"不论他读过多少年的书。"

如果你想成为一名优秀的沟通专家，就请做一个注意倾听的人。正如查尔斯·诺山李所说的："要令人觉得有趣，就要对别人感兴趣。"提出别人喜欢回答的问题，鼓励他谈谈他自己和他的成就。

请记住，跟你谈话的人，对他自己、他的需求和他的问题，更感兴趣千百倍。他对自己颈部的疖痛，比对非洲的四十次地震更感兴趣。当你下次开始跟别人交谈的时候，别忘了这点。

如果你要别人喜欢你说的话，请记住这条规则："做一个好的听者。鼓励他人谈论他们自己。"听的意义一旦为你所重视，听的技巧一旦为你所掌握，你就会变得更加善于合作，更加幽默风趣。

你专心致志和富于思考的听讲习惯，也会受到人们的喜爱和尊敬。那么，怎样做一名出色的听众呢？

首先要有积极主动的参与精神和强烈的交流愿望。积极地倾听绝不仅仅是用耳朵，而是用整个身心；不仅仅是声音的吸收，而是为了理解；不能把交流上的所有责任通通推卸给讲话人。在交谈中要时刻保持着认真的态度、专注的精神、动人的情感和入神的姿态。

还要养成良好的听讲习惯，听众应对任何话题都感兴趣，专心注意讲话的内容。出色的听众会努力创造一种舒适、轻松的谈话环境，以一种耐心的表情和姿态，聚精会神地倾听，积极地思索谈话中的主要观点；他会机敏地发现讲话的基本纲要，确定其论据，认识论据与论点关系，并能够运用讲话人引用的材料，仔细地证实他所预想的准确性。

不要因为讲话人的品格、观点、代表的团体或者穿戴与自己格格不入就对其讲话反感、不满。感情用事往往会产生先入为主和固执己见的毛病。好的听众应具有公正无私、心平气和的听讲态度，这样做有利于建立相互理解、彼此善待的环境。况且，只有认真地听人家把话讲完，人家才会有主动合作的态度和酬答的愿望。

注意观察和体会讲话人的非语言信息：讲话中的非语言信息常常透露出讲话人的内在情感。比如，音调、音量、音质等。支支吾吾的讲话会使人觉得他心有余悸、忧心忡忡或缺乏自信。

注意讲话人词汇的运用和选择：出色的听众同样会把讲话人的语言表达视为流露下意识态度的信号。比如，频繁地使用"我"，往往表现出本人自我意识很强，内心不安，甚至可能对听众怀有敌对情绪；而不常用人称代词又会表现出本人不愿意吐露内心的真实感情。

有些人常常用像"糟透了""可怕极了""最棒的""愚蠢透顶"等一类定性词来夸大自己感情或者用来评价人和事。一个因循守旧的人往往在讲话时重复使用同一个句子或词汇，与此相反，灵活运用语言则能显露出讲话人的坦率和自信。

适当提问或插话，通过一些简短的插话和提问，暗示对方确实对他的话感兴趣，或启发对方，引出你感兴趣的话题。当对方讲到要点时，要点头表示赞同。

点一点头，这实质就是在发出一种信号，让对方知道你在听他讲话，对方这时当然会认真地讲下去。当然，只是在听到节骨眼儿上时点点头就行了，不必频频点头。交谈时适度地点点头，是对对方的语言性应酬，如果频频颔首，也会使对方疲劳。

听比说快，听话者在听话过程中总有时间空闲等待。在这些时间空隙里，应该回味讲话人的观点、定义、论据等，把讲话人的观点和自己的观点做比较，预想好自己将要阐述的观点的理由，设想可能有的介乎自己与说话者之间的第三种观点，等等。

第三节　会说话造就好人生

谈话前要先了解对方

我们应当了解世上千人百态，各个不同。他们的不同之处即在于每个人都是一个独立鲜活的生命体。人与人之间的差异之处，如果我们能加以细细的考察、探究，我们就一定能通过交谈把它们轻松地转化为能供我们利用的资源。

每个人的特征也是形成人类生活的部分，或者全部。它们是人性范围中必有的事情，不管是人类所言、所想、所行，或者其他的一切事情，包括个人的性情、嗜好、见解，以及偏见，全在人性的范围之内。

20世纪初，在一个宴会上，刚从国外回来，准备参加1912年总统选举的罗斯福看到许多素不相识的人。当然啦，这些人肯定是认识他这个大人物的，只不过由于身份和地位的差异，他们对他的态度表现得很平淡而已。

罗斯福见宴会上的这些陌生人并没有对他表示友好的意思，便靠近坐在自己身边的路斯·瓦特先生的耳边轻声说："路斯·瓦特，请你把坐在我对面的所有宾客的大概情况都对我说一点。"于是，路斯·瓦特博士就把那些人的个性和特点都简略介绍了一番。

通过路斯·瓦特博士的讲解，罗斯福已经粗略地了解了那些素昧平生的人物，包括他们个人最得意的是什么事，都做过什么事业，还有他们喜欢什么等。

接下来，罗斯福针对每个人准备好了切实的谈话内容，和这些陌生人进行了充分的沟通。由此我们不难看出，罗斯福的交际手腕是多么高明，他不厌其烦地预先探知那些素不相识的人的概况，只是为了要赢得他们的信服。

不过，如此一来，他的谈话立刻引起了在座者的兴趣，使他们感到罗斯福是平易近人的，并在不知不觉中对他产生了好感。著名的新闻记者马克逊曾说：

对于每一个前来谒见自己的人，罗斯福在他们进来之前，就已经探知好了他们的一切情形。罗斯福深知，大多数人都有一些自负。因此，向他们表示相当的赞赏、推崇，让他们感到自己对他们的一切都很清楚，并且将他们铭记在心，这是取得对方好感的不二法门。

在众多策略中最简易的，就是让对方感到我们对他们所感兴趣的、与他们切身相关的事物，都有足够的认识。那些伟大的领袖人物就经常使用这种既简单又重要的策略。

当然啦，每个人之间都是有差异的，在使用这种策略时，我们也要因人而异，针对不同的人，采取不同的策略。

曾有人将我们活动的宇宙空间，人类的生活范围，比喻为"人类的游乐场"，这真是一个有趣的比喻。那些杰出人物的过人之处，就在于他们能把那些和自己素不相识的人变成自己的朋友、支持者。

然而，那些新朋友的来源，大半都是他们积极地将自己投身于"人类的游乐场"，以便接触外界不同性格、不同兴趣的人。卡莱在刚刚出任美国钢铁公司的领袖的时候，感到了前所未有的压力，因为他的同事们不但不支持他，反而处处与他为难，使卡莱在工作上非常被动。

卡莱觉得这种局面不能再持续下去了，他决定以主动的态度来解决这个问题。他觉得应该先探索自己不受欢迎的原因，再与同事们培养感情，然后得到他们的鼎力合作，使公司的业务蒸蒸日上。

卡莱到底是如何解决这个难题的呢？其实说起来也并不复杂，卡莱在写给同事们的有关业务方面的信件中，经常穿插一些私人性的谈话内容。

他在每一封信中，都附写上一两行与收信人的喜好相关的事情，或是他们最盼望的事情，或问候他们的家人和朋友，或回忆一下和他们上次会谈时的情形。

卡莱的策略大获成功，并最终让他在事业上取得了骄人的成绩。其实，我们只需采取一些非常简单的方法，就能让对方感到我们对他的关心，可是这种策略的效果，却往往令人非常惊奇。

总而言之，要想获得他人的接纳和合作，我们就必须事先了解对方的兴趣、个人嗜好。我们要经常牢记他人的名字、嗜好、习惯，牢记他们曾经做过的那些事情，以及他们所推崇的人物，甚至包括他们缺少什么或需要什么，等等。

我们须不厌其烦地向他人表示，对他们所感兴趣的那些事情，我们也有着同样的关切之情；同时还要让对方了解到自己已略懂这方面的知识，同时也很重视它。

对于那些特别重要的人士，或者是个性特殊的人物，我们更是要事先探知他们的偏好，或想尽办法来引起对方对我们产生注意。而在应付一个集团或是一个地区的事件时，我们应该时时表露自己对他们的风俗习惯，是非常敬重的，并且很愿意学会当地的一两种风俗习惯，以便身体力行地来表示我们的敬意。

当美国前总统威尔逊刚刚就任新泽西州的州长之时，曾经参加了一次纽约南社的午宴，宴会的主席对大家介绍说："威尔逊将成为未来的美国总统。"

当然啦，主席先生是不可能有这样的预测力的，这不过是他的溢美之词而已。于是威尔逊在称颂之下登上了讲台，简短的开场白之后，他对众人说：

我希望自己不要像从前别人给我讲的故事中的人物一样。在加拿大，一群游客正在溪边垂钓，其中有一名叫作强森的人，大着胆子饮用了某种具有危险性的酒。他喝了不少这种酒，然后就和同伴们准备搭火车回去了，可是他并没有搭北上的火车，反而是坐上了南下的火车。于是，同伴们急着找他回来，就给南下的那趟火车的列车长发去电报："请将一位名叫强森的矮个子送往北上的火车，他已经喝醉了。"很快，他们就收到了列车长的回电："请将其特征描述得再详细些。本列车上有13名醉酒的乘客，他们既不知道自己的姓名，也不知道自己的目的地。"而我威尔逊，虽然知道自己的姓名，却不能像你们的主席先生一样，确知我将来的目的地在哪里。

在座的客人一听都哄然大笑起来，宴会的气氛亦一下子变得愉快和活跃起来。那些因听了威尔逊的故事而发笑的人，大多都认为，能够让人捧腹大笑的趣闻，通常都是源自说笑话的人的自我打趣。但是，听众之中却很少有人明白威尔逊所说的故事其实正是根据他们曾经经历过的事情改编的。

难道威尔逊的用意仅仅是为了博人一笑吗？当然不是，事实上他是运用了一种最有力的方式获取他人对他表示善意和支持的态度，而且也把在这之前的隔阂消除了。威尔逊的这个策略就是牺牲个人的"自我"，以提升他人的"自我"。

要知道，所有非凡的人才，都会在和民众接近之时，故意拿自己开玩笑或是不惜批评自己，以便让民众感到轻松和愉快。至少在他说话的当时，民众会感到自己比他优越，因而民众就会普遍地激起同情、爱护和支持的感情。

华盛顿在位的时候，他的副总统陶卫斯也是位很能吸引民众的人。为了拓展自己的势力范围，也为了使副总统职位更具权威，他同样运用了多种决策。其中的一个窍门就是：时常在众人面前讲述他做副总统时发生的各种趣事。

华盛顿本人也不是没有这种轶闻。有一天，他正在大厅里对大家发表演讲，他突然发现听众对他的发言的反应不太对劲，他马上改变话题，给大家讲了一则"偷鸡的故事"，内容当然又是拿自己的同类作牺牲品，这则趣事很快引起听众的兴趣，所以才最终博得了意外的成功。

美国航务局前主任先生诺士凯，本是一名广告设计师。据传闻，有一次他故意以非常谦逊的言语，恭维一个对他很有成见的理事会。他对他们说："各位，我是一个广告人，而且还是个犹太人。……所以，你们最好提防我……"

诸如此类非常有用的策略，一般人是很少能够运用得当的。泛泛之辈们总是极力炫耀自己的才能，还时不时嘲笑他人，或者急于辩白自己并不是一个凡人。可是真正有才能的领袖人物，正如我们在前面提到的一样，他们的眼光放得非常长远，他们的目的就是要驾驭别人，扩张自己的势力。所以他们常常使用的策略就是让别人略占优势。

著名的商店经理马克希南曾经说过："男人、女人不过都是'长大的小孩'而已。"这句话可以作为领袖人物的座右铭。深知这句话内涵的人都应该知道，大人物对待民众，就应当像对待小孩子一样。对于自己，则无论何时何地都把自己看作次要的。他真正值得高兴的，应该是别人内心的真正感受。

卡耐基指出，如果我们只是要在别人面前表现自己，使别人对我们感兴趣的话，我们将永远不会有许多真实而诚挚的朋友。真正的朋友，不是以这种方法来交往的。

拿破仑试过这种方法，在他跟约瑟芬最后一次见面的时候，他说："约瑟芬，我是世界上有史以来最幸运的人；但是，在此刻，你是世界上唯一能够依赖的人。"而历史怀疑他是否真的能够依赖她。

已故的维也纳著名心理学家亚佛·亚德勒，写过一本叫作《人生对你的意识》的书。在那本书中，他说："不对别人感兴趣的人，他一生中的困难最多，对别人的伤害也最大。所有人类的失败，都出自这种人。"

你也许读过几十本有关心理学的书籍，还没见到一句对你我来说更有意义的话，亚德勒这句话意义太深长了。

有一次，卡耐基在纽约大学选修一门短篇小说写作课程，在课程中，柯里尔杂志的主编到班上讲课。他说，他拿起每天送到他桌上的数十篇小说，只要读几段，就能感觉出作者是否喜欢别人。"如果作者不喜欢别人，"他说，"别人就不会喜欢他的小说。"

这位激动的主编，在讲授小说写作的过程中说："我现在所告诉你们的，跟你们的牧师所告诉你们的，是完全相同的东西。但是，请记住，你必须对别人感兴趣，如果你要成为一名成功的小说家的话。"如果小说写作真是如此，可以肯定，待人处世尤其是如此。

舒曼·海恩克夫人对卡耐基说过类似的话。即使饥饿和伤心，即使生活中充满这么多的悲剧，曾使她有一度差点杀死自己和她的孩子。即使这么不幸，她一直唱下去，终于成为有史以来最卓越的华格纳歌唱者。她坦白地说，她成功的秘诀之一是，对别人无限地感兴趣。

如果我们要交朋友，就要以高兴和热诚的心情去迎接别人。当别人打电话给你的时候，也可利用同样的心理学。说话的声音，要显出你多么高兴他打电话给你。

早年的纽约电话公司开了一门课，训练他们的接线生在说"请问您要拨几号"的时候，首先要说："早安，我很高兴为您服务。"我们明天接电话的时候，别忘了这点。

对别人显示你的兴趣，不但可以让你交到许多朋友，更可以为你的公司增加客户的信任感。在纽约，一家北美国家银行出版的刊物中，登出一位客户梅得兰·罗丝黛的信：

我真希望您知道我是多么欣赏您的职员。每一个人都是如此有礼、热心。在排了长时间的队之后，有位职员亲切地跟你打招呼，真是令人感到愉快。

去年我母亲住了五个月的院。我经常碰到一位职员玛依·派翠西萝，她很关心我母亲，还问了她的近况。

罗丝黛是否会继续和这家银行往来，实在是不用怀疑了。查尔斯·华特尔，属于纽约市一家大银行，奉命写一篇有关某一公司的机密报告。他知道某一个人拥有他非常需要的资料。

于是，华特尔先生去见那个人，他是一家大工业公司的董事长。当华特尔先生被迎进董事长的办公室时，一个秘书从门边探头出来，告诉董事长，她这天没有什么邮票可给。

"我在为我那12岁的儿子收集邮票。"董事长对华特尔解释。华特尔先生说明他的来意，开始提出问题。董事长的说法含糊、概括，模棱两可。他不想把心里的话说出来，无论怎样好言相劝都没有效果。这次见面的时间很短，没有实际效果。

"坦白说，我当时不知道怎么办。"华特尔先生说，他把这件事在卡耐基班上提出来：接着，我想起他的秘书对他说的话："邮票，十二岁的儿子……"我也想起我们银行的国外部门收集邮票的事："从来自世界各地的信件上取下来的邮票。"

第二天早上，我再去找他，传话进去，我有一些邮票要送给他的孩子。于是我受到非常热烈的欢迎。他满脸带着笑意，客气得很。"我的乔治将会喜欢这些，"他不停地说，一面抚弄着那些邮票。"瞧这张！这是一张无价之宝"。

我们花了一个小时谈论邮票，瞧瞧他儿子的照片，然后他又花了一个多小时，把我所想要知道的资料全都告诉我，我甚至都没提议他那么做，他把他所知道的，全都告诉了我，然后叫他的下属进来，问他们一些问题。他还打电话给他的一些同行，把一些事实、数字、报告和信件，全部告诉我。以一位新闻记者的话语来说，我大有所获。

说话时要注意对方的自尊

我们与别人谈话，目的是要双方达到一致，绝不是要制造不愉快，引起对方仇视，树立人生的敌人。因此，在与他人的谈话中，切勿伤害他人的自尊。

唐·散塔瑞里是美国宾州威明市一所职业学校的老师，他有一个学生因非法停车而堵住了学院的一个入口。有一位导师冲进教室，以非常凶悍的口吻问道："是谁的车堵住了车道？"当车主回答时，那位导师吼道："你马上给我开走，否则我就把它绑上铁链拖走。"

这位学生是错了，车子不应该停在那儿。但从那天起，不只这位学生对那位导师的举止感到愤怒，全班的学生都与他过不去，使得他的工作更加不愉快。

他原本可以用完全不同的方式处理的。假如他友善一点地问："车道上的车是谁的？"并建议说，"如果把它开走，那别的车就可以进出了。"这位学生一定会很乐意地把它开走。而且他和他的同学也不会那么生气了。

我们在生活中都是顾及自己的脸面的。因此，一句或两句体谅的话，对他人的态度表示一种宽容都可以减少对别人的伤害，保住他的面子。

几年以前，通用电器公司面临一项需要慎重处理的工作：免除查尔斯·史坦恩梅兹担任的某一部门的主管。史坦恩梅兹在电器方面有超过别人的天才，但担任计算部门主管却遭到彻底的失败。

不过，公司却不敢冒犯他，公司绝对少不了他，而他又十分敏感。于是他们给了他一个新头衔，让他担任通用电器公司顾问工程师，工作还是和以前一样，只是换了一项新头衔，并让其他人担任部门主管。

对这一调动，史坦恩梅兹十分高兴。通用公司的高级人员也很高兴。他们已温和地调动了这位最暴躁的大牌明星职员的工作，而且他们的做法并没有引起一场大风暴，因为他们让他保住了面子。

让他有面子！这是多么重要，多么极端重要呀，而我们却很少有人想到这一点！我们残酷地抹杀他人的感觉，又自以为是；我们在其他人面前批评一位小孩或员工，找差错，发出威胁，甚至不去考虑是否伤害到别人的自尊。

然而，一两分钟的思考，一句或两句体谅的话，对他人的态度作宽容地了解，都可以减少对别人的伤害。"下一次，我们在辞退一个用人或员工时，应该记住这一点。"卡耐基引用会计师马歇尔·格兰格写给他的一封信的内容来说明：

开除员工并不是很有趣，被开除更是没趣。我们的工作是有季节性的，因此，在三月份，我们必须让许多人走路。

没有人乐于动斧头，这已成了我们这一行业的格言。因此，我们演变成一种习俗，尽可能快点把这件事处理掉。通常是依照下列方式进行："请坐，史密斯先生，这一季已经过去了，我们似乎再也没有更多的工作交给你处理。当然，毕竟你也明白，你只是受雇在最忙的季节里帮忙而已。"等等。

这些话给他们带来失望以及"受遗弃"的感觉。他们之中的多数人一生从事会计工作，对于这么快就抛弃他们的公司，当然不会怀有特别的爱心。

我最近决定以稍微圆滑和体谅的方式，来遣散我们公司的多余人员。因此，我在仔细考虑他们每人在冬天里的工作表现之后，把他们一一叫进来。

我是这样对他们说的："史密斯先生，你的工作表现很好。那次我们派你到纽华克去，真是一项很艰苦的任务。你遭遇了一些困难，但处理得很妥当，我们希望你知道，公司很以你为荣。你对这一行业很精通。不管你到哪里工作，都会有很光明远大的前途。公司对你有信心，支持你，我们希望你不要忘记！"

结果呢？尽管他们离开了公司，但对于自己的被解雇感觉轻多了，他们不会觉得"受遗弃"。他们知道，如果我们有工作给他们的话，我们会把他们留下来。以后只要我们需要，他们还会来投效我们。

在卡耐基课程的一个学期，二位学员讨论挑剔错误的负面效果和让人保留面子的正面效果。宾州哈里斯堡的佛瑞·克拉克提供了一件发生在他公司里的事：

在我们的一次生产会议中，一位副董事以一种非常尖锐的口气，质问一位生产监督，这位监督是管理生产过程的。

他的语调充满攻击的味道，而且明显地就是要指出那位监督在工作方式上的不当。为了不愿在他攻击面前被羞辱，这位监督的回答含混不清。这一来更使得副董事发起火来，他严斥这位监督，并说他说谎。

这次遭遇之前所有的工作成绩，都毁于这一刻。这位监督，本来是位很好的雇员，从那一刻起，他对我们公司来说已经没有用了。几个月后，他离开了我们公司，为另一家竞争的公司工作。据我所知，他在那儿非常称职。

另一位学员，安娜·马佐尼提供了与上述情形非常相似的一件事，所不同的是处理方式和结果。能上能下的马佐尼小姐，是一位食品包装业的市场行销专家，她的第一份工作是一项新产品的市场测试。她告诉班上同学说：

当结果出来时，我可真惨了。更糟的是，在下次开会提出这次计划的报告之前，我没有时间去跟我的老板讨论。

轮到我报告时，我真是怕得发抖。我尽了全力不使自己精神崩溃，而且我知道我绝不能哭，不能让那些以为女人太情绪化而无法担任行政业务的人找到借口。我的报告很简短，只说因为发生了一个错误，我在下次会议前，会重新研究。

我坐下后，心想老板定会批评我一顿。但是，他却谢谢我的工作，并强调在一个新计划中犯错并不是很稀奇的。而且他有信心，第二次的普查会更确实，对公司更有意义。

散会之后，我的思想纷乱，我下定决心，我绝不会再一次让我的老板失望。

卡耐基认为，假使我们是对的，别人绝对是错的，我们也会因让别人丢脸而毁了他的自我。传奇性的法国飞行先锋和作家安托安娜·德·圣苏荷依写过："我没有权利去做或说任何事以贬抑一个人的自尊。重要的并不是我觉得他怎么样，而是人觉得他自己如何，伤害人的自尊是一种罪行。"

远在1909年，风度优雅的布洛亲王就觉得这么做极有必要。布洛亲王当时是德国的总理大臣，而德国皇帝则是威廉二世。威廉二世是德国的最后一位皇帝，他傲慢而自大，他建立了一支陆军和海军，并夸口可征服全世界。

接着，一件令人惊异的事情发生了。这位德国皇帝说了一些狂言和一些令人难以置信的话，震撼了整个欧洲大陆，引起了全世界各地一连串的风潮。

更为糟糕的是，这位德国皇帝竟然公开这些愚蠢自大、荒谬无理的话。他在英国做客时，就这么说，同时不允许伦敦的《每日电讯报》刊登他所说的话。

这位德国皇帝宣称他是和英国友好的唯一德国人。他说，他建立一支海军对抗日本的威胁；他说，他独自一人挽救了英国，使英国免于臣服苏俄和法国之下；他说，由于他的策划，使得英国罗伯特爵士得以在南非打败波尔人，等等。

在一百多年的和平时期，从没有一位欧洲君主说过如此令人惊异的话。整个欧洲大陆立即愤怒起来，英国尤其愤怒，德国政治家惊恐万分。

在这种狼狈的情况下，德国皇帝自己也慌张了，并向身为帝国总理大臣的布洛亲王建议，由他来承担一切的责难，希望布洛亲王宣布这全是他的责任，是他建议君王说出这些令人难以相信的话。

"但是，陛下，"布洛亲王说，"这对我来说，几乎不可能。全德国和英国，没有人会相信我有能力建议陛下说出这些话。"

布洛话一说出口，就明白犯了大错，皇帝大为恼火。"你认为我是一个蠢人，"他叫起来，"只会做些你自己不会犯的错事！"

布洛知道他应该先恭维几句，然后再提出批评；但既然已经太迟了，他只好采取次一步的最佳方法，即在批评之后，再予称赞。

这种称赞经常会产生意想不到的效果。

"我绝没有这种意思，"他尊敬地回答，"陛下在许多方面皆胜我许多，而且最重要的是自然科学方面。在陛下解释晴雨计，或是无线电报，或是伦琴射线的时候，我经常是注意倾听，内心十分佩服，并觉得十分惭愧。对自然科学的每一门皆茫然无知，对物理学或化学毫无概念，甚至连解释最简单的自然现象的能力也没有。但是，"布洛亲王继续说，"为了补偿这方面的缺点，我学习了某些历史知识，以及一些可能在政治上，特别是外交上有帮助的学识。"

皇帝脸上露出微笑。布洛亲王赞扬他，并使自己显得谦卑，这已值得皇帝原谅一切。"我不是经常告诉你，"他热诚地宣称，"我们两人互补长短，就可闻名于世吗？我们应该团结在一起，我们应该如此！"

威廉二世和布洛亲王握手，他十分激动地握紧双拳说："如果任何人对我说布洛亲王的坏话，我就一拳头打在他的鼻子上。"

如果光是说几句贬抑自己而赞扬对方的话，就能使一位傲慢孤僻的德国皇帝变成一位坚固的友人，那你就可想象得到，在我们日常事务中，谦卑和赞扬对你我的帮助将有多大。如果运用得当，它们在做人处世中将可制造真正的奇迹。

选择正确的说话时机

在人际交往中，谈话作为考察人品的一个重要标准，也是人们交流感情，增进了解的主要手段。如何说好话，是一门艺术。

有的人谈起话来滔滔不绝，容不得其他人插嘴；有的人为显示自己的伶牙俐齿，总是喜欢用夸张的语气来谈话，甚至不惜危言耸听；有的人以自己为中心，完全不顾他人的喜怒哀乐，一天到晚谈的只有自己。这些人说话的内容不论如何精彩，但如果时机掌握不好，也无法达到说话的目的。因为听者的内心，往往随着时间变化而变化。

要想使别人愿意听你的话，或者接受你的观点，就要选择适当的时机说。说话要选择时机是非常重要的。但何时才是这"决定性的瞬间"，怎样判断并抓住，并没有一定的规则，主要是看对话时的具体情况，凭你的经验和感觉而定。

具有高明演说技巧的人，往往能很快地发现听众所感兴趣的话题，同时能够伺机开口，说得适时适地，恰到好处。也就是说，能把听众想要听的事情，在他们想要听的时候，以适当的方式说出来。这不但要说到别人的心坎上，还要利用这个时机，巧妙地表达出自己的意思，达到办事的目的。

我国第一位现代舞拓荒者裕容龄，幼年时随外交官父母迁居巴黎，由于受旧礼俗困囿，一直不敢进言学舞的愿望。有一次，日本公使夫人到她家做客，问其母："你家小姐怎么不学跳舞呢？我们日本女孩都要学的。"

裕母不便拒绝，顺水推舟道："往后再学吧！"裕容龄趁机进言了："好！母亲，我今后就学日本舞跳给你看，好吗？"说罢，便换上衣服跳起了《鹤龟舞》，公使夫人夸赞不已，母亲也只好认可。裕容龄的进言成功，在于她抓住了时机。

生活中，许多人有一个共同的毛病，就是在不必要的场合中，把自己所有的话题，在一次机会中全部说完，等再需要他开口的时候，已无话可说了。即便是说，也是无味，既不形象生动，也不新鲜活泼，怎么能产生感人的力量呢？又怎么能进入或很快地进入角色呢？只有伺机而说，才能长时间地留在人们的记忆里。

在这个人际关系复杂的社会中，每个人都充当着一个重要的角色，你的话在什么时候说才是最有价值的，关键就在于你会不会选择适当的时机。

某宾馆服务员小罗第一天上班就被分配在酒店A楼5层做台班。由于刚经过3个月的岗前培训，她对工作充满信心，自我感觉良好，一上午的接待工作也还算顺手。

午后，电梯门打开，走出两位来自香港的客人。小罗立刻迎上前去，微笑着说："您好先生。"

看过客人的住宿证后小罗接过他们的行李，边说："欢迎入住本饭店，请跟我来。"小罗领他们走进房间后，随手为他们倒了两杯茶，说："先生请用茶。"接着她开始一一介绍客房设备，这时一位客人说："知道了。"

但是小罗没有什么反应，仍然继续介绍着，还没说完，另一位客人从钱包里拿出一张百元人民币，不耐烦地递给小罗。

"不好意思，我们不收小费的。"小罗嘴上说着，心里却想，自己是一片好意，怎么会被误解了。这使小罗十分委屈，她说了一声："对不起，如果您有事就叫我，我先告退。"

电冰箱老化了，制冷效果很差。丈夫几次提出要买一个新的，都因妻子不同意而没有买成。中午，妻子对丈夫说："今天真热，你把冰箱里的冰棒给我拿一支来。"

丈夫打开冰箱说："冰棒都化了。"

"这个破冰箱！"妻子说。

"还是再买一个新的吧？"

妻子欣然同意了。到了商店，看中了一个冰箱，一问价格，要3000多元。"太贵了，还是不买了吧。"妻子说。"端午节快到了，天气这么热，单位分的肉和鱼往哪放？"丈夫说。

站在他们身边一直没有开口说话的营业员这时插入一句："这个冰箱是今夏销售最多的，您真有眼光！虽然贵点，但耗电省，容积大，而且质量上是绝对有保证的，从长远看还是很合算的。"妻子听营业员这么说："那好，就买这个吧。"妻子终于同意了。

以上两则故事，都是在服务中与人交往的例子，可是她们却得到了不同的结果，小罗之所以被下了逐客令，原因就是小罗不善于观察时机，第一次客人说"知道了"的时候，就表示客人已经对小罗的说话不满了，而小罗却毫无感觉，到最后心里还想，自己完全出自一片好心怎么会被误解呢？

这是小罗表现好心的时机不对，如果小罗善于观察：两名客人也许刚下飞机很累，需要休息；或者他们是该酒店的长住客，对房间设施都十分熟悉。

在给客人倒过茶之后说上一句："还有什么需要我帮忙的吗？"如果客人问小罗一些有关客房设备的问题，说明客人对该宾馆并不熟悉，这个时候小罗就可以将客房设备一一向客人说清楚。

如果客人对房间设施都十分熟悉，客人起码也会对小罗说一句："不用了，谢谢。"这样说，不但会得到客人的感谢，还省了那么多口舌，何乐而不为呢？

而故事二中的营业员正是利用善于观察这一点，捕捉住了说话的时机，说中了购买者的担心，怕掏了那么多钱再买一个质量差的冰箱。所以营业员说这个冰箱是今夏售出去最多的，即便是营业员把这个冰箱说得再好，都不如一个顾客说冰箱好，营业员正是利用这一点，说了冰箱的销售情况，给这对夫妇吃了一个"定心丸"，并最终达到了目的。

把话在适当的时候说出来，并表达得体，是一门艺术。只有面对不同的语言环境随机应变，才能取得最佳的表达效果。孔子在《论语·季氏篇》里说："言未及之而言谓之躁，言及之而不言谓之隐，不见颜色而言谓之瞽。"

不该说话的时候却说了，叫作急躁；应该说话了却不说，叫作隐瞒；不看对方脸色变化便贸然开口，叫闭着眼睛瞎说。这三种毛病都是没有把握住说话时机。

说话是直接的语言交往，从来就不是一个人的事，双方当场对面，还要受到周围环境的种种限制。该说话时不说，马上时过境迁，失去成功的机会。

一句话说到点儿上，很快拍板，事情就办成了。说话时机的把握，有时就在瞬息之间，稍纵即逝，时不待我，机不可失。因此，要把握说话的时机，把每一句都说到重点上，这要比掌握、运用其他说话技巧更重要。

清末光绪皇帝戊戌变法，在短短的103天中，光绪以康有为、梁启超等人做顾问，发出了40余道上谕，一揽子提出政治、经济、军事、文化各方面的改革，几乎说出了他们想到的所有问题：

改革行政机构，裁减衙门和官员；废除八股文，重定考试制度；取消各地书院，改设新式学校，学习西学；设立农工商总局，保护和奖励工商业；修订法律作为摆脱治外法权的开端；修筑铁路，开采矿产；实行军队、警察和邮政系统的现代化；准许自由创立报馆和学会；提倡上书言事；鼓励发明和出国留学……

光绪皇帝急匆匆把所有的话在百来天全盘说出，过大的动作招致了过多人的反对，把所有重要的利益集团都得罪了。

《韩非子》说："事以密成，语以泄败。"西谚也云："如同选择食物一样，说话也要选择。"话要见机而说，简洁而说，否则多余的一句话，会惹来不必要的麻烦。不必说而说是多说，不当说而说便是非，因此要懂得伺机说话，才不会招致怨尤；懂得伺机而说，是智者的表现。

好话人人喜欢听

鲁迅曾说过，如果有人提议在房子墙壁上开个窗口，势必会遭到众人的反对，窗口肯定开不成。可是如果提议把房顶扒掉，众人则会相应退让，同意开个窗口。当你说服一个人的时候，提议"把房顶扒掉"，对方心中的"秤砣"就变小了，对于"墙壁上开个窗口"这个说服目标，就会顺利答应了。

冷热水效应可以用来劝说他人，如果你想让对方接受"一盆温水"，为了不使他拒绝，不妨先让他试试"冷水"的滋味，再将"温水"端上，如此他就会欣然接受了。

在说服别人的时候，说话语言一定要字斟句酌，你要通过自己的语言让对方觉得他是一个了不起的人，这样会达到意想不到的说服效果。不管是在生活中还是在工作中，马屁精到哪都吃香，纵使什么事都不会做，照样能如鱼得水。是人都爱听好话，你嘴巴一张就能把人家捧得十万八千里高那就是本事了，在人家眼里你就是块料，说不定还给你封个"名嘴"的名号。

小陈是拉广告赞助的，他在拉广告方面很有一套。曾经有人就此事请教过他，他说："我一定要和对方见个面才使得出办法来，在电话里行不通。只要见个面，我就可以找出对方非接受不可的理由。"因此，很多不轻易出赞助的企业家只要碰到他，都只好"束手就擒"。小陈用的方法是：想尽一切办法与对方见面，见面之后不提正事，先装作没事一般与对方话家常，尽量使话题愈谈愈投机，然后在适当的时候，说："你这样一提，使我想起了……问题，你认为如何？"

其实这个问题，他老早就放在心上了。对方中计发表意见之后，他就接着说："太好了！你的意见非常特别，就请你按照这个意见替贵公司宣传宣传吧！"这样一来，对方往往会答应下来，因为要宣传的东西自己刚刚都已经说过了！

即使你没有做出什么要求，只要是表示自己的意见，也可以用这个方法。例如："对！你这样说，倒使我想起……"或是"正如你所说的……"等，先用对方的话，再引出自己的意见，可使对方认为自己是主角，会更容易接受你。

尤其是你想要说服对方时，这种技巧更为重要，因为若直截了当地提出，对方会有压迫感，但若使用对方用过的表现法，就完全不同了！

谈话时，即使主导权在自己，也要不时地捧捧对方，从而成功地说服了对方。所以，当要说服别人的时候，你可以先捧一下对方，让他有一种想听与自豪感，这样会让其更愿意接受你的说服。

有一家人才派遣公司曾遇到一件事情，公司派遣的一些女性到顾客的公司任职，却总是无法按时下班。依照规定，这些被派遣的女职员乃是按时计酬，她们有固定的上下班时间，但该顾客公司总以各种借口，让这些女职员无条件为其加班。

这些按时计酬的女职员，怎么会同意无条件为人加班呢？原来，该公司的负责主管是个相当厉害的角色，他善于恭维女职员，使她们不知不觉地任其役使。

这位主管首先对她们当日的工作表现称赞一番，然后说："由于超出预算，无法付太多的酬劳，能否再给予一些帮忙？"这些女职员受到了恭维，个个心花怒放，只要时间不是太长，是可以接受他的要求的。

无独有偶，有一位年轻导演在重拍镜头时，定会先赞美一下所有的工作人员："嗯！好极了，现在我们来个稍微夸张的演出。"经他这么一说，没有人会表示抗议，自然地就接受导演的指示。

可见，以温言软语来称赞他人，会让对方产生接纳的态度，从而顺从自己的意见与要求，这位年轻导演，就是利用这种人类心理来达到说服的目的。

作为一个领导，在指责员工时，如果直截了当地说："你这么做不行。"很容易引起反感，打击员工士气。如果先说："你最近的工作表现良好，我一直在注意你。"继而指出："但关于那件事……"用此种口吻来说的话，不会使员工怒气冲天，他们也会谦虚地接受你的忠告。

要想说服对方做某件事，不妨先诚恳而恰如其分地恭维他几句，对方便能较为平和地接受。每一个人都喜欢听好话，我们何不利用这一点，给对方一点"糖"，让对方接受自己呢？

如果你对一位男士说"您的发型真特别呀"！他一定会相信。但是如果你对他说："先生，我们新设计的这种发型肯定更适合您"，他通常会表示怀疑而犹豫不决。

在人际交往中，我们需要不时地说服别人接受我们的产品或者观点，让人们相信我们说的话是真的。一个成功的推销者总是能够说服别人。其实，这并不难，只需要捧捧对方，给对方戴上一顶高帽子，使他们更加"虚荣"，逐渐因得意忘形而落入说服者所设的陷阱内，使说服成功。

一般情况下，我们想说服对方时，常以"除你之外，再也没有更适当的人选了！"或"幸亏是你，你这种当机立断的魄力，实在令人佩服！"等类似的赞美话语，来夸赞对方。

但是，如果你只是一味地赞美对方，他就会认为你是个专门逢迎他人的谄媚者，那样一来，你的马屁还真拍到马腿上了！因此，当你想使用这种方法来说服对方时，态度应自然而诚恳，也就是要不露痕迹地表演。

与其直截了当地以"除了你之外，再也没有别的人可以胜任这项任务了！"的言语来说服对方，还不如不露任何蛛丝马迹地说："你看！A先生容易犯什么什么错，B先生有什么什么缺点，算来算去，除了你之外，再也找不出第二个人能接这项工作啦！"

捧对方时，要故意将对方的竞争者搬上舞台，并提出客观的观点，适当地替对方的虚荣心戴上一顶高帽子，如此一来，对方就不会以为是拍马屁了，反而心里沾沾自喜道："嘿！说得也是！除了我之外，再也没人干得了啦！"

这一种加上附带条件来夸赞对方的说服术，运用这种方法，常能达到出人意料的效果。这种不着痕迹的阿谀对方的方法，还可举出对方所有的物品来赞美一番。

另外，还可以借对方不认识的第三者之名，以适当确切的言辞，捧对方一场，也可收到说服的目的。借第三者的力量来说服他时，其效果有下述的心理学上的背景：

一般来说，同样是赞美，但人们的心理喜欢陌生的第三者的赞美，胜于所认识的身边人物的夸奖。因此，如果告诉对方，有个陌生的第三者对他赞不绝口，他必然会感到光荣和兴奋。因为他认为除了自己所属的世界外，还有人承认自己的价值，这种"连陌生人都承认我的存在价值"的骄傲，满足了他的自我心理，因而产生应允对方说服内容的意欲。

当你欲向一位客户推销豪华轿车时，与其说破嘴皮子，告诉对方汽车的性能有多优良，外形有多美观，还不如告诉对方"某某大明星也开这一种车子"等类的话，来说服对方，成功率会比较高一些。这就是利用"第三者"的力量，抬高对方的自尊心或虚荣心，以达到说服的目的。

人人都爱听好听的话。所以，在你说服某人的时候，不妨先选择好听的语言让对方"美"一下，然后再顺理成章地说出你的建议，这样会很容易达到说服的目的。

说话要明白对方所需

美国成功学家卡耐基每年夏天都到缅因州钓鱼。他个人喜欢草莓和乳脂作饵料，但鱼儿较喜欢小虫。因此，每次去钓鱼，他不想自己所要的，想的是鱼儿所要的。卡耐基的鱼钩上不装草莓和乳脂，他在鱼儿面前垂下一只小虫或蚱蜢，说："你不想吃吃这个吗？"

为什么要谈论我们所要的呢？这是孩子气荒谬的想法。当然，你感兴趣的是你所要的，你永远对自己所要的感兴趣，但别人并不对你所要的感兴趣。

其他的人，正跟你一样，只对他们所要的感兴趣。因此，唯一能影响别人的方法，是谈论他所要的，教他怎样去得到。这是值得记住的一点，不论你是对待小孩子，或牛，或黑猩猩。

有一天，爱默生和他的儿子要把一头小牛赶入牛棚，但他们犯了一个一般人所犯的错误，即只想到他们所要的：爱默生在后面推，他儿子在前面拉。但那头小牛所做的正跟他们所做的一样，它所想的只是它所要的。因此牛蹬紧双腿，顽固地不肯离开原地。

那位爱尔兰女仆看到了他们的困境，她虽不会著书立说，但至少在这一次，她比爱默生拥有更多关于牛马的知识。她想到了那只小牛所要的，因此她把她的拇指放入小牛的口中，让小牛吮着手指，同时轻轻地把它引入牛棚。

从你出生之后，你的所作所为，都是因为你有所需求。你那次为什么捐给红十字会一百美元？因为你要助别人一臂之力，因为你要表现一种美好的、不自私的、神圣的行为。"既然你把这件事行诸我们的兄弟身上，等于就是行诸我的身上。"

如果你对行善的感觉比不上你对那一百美元的喜爱，你便不会有那次的捐赠了。当然，你捐钱可能是因为你不好意思拒绝，或你的一名主顾请你这么做。但有一点是可以确定的，你捐赠是因为你需求什么。

安德鲁·卡内基，这个贫穷如洗的小孩，开始工作的时候每小时的工资是两分钱，最后捐赠了3 6500 0000美元。他很早就学到，能影响别人的唯一方法，是以对方所要的观点来做。他只上过四年的学，但是他学到了如何对待别人。卡内基的嫂嫂，曾经为她那两个小孩担忧得生起病来。他们就读于耶鲁大学，为自己的事忙得没空写信回家，一点也不理会他们母亲写去的焦急信件。

于是卡内基提议打赌100钱，他不必要求回信，就可以获得回信。有人跟他打赌，于是他写了一封闲聊的信给他的侄儿，信后附带地说，他随信各送给他们五美金。但是，他并没有把钱附在信内。回信来了，谢谢"亲爱的安德鲁叔父"好心写去的信，当然你也可以猜出下一句写的是什么。

成功学家卡耐基班上一位同学，俄亥俄州克利夫兰市的史坦·诺瓦克提供了一个有说服力的例子。一天晚上他下班回家，发现他的小儿子第米躺在客厅地板上又哭又闹。

第米明天就要开始上幼儿园，但他却不肯去。要是在平时，史坦的反应就是把第米赶到房间里去，叫他最好还是决定去上幼儿园，当时他没有什么好选择的。但是在今天晚上，他认识到这样做无助于第米带着好心情去上幼儿园。

史坦坐下来想："如果我是第米，我为什么会高兴地去上幼儿园？"他和他太太就列出了所有第米在幼儿园会喜欢做的事情，如用手指画画，唱歌，交新朋友。然后他们就采取行动：

我太太、莉莉、我另一个儿子包布，以及我开始在厨房里的桌子上画指画，而且真正享受其中的乐趣。要不了多长时间，第米就在墙角偷看，然后他就要求参加。

"不行，你必须先到幼儿园学习怎样画指画。"我以最大的热忧，以他能够听懂的话，把我和我太太在表上列出的事项解释给他听，告诉他所有他会在幼儿园里得到的乐趣。第二天早晨，我以为我是全家第一个起床的人。我走下楼来，发现第米坐着睡在客厅的椅子里。

"你怎么睡在这里呢？"我问他。"我等着去上幼儿园。我不想迟到。"我们全家的热忱已经在第米心里引起了一种极欲得到的需要，而这是讨论或威胁恐吓所不能做到的。

明天，也许你会劝说别人做些什么事情。在你开口之前，先停下来问："我如何使他心甘情愿地做这件事呢？"这个问题，可以使我们不至于冒失地、毫无结果地去跟别人谈论我们的愿望。

卡耐基曾亲身经历过这样一件事。他曾向纽约某家饭店租用大舞厅，每一季用20个晚上，举办一系列的讲课。在某一季开始的时候，他突然接到通知，说他必须付出几乎比以前高出三倍的租金。卡耐基得到这个通知的时候，入场券已经印好，发出去了，而且所有的通告都已经公布了。当然，卡耐基不想付这笔增加的租金，可是跟饭店的人谈论不要什么，是没有什么用的，他们只对他们所要的感兴趣。因此，几天之后，他去见饭店的经理。

"收到你的信，我有点吃惊，"卡耐基说，"但是我根本不怪你。如果我是你，我也可能发出一封类似的信。你身为饭店的经理，有责任尽可能地使收入增加。如果你不这样做，你将会丢掉现在的职位。现在，我们拿出一张纸来，把你可能得到的利弊列出来，如果你坚持要增加租金的话。"

然后，卡耐基取出一张信纸，在中间画一条线，一边写着"利"，另一边写着"弊"。他在"利"这边的下面写下这些字：

"舞厅空下来"。卡耐基接着说：你有把舞厅租给别人开舞会或开大会的好处，这是一个很大的好处，因为像这类的活动，比租给人家当讲课场所增加不少收入。如果我把你的舞厅占用20个晚上来讲课，对你当然是一笔不小的损失。

现在，我们来考虑坏处方面。第一，你不但不能从我这儿增加收入，反而会减少你的收入。事实上，你将一点收入也没有，因为我无法支付你所要求的租金，我只好被逼到别的地方去开这些课。

第二，这些课程吸引了不少受过教育、修养高的民众到你的饭店来。这对你是一个很好的宣传，不是吗？

事实上，如果你花费5000美元在报上登广告的话，也无法像我的这些课程能吸引这么多的人来看看你的饭店。这对一家饭店来讲，不是价值很大吗？

卡耐基一面说，一面把这两项坏处写在"弊"的下面，然后把纸递给饭店的经理，说："我希望你好好考虑你可能得到的利弊，然后告诉我你的最后决定。"

第二天，卡耐基收到一封信，通知他租金只涨50%，而不是300%。在这里，卡耐基没有说一句他所要的，就得到这个减租的结果。卡耐基一直都是谈论对方所要的，以及他如何能得到他所要的。

假设卡耐基做出平常一般人所做的，怒气冲冲地冲到经理办公室说："你这是什么意思，明明知道我的入场券已经印好，通知已经发出，却要增加我三倍的租金？岂有此理！"

那么情形会怎样呢？一场争论就会如火如荼地展开，而你们知道争论会带来什么后果。甚至即使卡耐基能够使他相信他是错误的，他的自尊心也会使他很难屈服和让步。

第二章
会办事

　　办事不是做事，做事是一种技能，办事是一种技巧。办事不是简单的做事，办事是处理人与人之间、事与事之间或人与事之间的关系。做什么事都有规则，有些规则是必须坚守的，但若一味照本宣科，不能融会贯通，就可能什么事都办不好。

第一节 逆境中办事法则

坚强来自强大的内心

人生若能像球赛，两旁有人欢呼加油，我们一定会更加振奋。有时我们饱受折磨，只想停下来大呼："我不干了。"如果此时有人给我们打气，该有多好。

然而人生毕竟不是球赛，反倒像个战场，你没有观众和拉拉队，有的只是队友或竞争对手。我们都在生命中奋斗，知道如何行动的人不需要啦啦队，他的心里自有鼓励的声音。让自己的心鞭策自己向前进，这才是最可靠的。

中国女学生袁和为了理想，不畏艰难，与命运和病魔抗争的故事经校方的宣传与介绍，在哈佛引起了很大的轰动。许多学生激动地说："太令人感动了……""袁和是好样的，她给了我勇气……"于是，校方利用这一契机，进行座谈，举办演讲，教育学生向袁和学习，为了知识和理想，不要惧怕任何困难。并且相信自己一定能成功。

袁和是一位来自上海的姑娘，为了能出国深造，她一边在街道工厂里靠糊纸盒赚钱，一边学习英语。她凭着顽强的毅力，通过了托福考试，被马萨诸塞州蒙特·荷里亚女子学院录取。

但是袁和刚到美国才两个月，就被医生诊断为癌症，且癌细胞已经转移。这位柔弱纤细的中国女孩，没有被死亡与不幸吓倒。她坚定地说：我还想读书，我要拿到硕士学位，这是我到这里来的目的。

按照经验，她只能再活半年，想要得到硕士学位，简直是一种美丽的幻想。袁和是清楚这一点的，但是她对自己说：我一定要坚持，我一定会胜利。

她仿佛忘记了自己是一个被现代医学宣判了死刑的人，她拼命地读书，把死亡当成自己生命的拐杖，倚着它，无所畏惧地前行。有一次她晕倒在宿舍里，在冰凉的地上，她整整昏迷了近10个小时。

尽管她也曾胆怯过、犹豫过，痛苦难耐时，也想放弃追求。但她战胜了自己，战胜了人的懦弱和绝望中自戕的念头。经过一年多时间的苦熬，与死神的抗争，袁和终于穿着长长的黑色学袍，一步步走上了学院礼堂的台阶，接过了院长亲手颁发的硕士学位证书。

教授们和那些来自不同国家的同学们，在台下为她鼓掌。人们从她身上看到了勇气，看到了无畏，看到了人格的力量。袁和并没有停止她生命的进程，她又决心以顽强的毅力去攻读博士学位。但是，没过多久，病魔便夺去了她年轻的生命。袁和的故事在许多大学引起了很大的震动。

哈佛学报》评论说：袁和的一生是人类关于勇气的一课，是关于理想追求的一课。我们的校训历年提倡的，正是这样一种精神。

不要指望别人帮助你什么，只有自己才最可靠。要想成就事业，只有靠自己不懈努力才有可能成功。

在逆境中把握机遇

聪明人是绝不会钻牛角尖的，不会一条死胡同走到底。他们总会在适当的时候采用灵活手段，根据时机的不同采用不同办法。法国著名作家罗曼·罗兰也是因为逆境而改写了自己的一生。

1892年，罗曼·罗兰与巴黎上流社会的资产阶级小姐克洛蒂尔特·勃来亚结婚。由于社会地位不同，思想基础不一样，到1901年年初，两人终于离异，结束了同床异梦的痛苦生活。告别了上流社会之后，罗曼·罗兰在经历了一段刻骨铭心的痛苦经历后，终于沉下心来开始了他梦寐以求的文艺创作。

他一个人住在简陋的公寓里，埋头写作，历经三年，发表了《约翰·克利斯朵夫》的第一卷，又过了九年，终于完成了这部宏伟巨著。试想，如果没有这段痛苦破碎的婚姻，罗曼·罗兰怎能有日后辉煌的成就呢？

为什么逆境也能够产生机会呢？因为顺境和逆境在一定的条件下是可以转化的。环境本身是无情的，但也是公正的，它对所有人都一视同仁。

环境虽然不以人的意志为转移，但是人对于环境却有主观能动性。每个人都可以努力去改变环境，到一定时候，逆境也可能转化为顺境，也就是说人在逆境的情况下，也可能获得成功的机会。

事实上，在机会出现的全过程中，顺境和逆境往往是交错出现的。今天碰到的顺境，明天有可能就成逆境，所以，要想抓住机会，必须能够在顺境中扬帆鼓浪，能够在逆境中避短扬长。

人们在生活面前有种种美好的向往，总是希望前面有着广阔的天地。然而，人生的道路不可能像长安街那样平坦笔直；成就功名不会像月下漫步那样轻松取得。只有你有一颗执着之心，逆境在你眼里，也会成为一种机会。

做大事坚忍第一

一个人要想摆脱逆境，必须靠坚忍的品格支撑自己，而坚忍就是霸者的品格力量。

许多人之所以不能成功的原因，就在于自己太脆弱，遇到难题就打退堂鼓，结果始终突破不了一道道难关。曾国藩特别擅长在各种逆境中磨砺自己的意志，多次提醒自己要坚忍起来。一个人要想摆脱逆境，必须靠坚忍的品格支撑自己，而坚忍就是霸者的品格力量。下面我们将围绕这一主题展开讨论。

决定一个人做事大小的关键，在于他的心胸狭隘还是广大！所谓怨气由心生，如果一味只为出口恶气而活，一定会毁掉自己的人生。曾国藩一直努力做好一切向前看的鸿鹄，在坚忍之途上不移初心，正如他所言："'胸怀'乃吾最阔之空。"

曾国藩崇尚坚忍卓绝之人物，而对富贵之人却持睥睨，如同司马迁一样，敬仰屈原、田光等坚忍行世的人物。因此，曾国藩的一生也是靠"坚忍"成事，但由于身份、修养的不同，还是有人不太理解的。譬如王闿运作《湘军志》，对曾国藩时有微词，主要的原因，就是认为他太坚忍、太慎重了。

客观来讲，曾国藩所持态度是绝对正确的。因为他所处的环境，当时虽是督师，实居客寄的地位。筹兵筹饷，一无实权，州县官都不听他的话，各省督抚又常常为难他，只有胡林翼是诚心帮他的忙。

湘军将士虽也拥戴他，可是他们的官级，有的比他还高，他好像一个统帅，当然是经不起败仗的。他的苦衷也绝非一般人所能相比了。我们来看他写给弟弟们的信：

兵勇抢劫旅台，此近来最坏风气，见奏明将万瑞书即行正法。闻骆中丞不欲杀之。近日意见不合，办事之难如此。陈竹伯中丞办理军务，不惬人心，与余诸事亦多龃龉，凡共事和衷最不容易，澄弟尚在外办公事否？宜以余为戒！杜门不出，谢却一切。余食禄已久，不能不以回家之忧为忧，诸弟则尽可理乱不闻也。

带军之事，千难万难，澄弟温弟嗣后总以不带勇为妙。吾阅历二年，知此中构怨之事，造孽之端，不一而足。恨不得与诸弟当面一一缕述之也。

艰苦凄凉的遭遇，使得他在咸丰七年听到父亲死去的噩耗后，立刻率曾国华、曾国葆回籍奔丧，大有急流勇退的意思。此次曾国藩弃军奔丧，已属不忠，此后又以复出作为要求实权的砝码，这与他平日所标榜的理学家面孔大相径庭。因此，招来了种种指责与非议，再次成为舆论的中心。朋友的规劝、指责，曾国藩还可以接受，如吴敏树致书曾国藩，谈道：

曾公本以父丧在籍，被朝命与办湖南防堵，遂与募勇起事。曾公之事，暴于天下，人皆知其有为而为，非从其利者。今贼未平，军未少息，而迭遭家故，犹望终制，盖其心诚有不能安者。曾公诚不可无是心，其有是心而非论言之者，人又知之……奏折中常以不填官衔致被指责，其心事明白，实非寻常所见。

好朋友罗汝怀也写信给曾国藩，指责他不应不分轻重缓急：

> 夫夺情之事，本出于变，而变之中又有轻重缓急之辨……且夫丧服者一身家之私事，丧乱者天下之公愤。人臣之身既致，且不得自遂其私……至并丧制而夺之，必事势之万无可已。故其事不及于位卑任轻之人。今以九重绮畀，四海属望，而下同乡阎之匹士，固守经曲之常轨，一再曰："两次夺情，从不平静"，岂足以为解手。

最令他难堪的是左宗棠一针见血的责难。曾国藩自知心亏理缺，无法辩解，只能忍耐。但左宗棠的所作所为，却使他一直耿耿于怀，在其后谈及此事时，仍感愤懑：我生平以诚自信，彼乃罪我欺，故此心不免耿耿。

在内外交困的情况下，曾国藩忧心忡忡，导致失眠。朋友欧阳兆熊深知病根所在，给他开了"意味深长"的两种药方，一为治病，二为治心。"歧、黄可医身病，黄、老可医心病。"欧阳兆熊借用黄、老来讽劝曾国藩，暗喻他过去所采取的铁血政策，未免有失偏颇。

朋友的规劝，不能不使其陷入深深的反思。经过多年的实践，曾国藩深深地意识到，仅凭他一人的力量，是无法扭转官场这种状况的，如若继续为官，那么唯一的途径，就是去学习、去适应。"吾往年在官，与官场中落落不合，几至到处荆榛。此次改弦易辙，稍觉相安。"此一改变，说明曾国藩在宦海沉浮中，日趋世故了。

然而，认识的转变过程，如同经历炼狱再生一样，需要经历痛苦的自省。每当他自悟昨日的是与非时，常常为追忆昔日"愧悔"的情绪氛围所笼罩。因此，在家守制的日子里，曾国藩脾气很坏。常常因为小事迁怒诸弟，一年之中和曾国荃、曾国华、曾国葆都有过口角。

在三河镇战役中，曾国华遭遇不幸，这使曾国藩陷入深深的自责。在其后的家信中，他屡次检讨自己在家期间的所作所为。如在咸丰八年十一月十二日的家信中写道：

> 去年在家，因小事而生嫌衅，实吾度量不宏，辞气不庄，有以致之，实有愧于为兄之道。千愧万悔，夫复何言……去年我兄弟意见不合，今遭温弟之大变。和气致祥，乖气致戾，果有明证。

咸丰八年十二月初三日，又提到：

> 吾去年在家，以小事急成，所言皆锱铢细故。而今思之，不值一笑。负我温弟，既愧对我祖我父，悔恨何极！当竭力作文数首，以赎余薄愆，求沅弟写石刻碑……亦足以摅我心中抑郁悔恨之怀。

经历了一路的风风雨雨，曾国藩感悟了很多，已成为一位很好的涉途者。

退缩只能招致失败

西方谚语说，如果你不热烈地、坚强地希望成功，而一味退缩，退缩，再退缩，那么一定是世界末日将要来临了。据说拿破仑一上战场，士兵的力量可增加一倍。军队的战斗力，大半寓于士兵对将帅的信仰之中。将帅露出惊惶，全军必然要陷于混乱、动摇；将帅的自信，则可以加强他部下健儿的勇气。

人的各部分的精神能力，像军队一样，也应该信赖其主帅，也就是意志。有坚强的意志，有坚强的自信，往往使得平庸的男女也能够成就神奇的事业，成就那些虽然天分高、能力强，但是多疑虑与胆小的人所不敢染指尝试的事业。

你的成就大小，往往不会超出你自信心的大小。拿破仑的军队绝不会爬过阿尔卑斯山，假使拿破仑自己以为此事太难的话。同样，在你的一生中，绝不能成就重大的事业，假使你对自己的能力存着重大怀疑的话。

不热烈地、坚强地希望成功、期待成功而能取得成功，天下绝无此理。成功的先决条件，就是自信。在这世界上，有许多人，他们以为别人所有的种种幸福是不属于他们的，以为他们是无法得到的，以为他们是不能与那些鸿运高照的人相提并论的。

然而，他们不明白，这样缺乏自信，是会大大削弱自己的生命力的。假使他想他能够，他就能够；假使他想他不能够，他就不能够。当然，这一信心是要建立在客观规律的基础上，胡思乱想是不行的。

自信心是比金钱、势力、家世、亲友更有用的条件。它是人生可靠的资本，能使人努力克服困难，排除障碍，去争取胜利。对于事业的成功，它比什么东西都更有效。

假使我们去研究、分析一些有成就之人的奋斗史，我们可以看到，他们在起步时，一定是先有一个充分信任自己能力的坚强自信心。他们的心情意志坚定到任何困难艰险都不足以使他们怀疑、恐惧的程度。这样，他们就能所向无敌了。有人说过："假使我们自比于泥块，那我们将真的成为被人践踏的泥块。"

我们应该觉悟到"天生我材必有用"；觉悟到造物主育我，必有伟大的目的或意志，寄于我的生命中；万一我不能充分表现我的生命于至善的境地、至高的程度，对于世界将会是一个损失。

这种意识，一定可以使我们产生出伟大的力量和勇气来。同样，一个人的事业成就，也绝不会超过他自信所能达到的高度。

信念可以改变人生

如果你只要一分钱，你就只能得到一分钱；如果你想要充满喜悦和成功的人生，也同样会得到。在诺曼·卡曾斯所写的《一个病理的解剖》一书中，描述了一个关于20世纪最伟大的大提琴家之一卡萨尔斯的故事。这里有一则关于信念和更新的故事，我们都会从中得到启示：

他们会面的日子，恰在卡萨尔斯九十大寿前不久。卡曾斯说，他实在不忍心看那老人所过的日子。他是那么衰老，加上严重的关节炎，不得不让人协助穿衣服。从他的呼吸状况可以看得出患有肺气肿；走起路来颤颤巍巍，头不时地往下颤；双手有些肿胀，十根手指像废爪般地钩曲着。从外表来看，他实在是老态龙钟。

就在吃早餐前，他贴近钢琴，那是他擅长的几种乐器之一。很吃力地，他才坐上了钢琴凳，颤抖地把那钩曲肿胀的手指抬到琴键上。霎时，神奇的事发生了。

卡萨尔斯突然像完全变了个人似的，透出飞扬的神采，而身体也跟着开始能动并弹奏起来，仿佛是一位健康的、强壮的、柔软的钢琴家。

卡曾斯描述说：

他的手指缓缓地舒展移向琴键，好像迎向阳光的树枝嫩芽，他的背脊直挺挺的，呼吸也似乎顺畅起来。

弹奏钢琴的念头，完完全全地改变了他的心理和生理状态。当他弹奏巴哈的一只名曲时，是那么纯熟灵巧，丝丝入扣。他弹奏起布姆斯的协奏曲，手指在琴键上像游鱼似轻快地滑动。

"他整个身子像被音乐融解。"卡曾斯写道，"不再僵直佝偻，代之的是柔软和优雅，不再为关节炎所苦。"在他演奏完毕，离座而起时，跟他当初就座弹奏台时全然不同：他站得更挺，看来更高，走起路来也不再拖着地。他飞快地走向餐桌，大口地吃着，然后走出家门。漫步在海滩的清风中。

罗宾指出：

人们常把信念看成一些信条，而它就真的只能在口中说说而已。但是，从最基本的观点来看，信念是种指导原则和信仰，让人们明了人生的意义和方向；信念是人人可以支取的力量源泉，且取之不尽；信念

像一张早已置好的滤网，过滤大家所看的世界；信念
也像脑子的指挥中枢，指挥大家的脑子，照着大家所
相信的去看事情的变化。

卡萨尔斯热爱音乐的艺术，那不仅曾使他的人生美丽、高尚，并且每日带给他神奇。就因为他相信音乐的神奇力量，使他的改变让人匪夷所思；就是信念，让他每日从一个疲惫的老人化为活泼的精灵。说得更玄些，是信念，让他活下去。

自有人类以来，不知有多少思想家、传教士和教育者都已经一再强调信心与意志的重要性。但他们都没有明确指出：信心与意志是一种心理状态，是一种可以用自我暗示诱导和坚持锻炼出来的积极的心理状态！

成功始于觉醒，心态决定命运！这是希尔、斯通等成功学大师的伟大发现，是成功心理学的卓越贡献。成功心理、积极心态的核心就是自信主动意识，或者称作积极的自我意识，而自信意识的来源和成果就是经常在心理上进行积极的自我暗示。

反之也一样，消极心态、自卑意识，就是经常在心理上进行消极的自我暗示。就是说，不同的意识与心态会有不同的心理暗示，而心理暗示的不同也是形成不同的意识与心态的根源。

所以说心态决定命运，正是以心理暗示决定行为这个事实为依据的。

积极改变负面心态

缺乏自信，常常是性格软弱和事业不能成功的主要原因。

自信心不仅能影响事业，甚至能改变人的外貌。

一位美容医生悟到这样一个道理：美与丑，并不仅仅在于一个人的本来面貌如何，还在于他是如何看待自己的。

一个人如自惭形秽，那他就不会成为一个美人。同样，如果他不觉得自己聪明，那他就成不了聪明人。他不觉得自己心地善良，即使在心底隐隐地有此种感觉，那他也就成不了善良的人。

有这么一个故事：心理学家从一帮大学生中挑出一个自认为最愚笨、最不招人喜爱的姑娘，并要求她的同学们改变以往对她的看法。在一个风和日丽的日子里，大家都争先恐后地服务这位姑娘，向她献殷勤，陪送她回家，大家努力地打心里认定她是一位漂亮、聪慧的姑娘。结果怎样呢？

不到一年，这位姑娘出落得很好，连她的举止也跟以前判若两人。她愉快地对人们说：她获得了新生。

确实，她并没有变成另外一个人。然而，在她的身上却展现出每一个人都蕴藏的美。这种美，只有在相信自己，周围的所有人也都相信、爱护的时候才会展现出来。斯通说："一个人只要有自信。那么他就能成为他希望成为的那样的人。"

居里夫人曾说过："生活对于任何一个男女都非易事；人们必须要有坚忍不拔的精神；最要紧的，还是自己要有信心。大家必须相信，对一件事情具有天赋的才能，并且，无论付出任何代价，都要把这件事情完成。当事情结束的时候，你要能够问心无愧地说：'我已经尽我所能了。'"

古往今来，不知有多少伟大人物凭着超人的自信心，创造了伟大的业绩。

大音乐家华格纳遭受同时代人的批评攻击，但他对自己的作品有信心，终于战胜世人。达尔文在一个英国小园中工作20年，有时成功，有时失败，但他锲而不舍，因为他自信已经找到线索，结果终得成功。

19世纪的英国诗人济慈幼年就成为孤儿，一生贫乏，备受文艺批评家抨击，恋爱失败，身染重病，26岁即去世。济慈一生虽然潦倒不堪，却不受环境的支配。他在少年时代读到斯宾塞的《仙后》之后，就肯定自己也注定要成为诗人。济慈一生致力于这个最大的目标，使他成为一位名垂不朽的诗人。他有一次说："我想，我死后可以跻身于英国诗人之列。"

斯通指出："你自信能够成功，成功的可能性就大为增加。你如果自己心里认定会失败，就永远不会成功。没有自信，没有目的，你就会俯仰由人，一事无成。"

要树立自信心就必须信任自己，相信自己。前世界拳击冠军乔·弗列勒每战必胜的秘诀是，参加比赛的前一天，总要在天花板上贴上自己的座右铭："我能胜！"

大家都知道电话是贝尔发明的，可是，很少有人知道，在贝尔之前，就有人发明了电话，但他没有努力去宣传和推广自己的成果，终于被埋没掉了。

贝尔发明了电话后，起初也不被理睬和相信。但是他信心十足，不断利用各种机会广泛宣传，终于把电话推广开来。拿破仑·希尔指出："凡事往积极的方面思考，总会看到成功的曙光。"

对此，罗宾也深有感触。有一天晚上，罗宾独自漫步于波士顿考伯利广场，此时已是夜阑人静，广场的四周围绕着美国自建国以来的各式建筑。

罗宾不由得端详起来。就在此时，一个人摇摇晃晃朝他走来。那人似乎流浪街头已有多日，浑身都是酒气，愁容满面。罗宾猜想他一定会走过来乞讨几分钱。果不其然，那人走向罗宾开口道："先生，能否给我一分钱呢？"

起先罗宾有点犹豫，后来还是动了恻隐之心。一分钱实在是微不足道，但罗宾觉得至少可以给他一个指点。

"一分钱？你就只要一分钱吗？"

那人忙不迭地说："就一分钱。"

罗宾把手伸到裤袋里，掏了一分钱给他，同时说："人生能得多少，就看你要求多少。"

乞讨者听了为之一振，然后蹒跚离去。望着他走远的背影，罗宾十分感叹，为何成功的人和失败的人有如此悬殊的差异？罗宾和他都是人，为何罗宾的人生充满了喜悦，事事都那么顺利；而他，一位60开外的老人，却得露宿街头，靠乞讨为生。

当年罗宾也曾与那人一样落魄，只不过没喝那么多的酒和流落街头，但今天罗宾却像变了个人似的。难道说这是上帝特别恩待罗宾？还是有贵人相助呢？也许两者都没有。罗宾与那人之所以不同，答案就在于罗宾对那人说的话：人生会给予你所要的一切。

第二节　顺境中办事规则

与人为善传播快乐心境

所谓和善并不意味着要讨人喜欢。一个成功的生意人做出决定时依据的标准是：什么是对的，而不是什么是讨人喜欢的。正是这一点使他们能赢得人们的尊敬，不管他们是否讨人喜欢。

生意人也是人，也有七情六欲。你既可以成为一个和善的人，享有关心、体贴人的美名，同时又坚强有力，完成任务毫不含糊。尊重人、为人和善，只会使你变得更加完美。

管理者和蔼可亲，就会使其他人感到快乐，你也会得到快乐，而这种快乐是无法以其他任何一种方式获得的。如果你面带诚恳、关切的微笑对一个职工提出批评，做出明确的指示，那么，你一定可以取得圆满的结果。

人们觉得你平易近人，乐于按照你的要求办事。反之，如果你板着面孔严厉地提出批评，发出指示，则会引起人们的反感，达不到你所要求的效果。

享有盛誉的卡法罗家族购物中心拥有6亿美元的资产，它是靠这样的经营哲学发家致富的：如果今天交一个朋友，明天就可以做成一笔买卖。

这个道理很简单。如果你首先和善待人，你就有可能从人们身上得到你所需要的东西。而粗暴无礼，你将一无所获。

要努力使自己不要显得高高在上、盛气凌人。所谓和善，并不是你去巴结奉承，到处说"请""谢谢"，而是采取这样一种态度："我对你好，希望你也对我好。我们不回避难办的问题，我们要在互相尊重的情况下解决它们。"

不错，你也可能认为，你见过许多粗暴专横的人也能行得通。诚然，从短期来看，有时甚至从长期来看，这些人也得逞了。但是，在多数情况下，行不通。特别是在现今这个时代，员工们越来越不能容忍老板的粗暴行为。如果你对员工不好，你是长久不了的。

为人做事一开始就要尽量富有人情味，与人为善。以后，你随时可以在一些问题上采取比较强硬的立场。如果你一开始就非常粗暴、骂骂咧咧，以后想变得和善起来，那几乎是不可能的，同事们绝不会相信你。

例如，有一天，突然有一位高层人士指名道姓问到你的家庭情况，这一定会给你留下深刻印象。这就是和善的表现。如果必要的话，你不妨试以下这些表示和善的做法：

第一，当人家特意安排，满足你的日程时，你应当做出三倍的努力，报答人家。第二，不管是老板，还是同事和下属，主动为他们开门。第三，与领导、长辈或客户同行时，尽量比他们慢半步走。第四，如果你正在开会，你不妨暂时离开一会儿，出来亲自告诉你的下一个约会者，你要推迟一段时间，请他到你的办公室或会议室稍候。第五，提醒你的秘书对每一个人都要和善客气，而不要仅仅对待他认为你喜欢的那些人才和善客气。第六，每当你碰到一个粗鲁无礼的人，你就内心笑一笑默默地说：天啊，世界上还有这样的人，幸而我不是他。第七，在作自我介绍时，说出你的名字，不要以为人家都知道。同时，要记住人家的名字，并且有意识地使用它。

有人觉得，他的权力大威望高，他就没有必要表现的和善。这个看法不对。你的地位越高，人们就越发注意你的为人，并以你为榜样。你应当对那些你通常不大喜欢的人表现出特别的和善。不妨试试，谁知道会有什么结果呢。但我敢保证，效果一定不错！

忘记仇怨筑路在人心中

《菜根谭》上有一段话说，我虽然帮助或救助过别人，但不要常常挂在嘴边上或记在心里，假如有对不起别人的地方却不可不经常反省；别人曾经对我有恩应常记于心，不可轻易忘怀，别人做了对不起我的事却不可不忘掉。

这句话告诉生意人，心中常怀怨恨，伤自己，又伤别人。且胸中常怀怨恨之人多半器量小，器量狭小之人，何以能成大事呢？相比之下，那些专爱找人毛病，专爱记仇的人，岂不是大蠢人了吗？

魏信陵君杀了大将晋鄙，击破秦军，解除邯郸之围，救了赵国，赵王亲自出郊外迎接。范雎对信陵君说："我听人说，有些事无法得知，但有些事不可不知；有些事不能忘，但有些事不能不忘。"

信陵君说："怎么说呢？"

范雎说："有人恨我，我无法得知；但我恨人，却不可不知；

别人有恩于我，我不能忘记；但有恩于人，就不能不忘。先生杀了晋鄙解除邯郸之围，救了赵国，这是大恩，希望你能忘记对赵国的恩惠。心里老是记着对别人的恩德，势必带来恩大于仇；对别人的怨恨不能及时化解，只能给自己带来更多的烦恼。"

孟尝君被逐之后，又恢复了相位，重新回到了齐国。谭拾子到边境去迎接，对孟尝君说："您会不会埋怨齐国的士大夫放逐您，而想杀人呢？"

孟尝君说："会。"

谭拾子说："有件事是一定会发生的，有个道理是必然的，您知道吗？"

孟尝君说："不知道。"

谭拾子说："死，是一定会发生的事，而追求富贵，摒弃贫贱则是必然的道理。拿市场来做比方吧，早上的时候，市场人潮汹涌，到了晚上，市场就空荡荡了，这并不是市场喜欢早上而憎恨晚上啊！为了求生存所以就争着去，为了避免危亡所以就逃离，这也是同样的道理啊！希望您不要心怀埋怨。"

孟尝君听了，就消去了一份记有五百个他所怨恨的人的名单，表示不再报复了。

以上两件事说明，帮助救助过的人不要挂在嘴上或记在心头；做了对不起别人的事要经常反省；别人对不起自己时，要立刻忘记。

西汉的丙吉做丞相的时候，有一次，他的车夫贪酒，酒后驾车，吐了丙吉一车子。丙吉手下的官员西曹主支，来向丙吉报告了这件事，并打算把车夫辞去不用。

丙吉说："以酒醉的过失赶走他，那么他以后到哪容身谋生呢？你还是先忍一忍，这只不过是弄脏了我一个车垫子罢了。"

这位车夫，是边疆地区的人，对边塞上经常发生的预警报警的事，见得多了。有一次外出，正碰上来自边防的信差，带来边防的紧急文书，用红白两色袋装着，他就悄悄跟随到了有关部门，打听得知，是关于匈奴人入侵中州和代郡的事。

他立即返回，报告给了丙吉，并建议说："恐怕这两个地方的地方长官，若有老弱病残的情况，不能带兵，丞相你该心里有数，也好预作安排。"丙吉认为他说得很对，马上召集有关人员，核对这两郡官员们的情况。

皇上召见大臣时，丙吉因事先有准备，一一对答，井井有条；御史大夫却仓促应对，不能详细应答，受到皇上的责备。丙吉则受到表扬，皇上说他关心边防，尽心尽职。这都是那位车夫起的作用。

能容忍别人的一次小过失，别人就会以他的一技之长来回报你。能消除对别人的怨恨，别人就会拼了命来报答你。这种回报和报答的心情是那样迫切，以至于只要碰到机会，他就一定会一展其身手，只要有效力的场合，他就会拿出他的全部力量，以完成其事。

相比之下，那些专爱找人毛病，专爱记仇的人岂不是大蠢人了吗？对于别人的过失，是给予宽容还是穷追不放？这不只是个德行的问题，对于一个生意人来说，更是一个如何做生意赚钱的问题。这比放高利贷还合算！对方冒犯了你，而大度地给予宽容，对方于是欠了你的人情高利贷。但凡有机会，他将以十倍百倍的回报来偿还你的恩情。

可惜，人是情感动物，很少有人能这样宽宏大量；他更没有想到这也是一种"感情投资"，而且是最有效的投资。这个世界是所有存在者的世界，不是一个人的世界。

当你如一滴水一样，加入波涛汹涌的大海之中，随同整个大海一道上下翻滚，左冲右突，百般变迁。如果你被抛弃为孤独的一滴呢？在这个极为变化多端而又漫长的过程中，你凭什么能保证永不出危险，不被甩到岸上让太阳烤干？

故此，有进有退，在退却中思进取，在挺进中考虑退路，也就成为事业或人生必须解决的难题。以德报怨，予人退路，也正是予己退路，何乐而不为呢？

过怨两忘，须知来日方长。最可靠安全的路，筑在"人心"上。假如你能在"人心"产业上长期投资并获得成功，你的事业或人生就具有可靠保障了。

豁达开朗享受自由人生

豁达是一种博大的胸怀、超然洒脱的态度，也是人类个性最高的境界之一。一般说来，豁达开朗之人比较宽容，能够对别人有不同的看法、思想、言论、行为乃至他们的宗教信仰、种族观念等都加以理解和尊重。不轻易把自己认为正确或者错误的东西强加于别人。他们也有不同意别人的观点或做法的时候，但他们会尊重别人的选择，给予别人自由思考和生存的权利。

有时候，往往是豁达产生宽容，宽容导致自由。记得胡适先生说过，如果大家希望享有自由的话，每个人均应采取两种态度：在道德方面，大家都应有谦虚的美德，每人都必须持有自己的看法，不一定是对的态度；在心理方面，每人都应有开阔的胸襟与兼容并蓄的雅量来宽容与自己意见不同甚至相反的意见。

换句话说，采取了这两种态度以后，你会容忍我的意见，我也会容忍你的意见，这样大家便都享有自由了。

当然，豁达并非等于无限度地容忍别人，开朗并不等于对已构成危害的犯罪行为加以接受或姑息。但对于个人而言，豁达往往会有更好的人际关系，自己在心理上也会减少仇恨和不健康的情感。而对于一个群体而言，宽容开朗，无疑是创造一种和谐气氛的调节剂。因此，豁达宽容是建立良好人际关系的一大法宝，同时也是一个人完善个性的体现。

美国有位作家曾说过：没有豁达就没有宽松。无论我们取得多大的成功、无论爬过多高的山、无论有多少闲暇、无论看多少美好的目标，没有宽容心，我们仍然会遭受内心的痛苦。世界上最大的是海洋，比海洋更大的是天空，比天空更大的是人的胸怀。古今中外因豁达、开朗、宽容、谦让的品德而获得他人的友情、爱戴，或者消除仇恨、恩怨的例子数不胜数。

唐高宗时期有个吏部尚书叫裴行俭，家里有一匹皇帝赐的好马和很珍贵的马鞍。他有个部下私自将这匹马骑出去玩，结果马摔了一跤，摔坏了马鞍，这个部下非常害怕，因此连夜逃走了。裴行俭叫人把他找回来，并且没有因此而责怪他。

又有一次，裴行俭带兵去平都支援李遮匐，结果获得了许多名贵的珍宝，于是就宴请大家，并把这些名贵的珍宝拿出来给客人看，其中有个部下在抱着一个直径两尺、很漂亮的玛瑙盘出来给大家看的时候，一不小心，摔了一跤，把盘子摔碎了，顿时害怕得不得了，伏在地上拼命叩头以致流血。裴行俭笑着说："你不是故意的。"脸上并无可惜的样子。

这些历史上忍让的故事，受损的一方并没有因自己的损失和难堪而大发雷霆、怀恨在心。相反，他们都表现出宽宏大量、豁达开朗、毫不计较的美德和风度。结果不仅没有受到更多的损失、得到更多的难堪，反而在不知不觉中平息了纠纷，博得了别人的颂扬。

一个人只有豁达、开朗、宽容才能接受别人，善于与他人相处，能承认他人存在的意义和作用，他也就能被他人所理解和接受，为集体所接纳。就能与别人互相沟通和交往，人际关系才会协调，才能与集体成员融为一体。

合群的人，常常能够与朋友共享快乐，表现出积极的态度总是多于消极的情感；即使在单独一人时也能安然处之，无孤独之感。因为这种具有积极情感的人会感受到自己存在的价值，能够对自己的能力、个性、情感、长处和不足做出恰当和客观的评价，不会对自己提出苛刻的、不切实际的要求，能恰如其分地确定自己的奋斗目标和做人的原则，努力发挥自身的潜能，并不回避和否认自己的缺陷，尽量用自己的乐观情绪去感染别人，正是这些特点，才赢得大家的喜爱和认同。

平和处世才能事事顺心

古时候有"天时不如地利，地利不如人和"之说。"人和"在作战中是相当重要的一个取胜条件。其实在生活中，"人和"也是很重要的，要想"人和"，首先要学会"平和"。平和待人，平和处世，很多时候，"平和"的态度可以解决好多看似不好解决的问题。所以又有"平和为贵"之说。

一群年轻人在一家火锅城为朋友过生日，其中有一个年轻人拿着自己已吃过了的蛋饺要求更换。由于火锅城有规定吃过的东西是不能换的，所以遭到拒绝，双方因为不能相互谦让而大打出手。

最后，火锅城以人多势众的优势打败了那几个年轻人，可以说博弈的结果是火锅城的一方赢了。而实质上，他们真的赢了吗？从长远来看，他们并没有赢。这就是处世中的一种博弈，他们的胜利是建立在失败方的辛酸和苦涩上的，那么，他们也将为此付出代价。

具体分析这件事情，不难发现，火锅城的生意也会因此造成影响，传出去就会变成"这家店的服务真是太差劲了，店员竟敢打顾客，以后再也不来这里了""听说没有，这家店的人把顾客打得可不轻啊，以后还是少来这里了""什么店，竟打人，做得肯定不怎么样"等。事态严重者，还会被追究法律责任。处世中，不能保持平和的处世，是人际博弈中最糟糕的。

平时，还有许多这样的事情，像在同学之间，在课间休息的时候，有一人站在一条通道上，另外的人要进出，要让这个人让路才行，而这个人就是不让，矛盾就出来了：一个是：你要过去，我偏不让，意思是，请绕道。另一个是：你偏不让，我偏要过，我就是不绕道过去。结果是：两人在争执不下的情况下，性急的一个便大打出手。于是，两人便扭打成一团。而后，被老师叫到办公室一顿好批。从此，两人不再往来，即使相遇也要互相吹胡子瞪眼睛。

在日常生活之中，经常可以看到这样的一些事情，有很多人因为一些小事而口沫横飞，甚至有的时候还会大动肝火。为一些不必要的小事而去争执，这样做不仅伤神而且费力，实在是不值得的。

所以，凡事要看开一点，不要斤斤计较个人的得失，胸襟放得坦荡一点，凡事都处得平和一点。

蔺相如自从"完璧归赵"之后，仕途一帆风顺，步步高升。尤其是公元前279年渑池之会，蔺相如英勇顽强地与秦王斗争，终于使赵王免于受辱。

回国后，赵王认识到了蔺相如的英勇机智、过人胆识，就把他封为上卿，地位在廉颇之上。按理说，以蔺相如的才干，胜任上卿这一职位应该是没有问题的。

但廉颇心里却极不舒服，心想：我廉颇为赵国出生入死，出了多少汗，流了多少血，才有今天的地位，而你却凭着区区三寸不烂之舌，居然可以爬到我的头上，我怎能咽下这口气！廉颇扬言，他要寻找机会羞辱蔺相如。

一次，蔺相如的马车和廉颇的马车在街上不期而遇。但是由于街道狭窄，只能通行一辆马车，蔺相如二话不说，驾车绕道而去。此后，只要看见廉颇便绕道而行。就这样一连几次，蔺相如的门客们都看不过去，纷纷问他缘由。

蔺相如耐心地对大家说："你们看廉将军与秦王哪一个厉害？"

"当然是秦王厉害。"大家都这样回答。

"那我连秦王都不怕，怎么会怕廉将军呢？两虎相争，必有一伤的。而秦国之所以怕赵国就因为有我和廉将军，如果我们俩争了起来，会有什么后果呢？"众人一听都哑口无言，都为蔺相如的大仁大义所感动。

当这话传到廉颇耳中时，廉颇顿时后悔不已。他心想：是啊，自己身为国家重臣，竟然为了一点私人小利而置国家于不顾，太不应该了，多亏蔺相如不和自己一般见识。

他明白自己错了，而且犯了一个令人不可饶恕的错误。于是他就绑上荆条，赤裸着上身，亲自到蔺府登门谢罪，乞求得到蔺相如的宽恕。廉颇不愧为人中豪杰。

以和为贵，所以，平和才是最为重要的。只有平和的关系才能够使双方更好地合作，才能够让你在处世的过程中少一份烦恼。看看古往今来那些在事业上有所建树的人，他们都是襟怀坦荡，度量恢宏的人，他们处处都抱着一种"平和"的处世态度。

处世平和的人，一定是心胸广阔的人。俗语说："量小失众友，度大集群朋。"为人处世要有宽阔的胸襟，恢宏的度量，只有这样才能够赢得友谊。也只有胸怀宽广的人，才能在你危难的时候助你一臂之力。

胸襟狭窄者会嫉人之才，讥人之误，因而在他们的周围便会产生一种无形的排挤力，使人对这样的人避而远之。这样做不但对他人没有好处，而且对他自己也是没有好处的。像庞涓那样嫉贤妒能的小肚鸡肠的人，最终落得个身败名裂的下场。

古人云："海纳百川有容乃大，壁立万仞无欲则刚。"所以，我们应该做到"有容"。让我们再看一则平和处世的故事：

公元前605年也就是周定王二年，楚庄王经过艰苦作战，平定了令尹斗越椒发动的叛乱之后，他就大摆酒宴，在酒宴开始时，庄王兴致勃勃地说："我现在已经有六年时间没有击鼓欢乐了，今日平定奸臣作乱，破例大家欢乐一天，朝中文武官员，均来就宴共同畅饮。"

这时，满朝文武就与庄王共同欢歌共舞，共享胜利。直到夜深后，庄王的兴致仍然不减，他还令人点起蜡烛，继续欢乐，还要宠妾许姬来为他们祝酒。

一会儿忽然一阵大风吹来，将灯烛都吹灭。在这时，有一人见许姬长得美貌，加之饮酒过度，难以自控，便乘黑灯瞎火之际，仗着酒意暗中偷拉了许姬的衣袖，他大概是想一亲芳泽吧。

惊受此举的许姬吓了一跳，在左手奋力挣脱后，右手就顺势扯下了那人帽子上的一个系缨。许姬取缨在手，连忙告诉庄王说，刚才敬酒时，有人乘烛灭欲行不轨，现在我把他帽子的系缨抓了下来，大王快命人点蜡烛，看看是哪个胆大包天的家伙干的。

谁知庄王听后，却对许姬说："赏赐大家喝酒，让他们喝酒而失礼，这是我的过错，我怎么能在别人喝醉酒时而辱没人呢？"

庄王不但不追究，反而命令左右正准备掌灯的人说："切莫点烛，寡人今日要与众卿尽情欢乐，开怀畅饮。如果不扯断系缨，说明他没有尽兴，那我就要处罚他！"

众人一听，齐声称好，等一百多人全都扯掉了系缨之后，庄王才命令下人点燃蜡烛，就这样他不声不响地把那个胆大妄为的人隐瞒过去了。

在散席之后，许姬仍是愤愤不平。庄王却笑着说："这件事你妇道人家就不懂了。你想想看，今天是我请百官来饮酒，大家从白天喝到晚上，大多带有几分醉意。酒醉出现狂态，不足为怪。我如果按照你说的把那个人查出来，首先他会损害你的名节，其次又会破坏酒宴上的欢乐气氛，再说也会损我的一员大将。现在我对他宽大为怀，他必知恩图报，于国于家于我于他都是有利的事情啊。"

许姬听了庄王的一番话，十分佩服。一个将领对自己爱妾的调戏，对于至尊无上的君主来说，无疑是极大的羞辱。这在当时的社会里，绝对属于大逆不道的犯上之举。如果犯了这方面的罪过的话，不掉脑袋那才怪呢！可是楚庄王却很能假装糊涂，他原谅了属下的过错，并且还想方设法为他打马虎眼，这样的领导的确高明。

然而在七年之后，周定王十年，楚庄王兴兵伐郑，前部主帅襄老的副将唐狡，自告奋勇带百余名士卒作开路先锋。唐狡与众士卒奋力作战，以死相拼，终于杀出一条血路，使后续部队兵不血刃杀到郑都，这使得庄王非常高兴，称赞襄老说："老将军老当益壮，进军如此迅猛，真是大长我军威风，为楚国立下大功啊！"

襄老答道："这哪里是老臣的功劳，都是老臣副将唐狡的战功啊。"于是，庄王下令召来唐狡，准备给他重赏，谁知唐狡却答道："为臣曾经受大王恩赏已经太多了，即使是战死也不足为报的，哪里还敢再求赏呢？"

庄王这时感觉很奇怪，他疑惑的是以前并没赏赐他呀，何以如此说呢？唐狡接着说道："我就是'绝缨会'上拉了许姬袖子的人，大王不处置小臣，小臣不敢不以死相报。"

其实，这就是所谓的平和处世。如果我们能用开阔的胸怀去接纳他人的话，我们就能够收到更好的效果，就像庄王如果当初明着治那个人的罪的话，那么他也不会得到这个效力杀敌的猛士的。

平和的心态还要来自我们宽容的心，只有用宽容的心才能达到更好的博弈效果。特别是作为领导者，有一个宽容的心，才能更好地管理你的下属。

内方外圆处世圆融无碍

人的智慧应当圆融无碍，但人生活在具体的社会历史环境之中，在语言和行为上却不能没有原则和规则，不能模棱两可。如果只"圆"不"方"，忘记了"方"的根本，从大的方面讲，社会的法令和正确的思想观念就不能确立；从小的方面讲，个人也不能在社会上真正站立起来。

在中国传统文化中，相比较而言，儒家主要讲规矩、法则、礼仪、应用，是"方"的；道家则主要讲自然、无为，讲形式上的本体，是"圆"的。比如，儒家讲究立名，提倡仁、义、礼、智、信五德，提倡君臣、父子、夫妇、兄弟、朋友之间的五伦，作为社会和人与人之间相互关系的准则。而道家则提出"绝圣弃智""绝仁弃义"，反对仁、义、礼、智、信的立场，反对儒家提倡礼教。

从事物的"体"即本质层面上讲，世界上本无绝对的美、丑、善、恶，没有绝对的仁、义、礼、智、慈、孝、忠、恕。一切都是人为制造出来的观念。

而什么是美与丑，什么是善与恶，什么是仁义礼智，不同的国家、不同的民族、不同的时代有着不同的标准和答案。因此，从"智圆"的角度讲，一家的观点是圆的；而另一家的观点则认为是方的。

然而，从古到今，任何一个国家、民族，都有自己具体的关于善恶、美丑的观念，并在此基础上建立自己的道德观念、法律制度和文化思想，立规矩以成方圆。

一个国家有自己的法律制度；一个军队有自己的纪律条令；一个企业有自己的规章制度；一个家庭有自己的规矩习惯；一个人有自己的主张和原则，这些都是"方"。

　　这种"方"，犹如一座大厦的钢筋水泥结构和一个人身体的骨骼，是大厦和身体赖以存在、支撑和站立的基础，这是从体和用的角度讲"有圆无方则不立"。

　　从灵活性与原则性的角度讲，一个人办事时，只有圆，没有方，处处"打太极拳"，说话态度不鲜明，让人摸不着头脑，模棱两可；行为上不果断，犹犹豫豫，则让人觉得过于圆滑，没有个性，或缺少魄力，很难得到别人真正的尊敬，同时也很难真正在社会上成就一番事业。

　　若"方"如"刚"，则"圆"为"柔"。万事过刚则易折，过柔则难以成形。唯有方圆相得，才能生生不息。

　　管仲原来是辅佐公子纠的。公子纠和齐桓公是兄弟，也是政敌。齐桓公杀了公子纠，管仲不但没有为公子纠殉死，反而给齐桓公当了宰相。

　　有人说管仲不仁，孔子说，管仲这个人是很了不起的。他帮助齐桓公九合诸侯，没有使用武力，使天下得到了安定，老百姓如今还受到他的恩惠。如果没有管仲，我们今天很可能都成了野蛮人了。他为天下和国家做出了这么大的贡献，不是一个只知道自己上吊，倒在水沟里默默无闻、白白死去的普通老百姓所能比的。

　　管仲为齐桓公做事，对公子纠来说是不忠、不仁、不义，从个人处世的角度讲是圆而不方。但是，他为国家做出了贡献，为天下百姓尽了大忠、大仁、大义，可以说是圆中有方，没有违背天下的大义、大原则。所以孔子不但没有否定他，还充分肯定了他的伟大功绩。

在唐、宋之间，五胡乱中华的几十年，都是胡人统治。5个朝代，都请冯道出来做官，而他对每个君主都表现出忠心。可见他"圆"到了极点。对冯道的这种行为，欧阳修骂他无耻，认为他替胡人做事，没有气节。而同时代的王安石、苏东坡等人却认为他了不起，是"菩萨位中人"。

冯道的一生，可谓是"圆中容方，不忘大原则"。尽管他在胡人统治的朝廷为官，但他本人的生活却十分严谨，既不贪财，也不好色。在他的谨慎和圆滑中，他始终坚守着自己的人生大原则。

他认为在当时的历史背景下，最重要的是保有中国文化的精神和中华民族的命脉，以待国家出现真正的君主。他死后很多年，才出现了宋太祖赵匡胤，建立了大宋王朝。方，是原则性；圆，是灵活性。办任何事，只有将原则性和灵活性很好地结合起来，事情才办得好。

批评人一定要讲方法

每个人都有犯错误的时候，我们的朋友也不例外。那么，作为朋友，我们理所当然地要向他指出来。只是，每个人都好面子，尤其当对方还是我们的挚友时，说浅了不会起到作用，说深了会伤害感情，如何说话也就成了一个技术含量非常高的活。

刘志辉和张会林在学校是同室好友，关系十分亲密。张会林家里有钱，又是独子，有点娇惯，但是性格很直爽，为人很热情。

刘志辉家境不太好，从小自立，自尊心很强。他在学习的同时，每天早晨不到5点就要到一家餐厅做工。随着学习压力增大，在考试期间，两人之间产生了矛盾。

有一天刘志辉4点半就起床了，在洗漱的时候声音太大，把其他人都吵醒了。张会林想，其他人跟刘志辉的关系都一般，有意见也不好说出口，自己作为他的好朋友理应批评他一下。于是就说："你上班干吗非得把全宿舍的人都闹醒啊？你倒是赚了钱，但人家还陪着你不睡觉啊？"

刘志辉一愣，心想：别人说出这些话倒也罢了，你是我最好的朋友，怎么不考虑一下我的难处而来批评我呢！于是他没好气地说："你以为我乐意早上5点就起床去那臭熏熏的厨房里干活吗？我父亲可不愿一年到头供养我，我得自己挣钱养活自己。我不像你，懒在屋里，靠家里供养。你自己清楚，你是我认识的人中最懒的一个。"

张会林一下子被激怒了：打人不打脸，骂人不揭短，你说话也太损了吧！"哦，别来这一套。昨晚看书一直看到两点的是谁？谁又说什么啦？难道你就不能轻一点吗？怎么那么自私呢，就不稍稍考虑一下别人！"

两个人你一言我一语，针尖对麦芒。最后，双方都撕破了脸，几年的友情瞬间化为乌有。人往往就是这样，一旦被戳中了痛处，就会全力反抗的。显然，张会林没有注意到自己不恰当的批评方式会让刘志辉下不来台。

假如他们都不那么感情用事，而采取负责的态度表示自己的不满，就可以避免朋友的怒气，至少可以减少朋友发怒的可能性。如果张会林当时能这样谈起，就完全可以避免一场争吵：

我想告诉你，我有些不舒服，也可能是这些天的考试使我过于紧张烦躁。昨晚我没有睡好，今天5点又被你弄醒，我心里有点恼火，你似乎没考虑过我的休息。另外，这里还有其他人，也要注意他们的感受。

听了这些话，刘志辉或许就会明白自己的过错，而且不会发火。"金无足赤，人无完人"，朋友也是有缺点错误的。作为好朋友，就要直陈人过，积极开展批评。

我们要赢得朋友的友谊，在说话时，就不要因对方一件事没做好，就说些不顺耳的话，小则造成不愉快，大则会把真诚的友谊折腾没了。指出朋友的缺点时，不仅要使用委婉的话语，还要注意不要当众批评朋友，免得让朋友在众人面前难堪。

有人曾说过：一句不慎的话，足以让十句光彩照人的话黯然失色，一段真挚的友情也会产生裂痕。所以，同样是起到批评人的效果，为何不能换个方式，温和地表达呢?

一个微笑，一个眼神，足以传递出或善意或严厉的批评，但是这些批评都可以是甜的。甜甜的批评是出于对对方充分的尊重和自我高尚的修养而发出的。善待别人就是善待自己，并且，善意的批评往往会收到比粗暴的批评更有效的结果。

老于是一家公司的老总，凭着自己的坚毅和果断创办了这家公司，只是这位老总平时少言寡语，给人的印象就是严肃认真，但他也有出人意料的时候。

老于邀请他的一个同窗好友做他的副总，不过，这个好友虽说是女士，却是一副男孩子的性格，有时候粗心大意，做公文时容易遗漏东西。有一次还差一点出了大问题。老于很想说她一下，但又怕伤到她。

琢磨了几天，老于终于想到了一个好方法，既能提醒她又能让她乐于接受。一天早晨，老于看见好友走进办公室，便对她说："今天你穿的这身衣服很好啊，越发显示出你的年轻漂亮。"

这几句话出自老于的口中，让好友很吃惊：想不到严肃的老朋友也有夸人的时候！这时，老于又说："但不要骄傲，我相信你的公文处理也能和你一样漂亮。"好友一下子明白了老于的意思，果然从那起，她在公文上很少出错了。

一位朋友知道了这件事，就问老于："想不到你这么严肃的人也会使用这样奇妙的方法，你是怎么想出来的？"

老于笑呵呵地说："说起来很简单，有一次我去刮胡子，我注意到他们都是先给人涂肥皂水，然后再刮。这样做是为了刮胡子时使客人不感觉痛。所以呢，我就想到，批评人的时候，也可以这样让对方愉快地接受。"

看到了吧，批评也是要讲艺术的。很多人都有这样一种观念，对朋友赞美就好了，批评了会伤害感情。而实际上，当我们觉得朋友做事不恰当的时候，对他的批评，好朋友是不会见怪的，至少他知道你是善意的。

当然，对于朋友的批评还是要掌握一些技巧，才能让人家愿意接受。这就要求我们在和朋友的相处中，做一个善于批评的角色。朋友之间的友谊非常珍贵，尽量不要去破坏它。对于朋友的错误，批评是必需的，只是我们要使用恰当的方法。

首先，批评要与赞美相结合。适度的批评之后，对于其优点别忘了加上几句称赞的话，才不会损坏彼此的情谊。"以理服人"是对的，但道理有时并不容易被直接接受，甚至会让对方产生反感，尽管在反感时他内心并不一定认为道理错了。

其次，还要争取让对方心服口服，这就需要一定的技巧了。有时，批评者往往认为自己是好心，但如果话中带有威胁，效果就难以达到，甚至会给双方关系造成不良影响。如两个朋友发生了一点摩擦，一方大叫"你这样的人谁还会愿意和你在一起"，对方马上回嘴"不做朋友就不做朋友，你有什么了不起"。好心的批评，也会起到逆反作用。

善于批评者会让对方感到仿佛不是在批评自己，倒像自己劝说自己，就容易被对方接受。批评的语言中应避免"你应该""你必须"之类的词，多用温和的口气，避免对方的反感。在任何"强攻"都难奏效时，还不如暂停。

最后，批评的目的是让对方接受自己的意见。仅仅是理由充足还不行，还要掌握对方的心理特点。对不同性格的人应该使用不同的方法，因人而异。

第三节　诚信办事的智慧

人类相互依赖而存在

世界上的万物都是相互依赖的，生命的整体都是相互依存的。印度哲人奥修在《生命的真意》一书中写道："每一样东西都依赖其他东西。当你看着一朵玫瑰花的时候，你感到快乐，你的快乐是玫瑰花创造的。"

现在科学家已经证明，当你快乐的时候，玫瑰花也感到快乐。如果你爱玫瑰花，它就会长得更快，它就会开出更大的花来，因为有人在关心它，在爱它，在看它；如果没有人爱它，它就不会快乐，也不会开出这么大的花朵。

如果你能使一朵鲜花快乐，不去随意折毁它，那么鲜花也会使你快乐。在你苦闷烦恼时，为你送上一缕醉人的馨香。

如果你能使一只小鸟快乐，不去残忍地杀死它，那么小鸟也会使你快乐。在每天霞光映透窗棂的时候，为你轻轻弹奏一段乐曲。有这样一个故事：

一位女教师到残疾人学校讲课时丢了钱包，遇到这种事的人多数都会不高兴。但这位女教师却说："虽然丢钱不是一件开心的事情，但是一想到我丢了钱，肯定会有人捡到钱，那么捡到钱的人一定会快乐。我知道有人在快乐，所以我也就快乐了。"

不久，捡到钱包的那个残疾学生拄着双拐来给她送钱包，女教师的一份快乐变成两份快乐了。

我们都是互相依存的，不管我们认不认识，是不是陌生人。所以，对待别人要用一颗宽容而又快乐的心。在别人因为我们而快乐的时候，我们自己也成了一个快乐的人。

每天早晨在上班高峰时间，很多公交车上的人都挤得满满的，一点缝隙都没有。有的时候，我们常听到一些吵架的声音，谁抱怨谁踩了他的脚，谁说谁挤着了他。其实大家紧紧地拥挤在一起，只是因为我们都要生存。

大家都是一个目的，就是去上班。如果彼此能够宽容一些，不愉快的事情就不会发生了。千千万万的人都是相互依赖的，你给别人一个烦恼，别人也会还你一个烦恼。反之，你送别人一个快乐，别人也会赠你一个快乐。

在单位里，如果哪一天我们心情特别好，就会发现平时不那么喜欢的同事也很可爱了。于是你可能就想多跟他说几句话，对他笑一笑。你对他热情，他自然也热情地回应你，这样两个人都会感到心情很愉快。

有的时候走在寂静无人的街上，如果看到旁边有一个人走过，心里就会泛起一股有了依靠的感觉，好像是有人与自己同路。上班或者下班的时候，总是拥拥挤挤地坐公交车，感觉很烦，但是心里同样会有一种感觉，我们大家都在做着相同的事，并不是我一个人在辛苦。看看别人，想想自己，觉得我们确实是互相依赖的人类。

既然大家都是彼此需要，那么我们就应该彼此温暖。用善良的心去对待别人，用真诚的态度去与人交往。别人得到了快乐，我们也会快乐；别人得到了幸福，我们也会幸福。

信用是办事的基本规范

信用，是一项彼此的约定，也是一种具有约束力的心灵契约。有时它无体无形，但却比任何法律条文具有更强的行为规范。已是千万身价的一位富翁，讲了一个关于信用的故事：

那还是两年前，我的事业刚刚起步，每天只能骑自行车上下班。有一天傍晚，我急匆匆地往家赶，但没走多远，自行车就扎了胎。这时，前后左右，没有出租车，也没有修车行。最要命的是，我摸遍全身发现，自己一分钱也没有带。

推着车子走了很远，终于遇到一个正要收工的流动修车摊。

当时，满天的云愈积愈浓，眼看着一场大雨就要来临。顾不得许多，我恳求那位年迈的师傅赶紧帮忙修车。

当我声明身上没带钱时，那个师傅说："行啊，留下点什么作抵押，明天来取。"我说："行，我把工作证留下。"

他看了看我，再也没说话，动手修起车来。

交谈中得知，这位老人也曾显赫辉煌过。曾经连续10年赢得过市级劳动模范，但因为不识字，一直在基层岗位上工作着。他还是一个爱厂如家的模范，在儿女中学毕业后，他劝说孩子们到他所在的工厂工作。但时过境迁，企业终于垮掉了，老模范眼含热泪，一步一回头地离开了自己几乎奉献毕生的工厂。在儿女下岗的同时，自己的老伴又不幸得了偏瘫卧床不起。企业已经指望不上，全家就靠他摆的这个修车摊聊以度日。

车子修好后，我把工作证留给了老人。老人一边很仔细地放好，一边抱歉地对我说："孩子，我没有文化，做得可能也不对。不是我俗气，我是不得已啊！按说，谁没有个需人帮忙的时候，谁能万事不求人？可我真的需要钱啊，留下您的证，您多担待着点儿吧。"

我赶紧说："看您说的，该我说谢谢才对，没您帮忙我可怎么回家啊！"我心里想，付出了劳动收获报酬，是天经地义的事。而这次老人要的报酬仅仅是2元钱。

第二天，我又来到了那位老人的摊子，想把昨天的钱还给他。没想到老人一脸的惶恐，说话也变得结巴起来。原来，由于昨天被大雨浇湿，奔跑中，老人将我的工作证弄丢了。今天尽管自己仍在发着热，但为了等我，仍然强撑着到此摆摊。

我有些冲动地说："你怎么能这样？你知不知道，办证很麻烦的呢？"我相信，就在当时，我一定显现出了自己心灵丑恶的本性。我这个曾受人恩惠的人，一旦摆脱了困境，就忘记了自己曾有过的乞求。可能有那么多的人在场，老人的脸上很不自然，只是一个劲地道歉。

离开老人的车摊，我开始意识到自己的表现，真的不像是一个有修养的人的作为。因为再办一个工作证并不麻烦，也用不了多少时间。而最起码，如果不是老人帮忙，昨天淋雨与今天生病的，应该是我而不会是他。不久，我渐渐地淡忘了这件事。

过了近半个月的时间，老人却找到公司来了，他并没有找到工作证，但却记住了我的单位和名字，并送来150元钱，给我用作办证的费用。我知道，那几乎是老人这半个月的所有劳动所得。

尽管我一再说明情况，称当时不过是一时气盛说了那些话，但老人执意要把钱留下，还很歉意地说："真对不住啊！收下吧。做人总该讲点信用，那是老天教人做人的本分。"

从那一天起，我一直感谢老人给我上了关于信用的最好一课。

事实上，这件事给了我很大的震动，老人的言行让我重新思考公司的立足之本。公司得到发展之后，在我的恳求之下，老人来到公司，成了一名极为出色的仓库管理员。

当我们的社会进入竞争经济时代的时候，很多人的信用观念早已不复存在。人们开始学习玩小聪明，耍歪手段；羡慕阴谋诡计，弄虚作假；崇尚无原则办事，拍马投机……一时间，大街小巷皆见教人智谋；中学大学频见捧读韬略厚黑；大商小贩倾心坑蒙拐骗。

我们的社会犯了什么病?

经商有经商的商机,游戏有游戏的规则,做人有做人的分寸,处世有处世的方圆。从过去到今天,亘古依然。而唯独今天,我们的信用可以轻易地就抛弃吗?

信用是一种人格的体现,是人类社会平稳存在,人与人和平共处的基础,也是人性中最珍贵的部分。它与伪君子无缘,与空谈家远离。给人以信用,就是许人以诺,那就是应该是不变的永恒。

要维护遵守信用,有时自然要牺牲一些时间、爱好、自由,甚至要付出鲜血和生命。但如果你自己,与你所在的整个世界都没有了信用,那你又将生活在一个什么样的人世间?

诚信是获取信任的基石

当然,能让别人充分信任你的一个最可靠的砝码,就是你在做人做事上必须表现出诚实,而只有诚实守信方能长久。

一个公司招聘员工,经过一层一层的筛选,还剩下三个面试者,他们的业务水平不相上下,从三个人当中挑选一个实在是难以取舍。最后,总经理决定再来一次面试,由他亲自挑选。面试的问题出乎意料,和业务毫无关系,是一道非常简单的算术题:

请你们三个回答我一个问题:十减一等于几?

第一位应试者想了想,最后满脸堆笑地说:"您说它等于几,它就等于几;您想让它等于几,它就等于几。"

第二个见第一个回答得这么精明,不甘示弱地说:"十减一等于九,就是消费;十减一等于十二,那是经营;十减一等于十五,那是贸易。"

总经理听了，微笑着点点头又摇摇头，他把目光转向第三位应聘者："说说你的答案？"

"十减一就是等于九嘛！"

后来，这个老实人被录用了。

如果你面对着同样的问题，你会怎么回答？会不会老老实实地说出"十减一等于九"？事实是，把简单的问题搞得复杂的人是最愚蠢的。在现实生活中，的确有人把"诚实"视为"愚蠢"。

人们最喜欢犯的错误就是自作聪明，结果总是聪明反被聪明误，为什么不诚实地对待那些原本正确的东西呢？这代表实事求是的为人处世的态度。

没有人喜欢被别人蒙骗，即使那些喜欢恭维话的人，他们内心深处也是在意和相信诚实人的。

诚实赋予一个人公平处世的品格，诚实是聪明做人最坦率也最谦逊的证明方式。那个一而再、再而三地呼喊"狼来了"的孩子，最后没有人相信他。因为不诚实的人太不"天真"，因此也不"可爱"，更不要说招人喜欢了。

诚实的人必然不说谎，不欺骗。许多人都把欺骗和谎言当作"精明"，他们以为这些手段是值得使用的。但是时间长了，狐狸尾巴终究会露出来。欺骗能换来一时的利益，但得不到永久的信任。

谎言也许能在某些时候、某些场合迷惑一些人，但是这些人不久就会清醒。欺诈者是堕落的人，因为不诚实，他们不能与人长久相处，更不能达成自己对幸福、财富和快乐的愿望。

诚实的人必然守信用、重诺言，不守信用的人轻则破坏自己的形象，重则影响自己一生的发展，甚至还会因此丢掉自己的性命。

值得一提的是，许诺是非常严肃的事，对那些不应该办的事和办不到的事一定不要轻率应允。古代哲人老子曾有训诫："轻诺必寡信，多易必多难。"

把真诚放进我们的话语

世上最令人感动的是什么？有人回答：是真诚。的确如此，真诚的话语最动人。因此，当你面对一个固执的客户而久攻不下时，你就该想一想"精诚所至，金石为开"这句话所包含的道理了。

把你的诚意，一滴滴地揉进话里的每一个字，这就成了世界上威力最大的润滑剂。有一次，一位外国记者给吴仪部长提出一个很尴尬的问题："请问吴仪部长，为何至今还是独身一人？"

对此，部长是无可奉告，还是避实就虚含糊了事？人们揣测着可能出现的回答方式。然而，吴仪的回答大出众人的意料，她既不回避，也不闪烁其词。

她说："我不信奉独身主义。之所以打单身，和年轻时的片面有关。一是受文学作品的影响，心里有个标准的男子汉的形象，而这种人现实生活中没有；二是总觉得要先立业后成家，而这个业又总觉得没有立起来。然后就是在山沟里一待20年，接触范围有限。等到走出山沟，年龄也大了，工作又忙，就算了吧。"

这一席坦率的回答使众人感到吃惊，同时也使众人大为感动。正是这种坦诚直率的风格，才使吴仪成为对外贸易谈判中辩才无敌的杰出女性。

社会在随着时代不断发展。人类文明进步的进程就像"大浪淘沙"，潮起潮落，物竞天择。

企业商家兴耶衰耶，既有时代大环境的作用，又决定于企业商家自己的胸怀与作为。

谈判是一种竞争，要竞争自然离不开竞争的手段。为此，各种谈判的策略都要充分利用。但是，无论何种谈判都应在坦诚的基础上进行。

坦诚的含义包括：谈判是一种和平的磋商过程，而不是胁迫的代名词，谈判的协议要靠谈判者的信守来保证；谈判者不仅要重视己方的利益，同时也应充分顾及他方的利益。

正如美国前国务卿、著名的谈判专家亨利·基辛格认为的那样：在外行人眼里，外交家是狡诈的。而明智的外交家懂得，他决不能愚弄对手。从长远的观点看，可靠和公平这种信誉是一笔重要资产。

确实，单从实用主义的角度而言，坦诚对于一个谈判者而言是绝对重要的。如果你被认为不可信赖的话，人们只会告诉你由于你的职位或头衔而必须告诉你的东西，除此之外，你可能甭想再额外得到些什么了。

相反，当对方认为你可信时，谈判后，一些私下里的时候，他或她也许会告诉你一些从谈判上所无法知道的东西。例如：

甲：瞧，我知道我们的出价是低了点，不过，我们对贵公司的产品确实很感兴趣。

乙：可是，你们在价格上的态度让人感觉一点通融的余地都没有。

甲：我知道这个。可是如果贵公司能稍作让步，我们的价码还会变化的。

这段有趣的对话，也许会成为你走向成功的台阶。这不是因为你用阴谋诡计控制了别人，而是因为你得到了信赖。

只是当人品的正直无可置疑时，秘密和关键的材料才会透露给你。

如果你被对方认为你说的话是值得信赖的话，你就要尽力维护这一形象，这至少对你与对方的下次谈判是至关重要的。

信守承诺才能确立威信

说话要守信，行动要果断。有命令就要执行，有禁规就要制止。法度不轻易改变，制度也不轻易变动。政务不轻视，策略不轻随。领导就要这样来立信。

俗话说："一言既出，驷马难追。"《诗经》中说："白圭上的污点，还可以磨去；言语上的污点，就不能掩盖了。"

领导立信在上，官员民众遵守在下；法制政策令行在上面，所有官员民众共同执行在下面。就是说：只要是言语都得守信用。没有信用的言辞，不是正人君子所说的话，而与禽兽没有差别了。所以古代圣贤注重诺言，一言九鼎。

周公以桐叶封弟，文王以存原立信，尾生高以守信而淹死，季布一诺千金，这些都成了千古美谈。示信于人，所以能得人；示信于国，所以能得国；示信于天下，所以能得天下。

所以，老子重视戒除"轻诺"，孔子重视"讷言"。

老子说："轻易许诺的人，必然少有信用。"

孔子说："君子不善于言辞，却每捷于行动。"又说："守信用的人，人们就信任他。"

叔向说："君子的言辞，守信用而有验证，所以怨恨就远离于他身边；小人的言辞，超越本分而没有验证，所以怨恨很快就上来了。"

子夏说："君子必须取得信任后，才去役使百姓，不然百姓以为是虐待他们。先要取得信任，然后才去规劝他人，否则君主以为你在诽谤他。"

信发自心，诚发自意。信出自口，所以成就于德。

曾经有人说："黄金不能改变我的言辞，死亡不能改变我的信守。"又说："信用说出来容易，做起来则困难。小信守于言，大信守于心，君子守言，圣人守心。"这些都是千古名言。

从前明太祖朱元璋，曾经以大胆的行为，使敌人的精壮降兵，都变成自己的骁勇死党。在他起兵攻破采石矶后，长驱直入集庆，水陆并进，先攻破陈兆先的兵营，随即就利用他们。

在降兵中挑选精壮骁勇的士兵五百人，直接归纳于军中。这五百人都感到惊恐不安，朱元璋知道他们内心的想法后，便筹划着怎样才能让他们安稳而不害怕，信任而不怀疑。

最后，决定采取用他们先对他们信任，而招致他们有信仰的策略。在晚上进入营区五环侍候，自己也解甲就寝，而且把自己原来的人员调开，仅留冯国用一人侍睡在床前。此后，人心大定，都相信了他的至诚。

攻打集庆时，冯国用就率领这五百降兵，首先冲锋陷阵，在蒋山下打败元军，威逼城下。各路兵马快速奔进，一举攻克南京，这五百人确实出了大力，立了大功。所以说，没有威信，就不能役使人；没有威信，就不能使人服从。

古人说：言语忠信，行为笃敬，虽是在少数没有开化的民族中都行得通；话不忠实、不信用，行为不诚实、笃敬，就是在本乡也行不通！这的确是真诚的话。

从前晋文公攻打原地，只带10天的粮草，并与大夫约期10天后到原地。时期到了，晋文公鸣锣退兵，罢休而去，却有来自原地的人说："原地3日就可以攻下吧。"

左右官员也认为对方的粮食力量都快完了，请求等待。晋文公说："我与士人约期10天，不去，就是我失去信用。得原地而失信，我不这样做。"原地的人听说后，就投降了，并说："作为君主像他这样守信用，没有不归顺他的。"

卫国人听说后，都投降了，并说："作为君主像他这样守信用的，有不归顺他的吗？"

孔子听说后，记载下来，说："攻打原地而得到卫国的人，是靠信用。"所以说：在民众中没有信用就不能立身。作为国君，军队、粮食都可以丢弃，唯有信用不能丢。

第三章

会做人

　　"做人"，其实是一种道德修养。平时我们经常听到"做人难,难做人"的感慨，说明做人不是个小问题，而是大问题。事实上，古人的"仁、义、礼、智、信"五常伦理，将其赋予新的内涵，现在依然应该是我们遵行不渝的做人原则。

第一节　老实做人的智慧

巧诈处世不如拙诚做人

有不少人都相信，欺骗、说谎是一种占尽便宜的有利手段，并受此观念的引诱而陷于种种误区之中。岂不知，天下没有一种广告，会比诚实不欺，言行可靠这种美誉更能赢得他人的信任。请看下面这样一段寓言故事。

一个工人把斧头掉进了河里，他坐在河边伤心地哭起来。财神便跳进水中帮他打捞，迅速拿出了一把金斧头，工人却摇头说："这不是我的。"财神又拿出一把银斧头，工人还是摇头。最后，他拿出了一把铁斧头，工人说："这才是我失去的斧头。"财神就把金斧头和银斧头一起送给了他。

一个贪心的家伙听说了这个故事，他故意也把斧头扔进河里。很快，财神拿出一把金斧头来，没等财神问他，他立即说："这就是我丢失的那一把。"财神恨他欺骗人，就和金斧头一起消失了。这个人最终连自己的斧头也找不到了。

《说苑》中说"巧诈不如拙诚"。巧妙的假话一旦流入人的智慧里，是无法战胜天理的。所以胡林翼说："诚信的最好道理，能够挽救人走出欺诈的极端。一个人能欺骗一件事，不能欺骗所有的事；能欺骗一人，不能欺骗所有的人；能欺骗一时，却不能欺骗万代。"说得真是透彻！

还有这样一则寓言：从前有一位贤明而受人爱戴的国王，把国家治理得井井有条。国王年纪逐渐大了，但膝下并无子女。最后他决定，在全国范围内挑选一个孩子收为义子，培养成未来的国王。

国王选子的标准很独特，给孩子们每人发一些花种子，宣布谁如果用这些种子培育出最美丽的花朵，那么谁就成为他的义子。

孩子们领回种子后，开始精心地培育，从早到晚浇水、施肥、松土，谁都希望自己能够成为幸运者。

有个叫雄日的男孩，也整天精心地培育花种。但是，10天过去了，半个月过去了，花盆里的种子连芽都没冒出来，更别说开花了。

国王决定观花的日子到了。无数个穿着漂亮的孩子涌上街头，他们各自捧着开满鲜花的花盆，用期盼的目光看着缓缓巡视的国王。国王环视着争奇斗艳的花朵与漂亮的孩子们，并没有像大家想象中那样高兴。

忽然，国王看见了端着空花盆的雄日。他无精打采地站在那里，国王把他叫到跟前，问他："你为什么端着空花盆呢?"

雄日哽咽着，他把自己如何精心侍弄，但花种怎么也不发芽的经过说了一遍。没想到国王的脸上却露出了最开心的笑容，他把雄日抱了起来，高声说："孩子，我找的就是你!"

"为什么是这样?"大家不解地问国王。

国王说："我发下去的花种全部是煮过的，根本就不可能发芽开花。"

捧着鲜花的孩子们都低下了头——他们全部播下了另外的种子。

世界上假的东西很多，它们在一时间也确实蒙蔽了不少人，但假的终究是假的，经不起真实的考验。对此，我们在为人出世方面应秉持"巧诈不如拙诚"的信条。

不要让怒气冲昏头脑

俗话说："天有不测风云。"生活中每个人都可能遇到许多不尽如人意之处。比如：在外面做生意失败了；回到家中突然遇到父母不幸去世；太太被老板炒了鱿鱼；孩子踢球把邻居家的玻璃打碎了，邻居找上门来；等等。

假使你遇到上述情况，你会有"发疯"的感觉吧。其实生活中有许多人和事，就是因为当事者在突发情况下不理性，而使事情发生恶变，把自己变成了其中的受害者。

曾听说过这样一件事，一位大学生毕业后应聘于一家公司搞产品营销，公司提出试用三个月。三个月过去了，这位大学生没有接到正式聘用的通知。于是，他一怒之下愤然提出辞职。

公司的一位经理请他再考虑一下，他越发火冒三丈，说了很多抱怨的话。于是对方也动了气，明明白白地告诉他，其实公司不但已经决定正式聘用他，还准备提拔他为营销部的副主任。这么一闹，公司无论如何也不能再用他了。这位涉世未深的大学生因自己的不理性而白白地丧失了一个绝好的工作机会。

当一个人冲动时，其全部的注意力都集中在导致他冲动的这一件事情上。对于其他的诸如后果之类的问题，根本就没有时间和空间去考虑。因此有人说"冲动是魔鬼"。无数个令人扼腕叹息的悲剧一再向众人诠释了这句话。包括我们，在自己的经历中也多少有些体会。

心理学家认为，人在受到伤害时，愤怒是正常的反应。而第一个念头便是想攻击伤害自己的人，但在行动前最好先问问自己：这样做能否达到目的？对解决事情有无帮助？

这是一个真实的故事：

在临近高考还有23天的那天早上，在一个时常洋溢着欢乐笑声的班集体里，同学们正在全神贯注地填着志愿表。一切都是那么平静，谁也不敢相信一场流血事件即将发生……

小全，全年级师生公认的一名高才生，拥有无限的前程。但他做事很冲动，只要情绪一来就根本不知道什么是冷静，什么是君子动口不动手。

其实他并不想伤害别人，更不想毁了自己的前途。那是理智与他无缘呢，还是他自己放弃了对理智的索求？事情的起因很简单，一位同学从小全身边走过时，不小心碰了他一下，小全不高兴地说："走路看着点！"那位同学不以为意地说："怕碰就别在这里坐着。"小全的火"腾"地一下蹿了上来，对着那个同学的面门就是一拳……

待他冷静下来后，他才发现不应该发生的一切已成了现实。他把那位同学的双眼给打瞎了，年满18岁的他将要面临严峻的刑事处罚。

冲动，让一个前程似锦的少年走向了囹圄，知道此事的人无不唏嘘。因为冲动而使自己受伤害的例子举不胜举。譬如：自己向来尊敬的人，如果做出令我们伤心的事情，我们很可能立即讽刺回去；受了陌生人的气，恨不得用原子弹炸他；等等。

办公室是最容易滋生怒火的场所，当我们看到能力平平的同事晋升，而自己却备受冷落时，便会怒火中烧；天天为公司卖命，偶尔早点下班，主管就语带讥讽地说："今天才上半天班就自动下班了呀！"便一怒之下跑到老板面前拍桌子，把辞呈往老板面前重重一摔，然后自以为很帅地说："我不干了！"等。这些做法，在当时可能是出了一口气，但最后吃亏的还是我们自己。

现实生活中，人总是很容易产生冲动的。在一种氛围中、在一种情景下，冲动的情绪会急速冲破理性的防线，使人的情绪、思维和行为出现非常规的反应。

专家证实，人在冲动时，大脑就容易短路。人在短路大脑的控制下，要对棘手问题做出及时、正确的反应几乎是不可能的。生活中我们时常听到这样的信息：某人跳楼自杀后，其朋友都说他平时是很平静、很容易沟通的，没听说过他和谁有积怨，甚至都不知道他会有什么想不开的地方；或者某人动刀砍人犯罪之后，说自己之前从未想过要砍人，和被砍的人也只是因为小事而起冲突的。

那为什么这样的信息我们会经常听到呢？简单地说就是因为人在冲动的时候容易做出一些平时连想都不会去想的事情，从而造成对自己或是对他人的伤害。

在生活当中，理性地面对社会百态，才能使我们的生活提高品位。理性处世，是为人的高素质的体现，也是情感睿智的反映。就像韩信肯受胯下之辱，非但不是因为怯懦，恰恰体现了他过人的理性。而刘邦与项羽决战在即，要韩信出兵相助之时，韩信提出要刘邦封他为"假齐王"，刘邦勃然大怒，大骂韩信不该在这个时候要求封为假齐王。

然而经张良提醒，刘邦马上恢复冷静，转而向韩信骂道："大丈夫要当王须当个真王，怎么可以要求封为假齐王？"随后，立即封韩信为齐王，从而使韩信能出奇兵，最终打败了强敌项羽，夺得了天下。如果当时刘邦不能理性地分析局势，那天下最终归谁所有，便不是个定数了。

生气的人是世界上最傻的人。人只要生气了，其所说的话必是傻话，所做的事必是傻事。人只要生气了，对自己好的话偏不说，对自己不好的话却偏要说。人只要生气了，对自己好的事偏不做，对自己坏的事却偏要做。

小事不妨糊涂一下

俗话说：水至清则无鱼，人至察则无徒。乍听起来，似乎太"世故"了，然而，在为人处世时许多事情往往都坏在"认真"二字上。有些人对别人要求得过于严格以至于近于苛刻，他们希望自己所处的社会一尘不染，事事随心，不允许有任何一件鸡毛蒜皮的事不符合自己的设想。

一旦发现某种问题，他们就怒气冲天，大动肝火，怨天尤人，摆出一种势不两立的架势。他们对许多问题的看法往往过于天真，过于理想化，过于清高。总觉得世界之上，众人皆浊，唯己独清，众人皆醉，唯己独醒。用这种天真的眼光去看社会，许多人往往会变得愤世嫉俗，牢骚满腹。

我们说"水至清则无鱼"，主要强调的是在待人或处世时不能太"认真"。该糊涂时就糊涂，只要不是原则问题，糊涂也未尝不可。所谓"水至清则无鱼"谈论的不是一般的清，而是"至清"。

所谓"至清"者，一点杂质都没有，这岂不是异想天开？然而，现实中更多的人往往是大事糊涂，小事反而不糊涂，特别注意小事，斤斤计较。哪怕是芥蒂之疾，蝇屎之污，也偏要用显微镜去观察，用放大尺去丈量。于是，在他们的眼里，社会总是一团漆黑，这实际上是一种病态。

为人处世要"睁一只眼，闭一只眼"，并不是说可以随波逐流，不讲原则，而是说，对于那些无关大局、枝枝蔓蔓的小事，不应当过于认真。而对那些事关重大、原则性的是非问题，切不可也随便套用这一原则。

汉代政治家贾谊说："大人物都不拘细节，才能成就大事业。"这里的"不拘细节"，就包括了该糊涂时别精明的待人处世之道。《菜根谭》上说："人有顽固，要善化为海，如愤而疾之，是以顽济顽。"对于别人顽固的行为，应善加开导，而不是愤而疾之。试想，两块顽石相撞，怎么会撞出友情？

至察其实并不错，错在于至察之后，不懂怎样待人。人们往往能够将别人的缺点看得一清二楚，却常常忽视自己的缺点。看清别人的缺点并不是坏事，若能分别对待，有益无害。"不责人小过，不发人隐私，不念人旧恶。三者可以养德，亦可以远害"。

不责人小过，就是不要责难别人轻微的过错。人不可能无过，不是原则问题不妨大而化之。"攻人之恶毋太严，要思其堪受。"不可太严厉，一定要考虑到对方能否承受。

在现实中，有的人责备别人的过失唯恐不全。抓住别人的缺点，便当把柄。处理起来，不讲方法，只图泄一时之愤。几个人同室而居，其中一个常常不打扫卫生，常常不提水，另一个人就常在别人面前说那人的坏处，牢骚满腹。久之，传入那人的耳朵中，室中的气氛越变越坏，两个开始冷战，一屋子人都不得安宁。

不揭人隐私，就是不要随便揭发个人生活中的隐私。人都有自己不愿为人所知的东西，总爱探求别人的隐私，关心别人的秘密，让人讨厌。这种行为本身就是对别人人格的不尊重，也可能给他人惹来意外的祸灾。

人与人之间，不能太过亲密，亲密易生侮慢之心。对于别人的隐私，他放在心里不愿与你分享，你就该放下好奇心。何况自己一定也有隐私，"己所不欲，勿施于人"。

假如别人告诉你他心之所思，你更该为其保密。他既然这么相信你，那么你一定要学会珍惜这份友情。对于别人的秘密，三缄其口并非难事，就像朋友的东西寄放在你处，你不可以将它视为你的，想用就用。

《菜根谭》中说：地之秽者多生物，水之清者常无鱼。故君子当存含垢纳污之量，不可持好洁独行之操。

一块堆满腐草和粪便的土地，才能长出许多茂盛的植物。一条清澈见底的小河，常常不会有鱼来此繁殖。君子应该有容忍世俗的气度，有宽恕他人的雅量。绝对不可自命清高，不与任何人来往而陷于孤独。

人往往缺乏容忍别人缺点的雅量，其实世间正邪善恶交错，没有什么是绝对的。所以待人处世须有清浊并容的思想，睁一只眼，闭一只眼，一个人若想创造一番事业，必须有恢宏的气度和容人的雅量。

有些人离得越远越好

能够发现别人的才能，并能为我所用的人，就等于找到了成功的支点。聪明的人善于从别人身上汲取智慧的营养补充自己，从别人那里借用智慧，比从别人那里获得金钱更为划算。

读过《圣经》的人都知道，摩西要算是世界上最早的教导者之一了。他懂得一个道理：一个人只要得到其他人的帮助，就可以做成更多的事情。

当摩西带领以色列子孙们前往卜帝许诺给他们的领地时，他的岳父杰塞罗发现摩西的工作实在过度，如果他一直这样下去的话，人们很快就会吃苦头了。

于是杰塞罗想法帮助摩西解决了问题。他告诉摩西将这群人分成几个大组。每组1000人，然后再将每个大组分成10个小组，每组100人，再将100人分成两组，每组各50人。最后，再将50人分成五组，每组各10人。

然后杰塞罗又教导摩西，要他让每一组选出一位首领，而且这位首领必须负责解决本组成员所遇到的任何问题。摩西接受了建议，并吩咐那些负责1000人的首领，分别找到知己胜任的伙伴。

用心去倾听每个人对你的构想计划的看法，是一种美德，它是一种虚怀若谷的表现。他们的意见，你不见得都赞同，但有些看法和心得，一定是你不曾想过、考虑过的。广纳意见，将有助于你迈向成功之路。

但是，如果你万一碰上向你浇冷水的人，就算你不打算与他们再有牵扯，还是不妨想想他们不赞同你的原因是否很有道理，他们是否看见了你看不见的盲点，他们的理由和观点是否与你相左，他们是不是以偏见审视你的构想。问询他们深入一点的问题，请他们解释反对你的原因。请他们给你一点建议，并中肯地接受。

另外还有一种人，他们无论对谁的梦想都会大肆批评，认为天下所有人的智商都不及他们。其实他们根本不了解你想做什么，只是一味认为你的构想一文不值，注定失败，连试都不用试。这种人为了夸大自己的能力，不惜把别人打入地狱。

要是碰上这种人，别再浪费你宝贵的时间和精力苦苦向他们解释你的理想。他们不值你一顾，还是去寻找能够与你一同分享梦想的人吧!

情感是沟通的桥梁

情感，作为人对客观事物的态度，乃是人的需要和客观事物之间关系的反映。人的全部心理活动，都离不开情感的伴随，情感是沟通的桥梁。

人都是有感情的，也许他会拒绝你的钱，不接受你的礼，但他却不能抗拒你对他的好。特别是那些有才能的人往往自傲，对那些小恩小惠是不屑一顾的。

此时，如果你能够巧妙利用感情作杠杆，让他觉得你是真心对他好，你收获的必然是他的忠心相报。信陵君由于卑身虚心待士，真正的贤者都倾心归顺。

在尊士待士中，信陵君卑身虚心待士最脍炙人口的故事，是他和隐士侯嬴的结交。侯嬴是大梁夷门的一个普通看门人，他已七十岁了，是个隐居的贤士，所以很少有人知道。

信陵君听说他是个贤才，便前往拜访他，并送给他厚礼。侯嬴不肯受礼说："我修身洁行数十年了。绝不会因为穷困而受公子之财。"信陵君特意为侯嬴摆了丰盛酒宴，并请了许多宾客作陪。同时，他空着车上左边尊贵的座位，自己亲自赶车前往迎接侯嬴。

令人想不到的是，穿着破衣烂衫的侯嬴上了车，毫不谦让地坐在左边的上座，想以此试试公子的态度。对于侯嬴的"犯上"举动，信陵君不仅脸上没有丝毫表现，反而赶车更恭敬了。

车骑经过一个路口时，侯嬴对公子说："我有一位朋友在前面不远处的市场里，我想顺道去看看他。"

于是，信陵君二话没说，赶着车便进入了闹市。侯嬴下车去会见他的朋友朱亥，故意长时间地跟对方谈话，眼睛却斜看着信陵君的表情，而信陵君却依然和颜悦色地在等着。

这时，魏国的将相宗室宾客已坐满堂，都在等着信陵君来举酒。市人也都观看公子为侯嬴执辔赶车。随从人员都在暗中骂侯嬴不是东西。侯嬴见公子脸色始终不变，才慢腾腾地向朱亥告辞上车。

等到了家里，信陵君态度恭敬地把侯嬴请到上坐，并介绍给宾客，宾客都很惊讶。酒过三巡，公子起身向侯嬴祝寿。

侯嬴对公子说："今天我太烦劳公子了。我不过是夷门的看门老儿，而公子亲自为我赶车迎接，不该停留公子也停留了。可是，我却是想给公子带来一个好名声，所以让公子长时间站在市中。人们都把我当作小人，而认为公子个礼贤下士的明主。"又说，"我所访的朱亥也是个贤者，他隐居于民间，他人不知道"。

侯嬴这样做，不仅是试探公子能否尊士，也是为宣传公子尊士的声誉。而途中访朱亥也使公子能与贤者结交。如果信陵君不具备精深的虚心待士功夫，见侯嬴如此"不识抬举"不杀他就算不错了，哪里还会低声下气地以礼相待呢？当然，真那样的话，也就不可能有后来声名显赫、威震强秦的魏公子。后来，侯嬴与朱亥在公子"窃符救赵"中都为之出了大力。

上官婉儿是李唐五言诗"上官体"的鼻祖上官仪的孙女。上官仪是唐初重臣，曾一度官任宰相。高宗李治懦弱，后期又不满武则天独断专行，便密令上官仪起草废后诏书。不料被武则天发觉，便以"大逆之罪"使上官仪惨死狱中，同时抄家灭籍。

时年一岁的婉儿及其生母充为宫婢，被发配东京洛阳宫廷为奴。婉儿14岁那年，太子李贤与大臣裴炎、骆宾王等策划倒武政变，婉儿为了报仇也积极参与。

但事情败露，太子被废，裴炎被斩，骆宾王死里逃生。上官婉儿本来也将被处死，但结果完全相反，竟被武则天破例收为机要秘书。原因何在？主要是上官婉儿有才，而武则天又尤为爱才。

上官婉儿14岁时曾作了一首《彩书怨》的诗，被武则天无意中发现。武则天不相信这么好的诗竟会出自一位女孩之手，便以室内剪彩花为题，让她即席作出一首五律来，同时要用《彩书怨》同样的韵。婉儿略加凝思，就很快写出：

> 密叶因栽吐，新花逐剪舒。
>
> 攀条虽不愿，摘蕊讵知虚。
>
> 春至由来发，秋还未肯疏。
>
> 借问桃将李，相乱欲何如？

武则天看后，连声称好，并夸她是一位才女。但对"借问桃将李，相乱欲何如？"装作不解，问婉儿是什么意思。婉儿答道："是说假的花，是以假乱真"。"你是不是在有意含沙射影？"武则天突然问道。婉儿十分镇静地回答："天后陛下，我听说诗是没有一定的解释的，要看解释的人的心境如何。陛下如果说我在含沙射影，奴婢也不敢狡辩。"

"答得好！"武则天不但没生气，还微笑着说，"我喜欢你这个倔强的性格。"并将她14岁入宫时制服烈马狮子骢的故事，讲给婉儿听。接着又问婉儿："我杀了你祖父，也杀了你父亲，你对我应有不共戴天之仇吧？"

婉儿依旧平静地说："如果陛下以为是，奴婢也不敢说不是。"武则天又夸她答得好，还表示正期待着这样的回答。接着，赞扬了她祖父上官仪的文采，揭出了上官仪起草废后诏书的罪恶，期望婉儿能够理解她、效忠她！

然而，婉儿不但没有效忠武则天，却出于为家人报仇的目的，参与了政变，成了罪人。这对高宗来说，应是充满同情和设法庇护的。但他惧怕武则天，只能借口有病，"不能多动心思"，而让武则天决定。

这对司法大臣来说，只能提出按律"应处以绞刑"，若念其年幼，也可施以流刑，即发配岭南充军。而武则天则认为：据其罪行，应判绞刑，但念她才十几岁，若再受些教育，是可以变好的。所以，不宜处死。而发配岭南，山高路远，又环境恶劣，对一个少女来说，也等于要了她的命。所以，也太重些。尤其是她很有天资，若用心培养，一定会成为非常出色的人才。

鉴此，武则天决定对婉儿处以黥刑，即在她的额上刺一朵梅花，把朱砂涂进去。并把婉儿留在自己身边，"用我的力量来感化她"。还表示：如果我连一个十几岁的女孩子都不能感化，又怎么能够"以道德化天下"呢？

结果，武则天确实把婉儿感化了。该杀而不杀，反而留在自己身边，这已使婉儿感激涕零。此后，武则天又一直对婉儿悉心指导，从多方面去感化她、培养她、重用她。

婉儿从武则天的言行举止中，了解了她的治国天才、博大胸怀和驭人艺术，对她彻底消除了积怨和误解，代之以敬服、尊重和爱戴，并以其聪明才智，替她分忧解难，为她尽心尽力，成了武则天最得力的心腹人物。甚至婉儿的生母也曾对人私下议论：婉儿的心完全被武后迷住了！

学会多听不同的声音

世界上只有狂妄的人，或者是愚蠢的人，才会认为自己无所不知、无所不能。一个人的能力总是有限的，认识、了解一个事物必须通过各种渠道去收集有关的信息。

听是接受的前提，各种各样的信息都得听，这样才能给我们的赞美对象作出合乎实际的、恰当的评价。"兼听则明，偏听则暗"，是唐朝名臣魏征的名言。本是用来形容封建帝王集思广益，听取各种意见，才能辨别是非曲直，治理好国家。但是，在我们赞美别人的时候，同样应该采取"兼听"的态度，"偏听"是不可能对一个人做出合理的赞美的。

赵括长平之战折损赵兵40万，这个典故几乎是无人不晓。后人多半都将罪责归咎于赵括的纸上谈兵，实际真正的债主应该是赵王，确切地说，应该是赵王的"偏听"导致了悲剧的发生。

别有用心的大臣向赵王推荐赵括，称赞他是将门之后，熟读兵书、精通兵法，定能不负迎击秦兵的重任。随即又是赵括自己一番口若悬河的"纸上谈兵"，使得赵王对这个年轻后生也大为赞赏，听不进"知子莫如父"的赵奢的劝说，最终换下老将廉颇，派赵括带了40万赵兵去跟秦人抗击。

40万赵兵被坑杀，惨绝人寰。如果赵王能够"兼听"的话，把对赵括的各种评价综合起来，做出正确的决断，那么战国争霸，鹿死谁手，还未可知。赵王听信一面之词，轻下决断，最终换来了长平之败。

"兼听"能让我们辨别出一些虚假的赞美。因为赞美能给人带来好处，有许多人便会翻动三寸之舌，千方百计地制造和利用虚假的赞美以达到自己的目的。

如果我们如赵王一样，"偏听"这种赞美，就难以做出正确的判断，造成不必要的损失。虚假的赞美可以使听者受到蒙蔽，无法真正看清被赞扬者的优点和缺点。

比如，某厂正准备任命一个科长。在一次回家的路上，张三在和厂长的闲聊中对李四大加赞美，说他办事如何认真，尊重上司，厂里的许多人都希望他能够当上科长。过了几天，王二又对着厂长如此这般地说了一遍。

这时，你若是厂长，该怎么办呢？因为平时李四在你眼中也表现得非常出色，是个做科长的料。如果这时轻下结论，那你就错了。原来这个李四在厂内表现得如谦谦君子，却常在家里聚众赌博，张三、王二都是他的赌友。

尽管有很多人舌绽莲花，善于言辞，常用精美的包装，掩藏虚假的实质，给听者一种逼真的假象，但只要我们采取"兼听"的态度，便能看清其庐山真面目。

"兼听"除了能让我们揭穿虚假赞美，同时也能让我们识破小人的谗言，给当事者以应得的赞美。据说魏王派乐羊带兵攻打中山国，竟然久攻不下。平时跟乐羊有嫌之人乘机大进谗言，说攻无不克、战无不胜的乐大将军必有异心，因为中山国有他的儿子作人质，他很有可能会率军投降中山国。

一年之后，乐羊灭了中山，班师回朝。论功行赏时，魏王给了乐羊一只精美的大箱子。乐羊还以为是金银珠宝，待回家打开一看，才发现竟是一箱大臣们诋毁攻击他的奏章。

魏王如果"偏听"一班朝臣的谗言，降罪于乐羊，就有可能酿成大错。可贵的是他在听了谗言的同时，也听了为乐羊辩护之言，两相参照，做出明断。那一箱奏章，可以说是他给乐羊的最高奖赏。

第二节　包容退让的智慧

做一个能包容他人的人

包容是为人处世中应该具备的必备个性，它既是一个人素质的反映，也是一个人获得快乐的良方。

就实际来说，生活中遇到不顺心的事是正常的，受到别人的伤害有时也是会有的，但是怎么办呢？是包容忍让，还是以牙还牙呢？对此，我们应该有正确的认识。一般来说，非原则的事情，我们应该以良好的包容之心来对待与感化，而没必要针锋相对、据理力争。因为，包容忍让不仅是一种智慧，更能彰显一个人的气度与风范。

圣人之所以为圣人，一是能对人对物做到无尽的奉献；二是有广博的胸怀，能容天下难容之物和事。

孔子无疑是儒家心目中的大圣人。《论语》中记载了孔圣人有大海般胸怀的种种言行。他说自己"吾少也贱，故多能鄙事"，由于孔子年轻时家庭贫苦，所以各种低贱的事都能干。他说"生而知之者上也"，但说自己"我非生而知之者，好古，敏以求之者也"。他的这种包容万能的好学精神是无所不在的。他说："三人行，必有我师焉，择其善者而从之，择其不善者而改之。"

有一次，楚国大臣叶公问他的学生子路，你的老师到底是怎样的一个人？子路一时难以说清，只好回去请教孔子，孔子便说："汝奚不曰：其为人也，发愤忘食，乐以忘忧，不知老之将至，云尔。"其意是说，你何不说：我的老师热衷于学问，有时连饭都忘了吃；如果对一件事感兴趣，就会不知厌倦，而忘掉了一切烦恼忧愁；并且从来不感到自己渐渐老了。如此等等。

孔子待人，更是具有标准的忠恕精神。他的学生说，老师温和中又有严厉，相貌威严但不猛烈，恭敬又不使人受拘束。他自己的观点是"己所不欲，勿施于人"，可以说从不主观处理任何事情。对于世人梦寐以求的富贵，他却有自己独特的观念："不义而富且贵，于我如浮云。"由此可见，孔子称之为圣人，真是受之无愧。

在为人交往过程中，人与人之间由于认识水平不同，有时造成误解经常会产生矛盾。如果我们能有较大的度量，以谅解的态度去对待别人，这样就会赢得时间，矛盾得到缓和。

相反，如果度量不大，即使丁点大的小事，相互之间也会争争吵吵，斤斤计较，最终伤害了感情，也影响了友谊。

古人常说："将军额上能跑马，宰相肚里可撑船。"佛界也有一名联："大肚能容，容天下难容之事；开口常笑，笑世间可笑之人。"这些名句、名联无非是告诫人们，为人处世要豁达大度。

豁达大度说起来容易，实则做起来很难。它要求人们在社交场上，必须抑制个人的私欲，不为一己之利去争、去斗，也不能为了炫耀自己而贬低他人。

偏见往往会使一方伤害另一方。如果另一方耿耿于怀，那关系就无法融洽。反之，受害的一方具有很大的度量，能从大局出发，这样就会使原先持偏见者，在感情上受到震动，导致他转变偏见，正确待人。

历览古今中外，大凡胸怀大志，目光高远的仁人志士，无不大度为怀；反之，鼠肚鸡肠、竞小争微、片言只语也耿耿于怀的人，没有一个成就了大事业，没有一个是有出息的人。

只要有一种看透一切的胸怀，就能做到豁达大度。把一切都看作"没什么"，才能在慌乱时从容自如；忧愁时增添几许欢乐；艰难时顽强拼搏；得意时言行如常；胜利时不醉不昏，有新的突破。只有如此放得开的人，才能算得上豁达大度的人，才能尽显气度与风范，并更好地赢得他人的尊敬。

学会原谅你的"敌人"

生活中因误解或种种原因，而出现"敌手"的事情是时而有之的。有"敌手"必然会引起心情的不快，并在诸多方面形成障碍。那么，懂得如何化解，便是十分宝贵的。

俗话说：多一个朋友多一条路，多一个敌人多一堵墙。

我们都知道这句话，也明白这个理。但是，一旦知道别人做了对不起自己的事，仍免不了耿耿于怀。看到这个人时，轻则如陌路相逢，视若无睹；重则似仇人相见，分外眼红。有多少人能不计旧怨与仇人把酒结欢呢？

其实，冤冤相报，未必有什么好处：他损害我在先，我怀恨于心在后，于是便费心费神地盯着他，一心想寻个机会，以牙还牙。

但静下心来想一想，报复之后又得到了什么呢？而为一时意气之争，图片刻之快，又会失去多少本该属于自己的快乐和轻松啊！费尽心机去精谋细划，绞尽脑汁来苦苦算计，最终换来的仅仅是别人的敌视与更深的怨恨，实在划不来了。

倘若是国恨家仇，非报不可，那是另说。但在现实生活中，平素与我们结怨的，多半是为利益冲突而起，或是为意气之争。为小利而结仇，可能损大利；为一时意气而结仇，可能惹大祸。都是得不偿失的事。

在不违反做人原则的前提下，以德报怨不失为一种高明的处世之道：即使他与我们曾有过节，我们也应尽力做到不计前嫌；他大红大紫春风满面时，我们不妨去锦上添花；他落拓困窘、山穷水尽时，我们不妨雪中送炭。用我们真挚的热情，融化冰封的情感，脱去彼此面容上冷漠的伪装；用我们的大度与宽容，擦去恩怨的污浊，让纯洁的灵魂更加透明。

这样，我们就无须绞尽脑汁劳心伤神算计别人，也不需紧绷神经，警惕一切动静，防人算计；我们可以不再担心自己得胜之时无人喝彩，也不用害怕陷入危难之际孤立无援，这样处世岂不堂堂正正？这样做人岂不轻轻松松？

林肯当选为美国总统后，他对政敌的态度引起了一位官员的不满。这位官员批评林肯说："你为什么试图跟那些敌人做朋友？你应该想办法去打击他们，去消灭他们才对。"林肯平静而温和地说："难道我不是在消灭我的敌人吗？当他们变成我的朋友时，就没有敌人存在了。"

面对"敌人"，大多数人的看法是毫不留情地把他消灭掉，因为对敌人的仁慈，就是对自己的残忍。这话听起来很有道理。但事实并非绝对如此，正如一位哲人所说的："我们的成功，也是我们的竞争对手造成的。"所以在一定的情况下要像林肯那样，用宽容的眼光去对待"敌人"，用宽容来"消灭"他。

在怎样消灭敌人这件事情上，还有一个人的做法与林肯较为相似，这个人就是拿破仑。拿破仑对面前的任何障碍都狂怒异常，对待任何胆敢抗拒他的意志的人都严厉无情。可当他获胜时，这种态度就全然改变了。他对败军极为仁慈，他真诚地怜悯他们。他经常对手下的人说："一个将领在打了败仗那天是多么可怜！"

以下是一则拿破仑宽容敌人的故事。

有两名英军将领从凡尔登战俘营逃出，来到布伦。因为身无分文，只好在布伦停留了数日。这时布伦港对各种船只看管甚严，他们简直没有乘船逃脱的希望。

对家乡的热爱和对自由的渴望，促使这两名俘虏想了一个大胆而冒险的办法。他们用小块木板制成一只小船，准备用这只随时都可能散架的小船横渡英吉利海峡。这实际上是一次冒死的航行。当他们在海岸上看到一艘英国快艇，便迅速推出小船，竭力追赶。他们离岸没多久，就被法军抓获。

这一消息传遍整个军营，大家都在谈论这两名英国人的非凡勇气。拿破仑获悉后，极感兴趣，命人将这两名英军将领和那只小船一起带到他面前。他对于这么大胆的计划竟用这么脆弱的工具去执行感到非常惊异。

他问道："你们真的想用这个渡海吗?"

"是的，陛下。如果您不信，放我们走，您将看到我们是怎么离开的。"

"我放你们走，你们是勇敢而大胆的人。无论在哪里，我见到有勇气的人就钦佩：但是你们不应用性命去冒险。你们已经获释，而且，我们还要把你们送上英国船。你们回到伦敦，要告诉别人我如何敬重勇敢的人，哪怕他们是我的敌人。"

拿破仑赏给这两个英军将领一些金币，放他们回国了。

许多在场的人都被拿破仑的宽宏大量惊呆了。只有拿破仑知道，他的士兵们将从这番话中受到怎样的鼓舞，他的人民将如何赞扬他的宽容无私。他似乎已经听到了士兵们震天的呼声以及巴黎激动的口号。

哲学家卡莱尔说："伟人往往是从对待别人的失败中显示其伟大的。"用宽容的态度去对待你的"敌人"，这样就会表现你的与众不同之处，也正因为你闪光的人性，使你能得到别人的信任和敌人的佩服。这样你就既赢得了他们的心，也取得了最高层次的胜利。

宽容的人会更快乐

世界上有许多悲剧，许多恐怖，都是因为人与人之间的不能容忍所造成的。然而，忍让和宽容说起来容易，做起来却并非容易的事。当我们受到无辜的伤害时，总是会有一颗报复心的。但是，报复却并不能给我们带来快乐，这一点从印度大文学家泰戈尔的《画家的报复》一文中可以得到答案。

一位画家在集市上卖画，不远处，前呼后拥地走来了一位大臣的孩子。这位大臣在年轻的时候曾经把画家的父亲欺诈得心碎而死。这孩子在画家的作品前流连忘返，并且选中了一幅，画家却匆匆地用一块布把它遮盖住，并声称这幅画不卖。

从此以后，这孩子因为心病而变得憔悴。最后，他父亲出面了，表示愿意付出一笔高价。可是，画家宁愿把这幅画挂在自己画室的墙上，也不愿意出售。他阴沉着脸坐在画前，自言自语地说："这就是我的报复。"

每天早晨，画家都要画一幅他信奉的神像，这是他表示信仰的唯一方式。可是现在，他觉得这些神像与他以前画的神像日渐相异。

这使他苦恼不已，他不停地找原因。然而有一天，他惊恐地丢下手中的画，跳了起来：他刚画好的神像的眼睛，竟然是那大臣的眼睛，而嘴唇也是那么酷似！

他把画撕碎，并且高喊着："我的报复已经回报到我的头上来了！"

这个故事告诉我们，一个人若是存心报复，自己所受的伤害会比对方更大。一个心中充满怨恨的人是永远无法得到快乐的。

其实，在日常生活中，人与人之间的矛盾没有大到"不共戴天"的地步，只是一些细枝末节的不同罢了。

我们每一个人都既是魔鬼又是天使，优点与缺点共存，美丽与丑陋俱在。与人相处时，我们要尽量看好的方面。至于一些不同之处，一些不必要的摩擦，忍一忍也就过去了。

古时候有个叫陈嚣的人，与一个叫纪伯的人做邻居。有一天夜里，纪伯偷偷地把陈嚣家的篱笆拔起来，往后挪了挪。这事被陈嚣发现后，并没有大吵大闹，而是等纪伯走后，又把篱笆往后挪了一丈。

天亮后，纪伯发现自家的地又宽出了许多，知道是陈嚣在让着他。他心中很是惭愧，主动找上陈家，把多侵占的地通通还给了陈家。

学会宽容，学会大度，是我们每个人生活中的一件大事。整天被不满、怨恨心理所控制的人是最痛苦的人。学会了宽容，你会发现，自己的生活中会多出许多快乐。

与人方便才能自己方便

说到底，人与人之间最高的境界应该是相互理解。俗话说："与人方便，自己方便。"无论任何人际交往的技能，都是殊途同归，都是为了获得理解与支持。

理解他人，能化干戈为玉帛，变仇敌为朋友。最终在融融为乐的人际关系中达到成功，利用"不可思议的关怀，和与公司中任何人都相互透彻地理解"来达到事业的顺畅。

从这个意义上来说，理解是赞美的终极，理解是赞美的超级形态。你在给予同事理解时，他们已经感受到了赞美的阳光，用阳光中最虔诚的一个"笑脸"给予你应有的回报。

俗话说："不以善小而不为，不以恶小而为之。"赞美他人也必须遵循同样的道理，即"不以事小而不赞"。因为在现实生活中，不是每一个人都是人杰英雄，更多的是凡夫俗子。即使是伟人、名人，也不一定天天都有惊天动地的举动可供你赞扬。

在赞美他人时一定要慷慨大方，不要等别人干了大事才去赞美他，要善于从小的事情着手去赞美他人。

在现实生活中，只要你是一个有心人，就会发现有许许多多的小事值得我们去赞美。

如果某天早晨，你的丈夫偶然一次早起为你准备好了早餐，你不妨大大赞美他一番，那他今后起床做早餐的频率将会更高。

如果你家的小孩子，有一天非常小心地在家做好了晚饭等你回家，当你回到家中，先不要吃惊孩子脸上的污渍，也不要惋惜已经摔碎的碗碟，先将孩子赞美一番，即使孩子所炒的菜让人难以下咽。因为你的赞美可以让孩子下顿或者是下下顿饭变成美味。

在公司，如果某位职员，记述你口述的信件，速度比你想象的要快，不妨表扬他或她一下，今后他或她的工作就一定会更加卖力。

如某人在平时帮了你一个小忙，你不妨告诉他，你心里对他的感谢。这样，他才会乐意为你做更多的事。

要从一件小事上去赞美他人，你必须注重细节，不要对他人在细节上所花费的时间和心血视而不见，而要特别地对他人的这番煞费苦心表示肯定和感谢。因为对方所做的一些小事，既说明对方对此的偏爱，也说明他渴望得到应有的肯定与赞扬。

法国总统戴高乐在1960年访问美国时，在一次尼克松为他举行的宴会上，尼克松夫人费了很大的心思，布置了一个美丽的鲜花展台，在一张马蹄形的桌子中央，鲜艳夺目的热带鲜花衬托着一个精致的喷泉。

精明的戴高乐将军一眼就看出，这是主人为了欢迎他而精心设计制作的。他不禁脱口赞道："女主人为举行一次正式的宴会，要花很多时间来进行漂亮、雅致的计划与布置。"

　　尼克松夫人听了，十分高兴。事后她说："大多数来访的大人物要么不加注意，要么不屑于向女主人道谢，而他总是想到和讲到别人。"

　　也许在别的大人物看来，尼克松夫人所布置的鲜花展台，只不过是她的分内之事，没什么值得称道的。而戴高乐将军却领悟到了其中的苦心，并因此向尼克松夫人表示了特别的肯定与感谢。从而也使得尼克松夫人异常感动。

　　每天，在我们身边都发生着许许多多的或大或小的事情，并不是每一件小事都值得赞美。从小事上赞美他人的一个重要的要求，就是要善于发现小事所具有的重大意义。要坚信一个道理：不积跬步，无以至千里。不积小流，无以成江海，一件小事往往可以从中发掘出重大的意义来。

　　一日，作家贾平凹和许多文坛知名人士到一个朋友家中去做客，在这个朋友的客厅里，挂了一幅很大的女性裸体画，在座的知名人士个个要么装作没有看见，却又趁人不经意瞟上几眼。

　　这时，有个人忍不住了，指着那画上女子的乳房问那家五岁的小主人说："这是什么？"

　　小孩子一本正经地说："妈妈的奶。"众人一阵哄笑。而贾平凹却深有体会地说，这个小孩子胸怀坦荡，堪称是他的老师。并写了一篇题为《我的老师》的文章予以抒发他的赞赏之意。

　　在这里，我们且不说贾平凹先生是如何谦逊，单说他这双慧眼已足以让我们称道了。在别人看来，这也许只是一件不足挂齿的笑话，而贾平凹却能将成人与小孩进行比较，从而极力赞美了小孩子们纯洁、天真的一面，而抨击了许多成人虚伪肮脏的一面。这和鲁迅发生的《一件小事》有异曲同工之妙。

善于从小事上赞美别人，不仅可以给人意想不到的惊喜，而且可以让你树立一个细心体贴、善解人意的形象。因为在我们的周围有许许多多的人虽然没有做出什么大事，却默默无闻地为家庭、为社会贡献着自己的力量。他们也需要他人的肯定与赞赏。

哪怕她只是一位整日围着灶台打转的家庭主妇，或者是一位已经离开工作岗位的老人，我们都不能忽视他们的存在。面对一位家庭主妇，你可以夸她的厨艺已经和专业厨师相媲美了；面对一位老人，你可以夸奖他为自己家庭付出了很多很多。

退一步海阔天空

法国作家雨果说："世界上最宽阔的是海洋，比海洋宽阔的是天空，比天空宽阔的是胸怀。"以肚量襟怀比喻人的宽容，歌颂人的气度，中外尽然。

宋真宗时，有个以度量闻名的宰相王旦。王旦十分爱清洁。有一次家人烹调的羹汤中有不干净的东西，王旦也没有指责，只吃饭，不喝汤。家人奇怪地问他为什么不喝汤，他说，今天只喜欢吃饭，不想喝汤。还有一次饭里有不干净的东西，王旦也只是放下筷子说，今天不想吃饭，叫家人另外准备稀饭。

如果说忍耐多少掺杂了无可奈何的作料，那么宽容则是发自内心的襟怀坦白。人的成熟，表现在性情上的温厚平和。岁月的烘烤不知不觉地蒸发了心灵中多余的水分，使虚涵的胸怀不至于动辄滥觞，而外面投来的石子也难以激起太大的水花和波纹。宽容别人，也就是宽容自己。不苛求别人，也就是不苛求自己。在这个过于拥挤的地球上，在情感的润滑剂日见减少的情况下，人与人之间的正常联络需要通过宽容的方便之门。

人难免会犯些小错误，或个人能力有限，或因一时粗心，或因现实错综复杂，对你产生误会让你难堪，这些事情在我们的交往中很常见。这时我们不要抓住别人的"小辫子"不放，或者找机会让对方下不了台，恨不得让那人万劫不复。交际中难得的是谅解和宽容，能够原谅别人的过失，理解别人的痛处、难处，宽容几分、忍让几次，那么心胸最狭窄的人也会对你"开阔"的。

宋代的王安石对苏东坡的态度，应当说也是有那么一点"恶"行的。他当宰相"变法"那阵子，因为苏东坡与他政见不同，便借故将苏东坡降职减薪，贬官至黄州，搞得苏好不凄惨。然而，苏东坡胸怀大度，根本没把这事放在心上，更不念旧恶。王安石从宰相的位子上下台后，苏东坡不断写信给隐居金陵的王安石，或共叙友情、互相勉励。或讨论学问，十分投机，两人的关系反倒好了起来。苏东坡由黄州调往汝州时，还特意到南京看望王安石，受到了热情接待，两人结伴同游，促膝谈心。临别时，王安石嘱咐苏东坡：将来告退时，要来金陵买一处田宅，好与他永做睦邻。苏东坡也满怀深情地感慨道："劝我试求三亩田，从公已觉十年迟。"两人一扫往日嫌隙，成了知心朋友。

"生气，是用别人的过错来惩罚自己"。总是"念念不忘"别人的"坏处"，实际上最受其害的是自己的心灵。这样的人，轻则自我折磨，重则失去理智，疯狂报复，往往搞得自己痛苦不堪，这又何必呢？乐于忘记是交际成功者的一个特征。忘记前嫌是一种心理平衡。既往不咎的人，才可甩掉沉重的包袱，坦荡地行事，快乐地生活。

又如华盛顿忍让大度，赢得忠实的追随者，也是一个极好的例子。1754年，华盛顿还是一名血气方刚的上校军官。有一年，弗吉尼亚州的议员选举战正打得硝烟弥漫，华盛顿也很狂热地投入了这场选举，为他所支持的候选人助威。有个名叫威廉·佩恩的人，是华盛顿的坚决反对者，他到处发表演说，批评华盛顿所支持的候选人。为此，华盛顿极为生气。

有一天，两人在一间小餐馆里发生了激烈的争执。威廉·佩恩觉得自己受到了侮辱，不由火冒三丈，抢上前一步，将华盛顿打倒在地。华盛顿忍痛站了起来，却没有反击，命令部下跟他返回营地，一场流血冲突就这样烟消云散。

第二天，华盛顿写了一张便条，派人送给威廉·佩恩，约他到一家酒馆见面，说是要解决昨天两人结下的隔阂。威廉·佩恩看过便条后心想，华盛顿肯定是约他进行决斗。于是在家里找出手枪，做好准备以后，便去酒馆赴约。可他来到后一看华盛顿就傻眼了，华盛顿没有带一兵一卒，也没有佩带手枪，而是西装革履，一副绅士模样的打扮。

见威廉·佩恩进来，华盛顿端着酒杯微笑着站了起来，握住对方的手，很真诚地说："人不是上帝，不可能不犯错误。昨天的事情是我不对，不该说那些话。不过，你的行动已让我的错误遭受了惩罚。如果你认为可以的话，我们把昨天的不愉快通通忘掉，彼此握手，我相信你是不会反对的。"

威廉·佩恩被深深感动了，紧紧握住华盛顿的手，热泪盈眶地说："华盛顿先生，你是一个高尚的人，如果你将来成了伟人，我将会成为你永久的追随者和崇拜者。"就这样，一对完全有可能成为仇敌的人做了朋友。后来，华盛顿果然成为美国人民世代敬仰的伟人。威廉·佩恩没有食言，他始终是华盛顿忠实的追随者和狂热的崇拜者。

华盛顿杯酒言和，真实质就是"以退为进"。表面上是退却了，但他的人格却向前迈进了一大步，凝聚力也必然增强了许多。

忍让是免灾去祸的良方

忍让不仅是人生的美德，也是一种智慧的体现。《尚书》中说："必须有忍，才能成事。"陶觉说："大凡是英雄豪杰，必然有很大的气度。张良圯上进履，韩信市中钻胯，都是一个忍字，不是平常的人能做到的。"

明朝苏州城里有位尤老翁，开了间典当铺。一年的年关前夕，尤翁在里间盘账，忽然听见外面柜台处有争吵声，就赶忙走了出来。原来是一个附近的穷邻居赵老头正在与伙计争吵。尤翁一向谨守"和气生财"的信条，先将伙计训斥一通，然后再好言向赵老头赔不是。

可是赵老头板着的面孔不见一丝和缓之色，靠在一边柜台上一句话也不说。挨了骂的伙计悄声对老板诉苦："老爷，这个赵老头蛮不讲理。他前些日子当了衣服，现在，他说过年要穿，一定要取回去，可是他又不还当衣服的钱。我刚一解释，他就破口大骂，这事不能怪我呀。"

尤翁点点头，打发这个伙计去照料别的生意，自己过去请赵老头到桌边坐下，语气恳切地对他说："老人家，我知道你的来意，过年了，总想有身儿体面点儿的衣服穿。这是小事一桩，大家是抬头不见低头见的熟人，什么事都好商量，何必与伙计一般见识呢?你老就消消气吧。"

尤翁不等赵老头开口辩解，马上吩咐另一个伙计查一下账，从赵老头典当的衣物中找四五件冬衣来。尤翁指着这几件衣服说："这件棉袍是你冬天里不可缺少的衣服，这件罩袍你拜年时用得着，这三件棉衣孩子们也是要穿的。这些你先拿回去吧，其余的衣物不是急用的，可以先放在这里。"赵老头似乎一点儿也不领情，拿起衣服，连个招呼都不打，就急匆匆地走了。尤翁并不在意，仍然含笑拱手将赵老头送出大门。

没想到，当天夜里赵老头竟然死在另一位开店的街坊家中。赵老头的亲属乘机控告那位街坊逼死了赵老头，与他打了好几年官司。最后，那位街坊被拖得精疲力竭，花了一大笔银子才将此事大事化小，小事化了。

事情真相很快透露了，原来赵老头因为负债累累，家产典当一空后走投无路，就预先服了毒，来到尤翁的当铺吵闹寻事，想以死来为亲属敲诈点儿钱财。没想到尤翁一味忍让，他只好赶快撤走，在毒性发作之前又选择了另外一家。事后，有人问尤翁凭什么料到赵老头会有以死来作讹这一手，从而忍耐让步，避开了这一灾祸。

尤翁说："我并没想到赵老头会走到这条绝路上去。我只是根据常理推测，若是有人无理取闹，那他必然会有所倚仗。如果我们在小事情上不忍让，那么很可能就会变成大的灾祸。"

可见，忍让是换来平安的法宝，是免去灾祸的良方。忍让绝不是胆怯、懦弱，而是具有丰富积淀的大智慧。

第三节　笑对人生的智慧

要相信没有过不去的坎

没有过不去的坎，没有解决不了的事情，这样的论断似乎不够科学和理性。但是这未尝不可作为一种人生的信条存在着，你这么去想，然后这么去做，你可能就会将很多以前认为很难办到的事情，做得很圆满、很漂亮。

这是发生在澳大利亚的真实的故事，有一位青年，他家世代以养羊为生。到了他这一代，经过努力，羊群数量逐年递增，已经发展到10万只的规模。

为此，他感到十分自豪，但又有些迷茫。因为尽管他一再努力，羊群的数量却只维持在10万只上下，不再增长，他非常困惑。有一天，他的爷爷来到他放牧的农场，见爷爷来了，他就用手指着漫山遍野的羊群，很有成就感地炫耀。哪知爷爷一脸不屑地说："我也一样。"年轻人大为不解，正要细问缘故，爷爷却一声不响地走了。

夜色降临，四散的羊群逐渐安静下来。近一段时间，年轻人总是每到半夜时分就听到羊群里发出哀号，第二天，他就发现至少有

50只羊被咬死，肚子被撕开，被咬死的羊羔数量更是无以计数。

有一次，一个动物学家经过牧场，年轻人便求教这位专家，才知道事情的真相。原来在澳大利亚境内有一种野狗，是澳洲的头号食肉兽，估计整个澳洲约有100万只，正是这种动物的存在，才使他的羊群数量不再递增。

他忽然想起爷爷说过的"我也一样"，原来，早在爷爷放牧的时代，就存在这种情况，只不过，谁也没有办法解决而已。既然问题已经找到，能不能彻底解决呢？善于思考的年轻人决心在全澳大利亚建一道防护墙。哪知话一出口，就遭到了家人的极力反对，几千公里的围墙，不但耗资巨大，而且极难维护。

但是年轻人一点儿也不退缩。一开始，他一个人在自家的牧场周围用铁丝网筑起了一道防护墙，后来，他就沿着自家牧场往四周扩展，防护墙一点一点延伸着。

他的这种做法感染了周围的其他人。于是，越来越多的人加入了筑墙的行列，以至于政府也开始关心和资助由他发起的这项筑墙运动。一年以后，一道从南澳洲大海湾，经新南威尔士，穿过昆士兰东部，抵达太平洋沿岸的高1.8米、下部由小眼铁丝网、上部由菱形铁丝网、顶部由带刺铁丝构成的世界上最长的防护墙建成了。

由于它的建成，澳大利亚的羊群数量猛增，它像一条河在澳洲大陆上蜿蜒着，保护着越来越多的羊群。许多年以后，这道防护墙已经成为澳洲人为之自豪的一处旅游景点，前来旅游的人们善意地称它为"爱心墙"。

同样的问题，同样的环境，同样的困惑，只因想法变了，一切就都变了。

生活中，之所以有许多问题困扰着我们，是因为我们没有改变原有的想法和思维方式，致使问题一直悬而未决。只要思路是对的，并且下定决心做下去，任何问题都能得到很好的解决。

但是生活中，我们往往在问题面前手足无措。一想到解决方法的烦琐，我们就退而不前了。事情还没等做，我们想到的就是解决的办法行不通。我们总是对一些难题没有信心，宁愿让那问题一直在那儿放着，却期待别人去解决它，然后我们从中受益。如果人人都抱着这个想法，问题将永远都是问题。

其实，任何问题都有它的解决办法，就看你是否愿意去寻找，找到后又是否愿意花费心思去做。要对自己有信心，相信自己有足够的能力去解决问题，如果真能做到这一点，人生就没有什么问题值得我们害怕了。

危机之前学会缓一缓

人生在世，肯定会有一筹莫展的时候。事实上，这种一筹莫展就是因为没有寻找到合理的策略。对于博弈者来说，当面临强势对手的时候，采用缓兵之策不失为一个快速突破困境、改变局面的合理策略。

在三国时期，魏明帝曹睿时，辽东太守公孙渊称雄一方，自立为燕王，改年号绍汉，联络东吴，侵扰北方。边官报知魏主曹睿，曹睿决计派司马懿率马步军4万前去平定辽东。

司马懿统率魏军取得初战胜利后，很快把公孙渊困在襄平城里。这时已是秋季了，秋雨连绵，一月不止，平地水深三尺，魏军的运粮船从辽河口出发可直接开到襄平城下。

由于魏军都泡在雨水之中，行坐不安。左都督裴景见状就向司马懿建议说："雨水不住，整个军营中泥泞不堪，军营应当移到前面的山上。"

司马懿听后怒道："擒获公孙渊只在旦夕，怎么可以移营？如果再有人说移营立斩不赦！"裴景诺诺而退。过了一阵，右都督仇连又来告诉说："军士泡在水中苦不堪言，请太尉移营高处。"

司马懿听罢大怒，厉声说道："我军令已发，你胆敢故意违抗！"即令推出斩首，把首级悬于辕门之外，三军军心为之震慑。

司马懿又令南寨人马暂退20里，纵城内军民出城樵采柴薪，放牧牛马。部将陈群疑惑不解地向司马懿问道："从前太尉您攻打叛将孟达时，兵分八路，八日赶到上庸城下，很快生擒孟达而成大功；今带甲4万，数千里而来，不令攻打城池，却使久居泥泞之中，又纵贼众樵牧，我真不知太尉打的是什么主意？"

司马懿笑着说道："您是不知兵法。从前孟达粮多兵少，我粮少兵多，所以不可不速战；出其不意，突然攻之，方可取胜。今辽兵多，我兵少，贼饥我饱，何必力攻？正当任彼自走，然后乘机击之。我今放开一条路，不绝彼之樵牧，是容彼自走也。"陈群拜服。

后来，公孙渊果然率残兵败将突围，被司马懿生擒了。不难看出，司马懿在速战破孟达和缓战平辽东这两次军事行动中运用两种截然不同的战法。

事实上，对于战争来讲，无论哪种策略，其目的都在于取胜，根据实际情况，不为局部或一时的小利所动。在准备未充分，处于弱者地位之时，为争取更大的胜利，最好的策略就是以缓战计策来牵制对手，以弱制强。一旦时机成熟了，当机立断速战速决。

打圆场的技巧原则

需要打圆场的事总是很多，有时要为自己的过失找圆场，有时要为别人的争执吵闹当"裁判"。如果弄得不好，只会火上浇油，不仅不会息事宁人，还会扩大事态。两个朋友争执，非要你裁决不可，如果逃避，反而会同时得罪两个人。那么在劝架时，怎样做才有效呢？有三条原则：

原则一：不盲目劝架。讲不到点子上，非但无效，还会引起当事人的反感。要从正面、侧面尽可能详尽地把情况摸清，力求把劝架的话讲到当事人的心坎上。

原则二：要分清主次。吵架双方有主次之分，劝架不能平均使用力量，对言语激烈、吵得过分的一方要重点做工作，这样才比较容易平息纠纷。

原则三：要客观公正。劝架要分清是非，不能无原则地"和稀泥"。不分是非各打五十大板，笼统地对双方都作批评，这不能使人心服。

一般来说，不能"和稀泥"。但对无关大是大非的小争执，作为第三者，就应该"和稀泥"。"和稀泥"有三种技巧：

技巧一：支离拆分。如果双方火气正旺，大有剑拔弩张、一触即发之势，这时，第三者即可当机立断，借口有什么急事，如有人找，或有急电，把其中一人调走支开，让他们脱离接触。等他们消了火气，头脑冷静下来了，争端也就趋于平息了。

技巧二："欺骗蒙混"。太真了反而误事，碰到这种情况，第三者就应随机应变，以假掩真，然后顺水推舟，变难堪的场合为活跃、融洽的场面。

技巧三：以情制胜。第三者可以拿双方过去的情分来打动他们，使他们主动"退却"。或者以自己与他们每个人之间的情谊作筹码，说："你们都是我的好朋友，你们闹僵了，让我也很难过，就看在我的面子上，握手言和吧。"一般说来，双方都会领第三者的这个面子的，顺梯就下了。

有时双方处于尴尬的境地时，第三者若是以巧妙的角度为双方打个圆场，可以变凝滞的气氛为轻松活泼。中国的一位老诗人严阵和一位青年女作家访问美国，在一所博物馆广场上散步时，恰巧有两位美国老人在旁休息，看见中国人来，他们很热情地迎上来交谈。

其中一位老人为表达对中国人的感情，热烈地拥抱那位女作家，并亲吻了一下。女作家十分尴尬，不知所措。另一位老人也抱怨那老人说，中国人不习惯这样。那拥抱过女作家的老人，像犯了错误似的呆立一旁。

老诗人赶忙上前微笑着说："呵，尊敬的老先生，你刚才吻的不是这位女士，而是中国，对吧？"那老人马上笑道："对，对！我吻的既是这位女士，也是中国！"尴尬的气氛在笑声中烟消云散了。

为自己打圆场最主要的是不刻意回避掩饰。如果是细枝末节的问题，不妨用转移目标或话题的办法，岔开别人的注意力。如果别人已有所觉察而问题并不严重，就稍作解释。

如果性质较严重而且引起了别人的不快甚至反感，就要立即诚恳地致歉，然后较为郑重地做些解释，当场予以解决。拖得越久，后果越不好。

以德报怨化解人际危机

在现实生活中，与人们相交相处，都要以诚心待人，以善意待人，以和气待人，以礼貌待人。不管对师对友，对上对下，总要以诚实相处。也就是古代的哲人所说的"诚可格天，诚可感人"，以及"给人以诚实，虽疏远也亲密；给人以虚伪，虽亲密也疏远"。

人的品格总是参差不齐的，对待人的方法，也要因人而异。遇到欺诈的人，以诚心感动他；遇到残暴的人，用和气熏陶他；遇到贪得无厌的人，把廉耻送给他；遇到倾邪私曲的人，以仁义气节激励他。这样，天下全在你的陶冶之中了。

对刚毅的人附以柔和，柔和的人振兴他的刚强，懦弱的人激励他坚强，怨恨的人解散他，暴怒的人平静他，恐惧的人安定他，畏惧的人怀柔他，亲近的人正视他，疏远的人亲近他，危险的人解救他，困难的人扶植他，钻营奔竞的人遣散他，恬淡无为的人督促他，有道德的人确立他，有欲望的人遏制他，在贫贱中的人提拔他，在患难中的人周济他，这样没有人不服从的。

"以德报怨"是人们的口头禅。人如果以怨报怨，就会冤冤相报，永无了期。陶觉说：凡是待人接物，必须是自己做主，千万不可因人起见。如果他人薄待我，我也薄待他；他人怠慢我，我也怠慢他；甚至他人诽谤我，我也诽谤他，这就是与他一般见识了。最好是他薄我就厚，他傲慢我就恭敬，他诽谤我就称誉。这样才能扭转人，而不被人扭转。

《宋史》中记载：王旦经常荐举寇准，而寇准数次说王旦的错处，皇帝告诉了他，王旦反而称赞寇准是忠臣。几次以后，寇准也自叹不如了。这就是以德报怨的实例。

圣人对待人，经常能在有罪中求出无罪，在有过中寻出无过，在不可宽恕中寻出宽恕，在不可原谅中寻出原谅。恪尽他的忠诚，容纳他的婉曲，小错予以包涵，并使他受感化而无怨恨，使他改过而从善，这就是敦厚之心，盛德之事。所以清代的李西沤说：攻击人的过错不要过于严厉，要考虑到他能否接受；教育人从善不能要求过高，要使他能做到。称赞人的善，应当根据他的事迹，不应该苛求他的心；攻击人的过失，应当原谅他的心，不应当拘泥于他的劣迹。

这都是留有余地的方法。关于对待人的方法，有人认为"对待君子容易，对待小人困难，对待有才能的小人更难，对待有功劳的小人就相当难"，这就只好以宽大浑厚来处置了。对待君子要这样，对待小人更加如此。无论对待任何人，总要为他留有余地，使他存有顾惜。佛家说："放下屠刀，立地成佛"，有的人也会早晨做小人，晚上转念成为君子了。

明代著名思想家和政治家吕坤曾经说："人到了无所顾忌时，君父之尊，不能使他严肃；惨烈的酷刑，不能使他害怕；千言万语，不能使他明白。到了这个地步，就是圣人也无可奈何了。圣人知道他是这样的，每次就会保留他的面子，体恤他的私情，而不致使他无所顾忌。"

巧妙迂回解脱眼前困境

领导与下属，一般就是命令与服从的关系。但如果是自己能力所不能达到的，有损自己利益的，或是领导没有发现危害性的要求，做下属的就要勇于说"不"。如果碰到的是一个通情达理的上司，说"不"比一味顺从、恭维奉承更能赢得上司的尊重、好感和信任。

上司拒绝下属容易，下属拒绝上司就很难。因为拒绝有可能使上司感到自己的地位受到挑战，威严受到质疑。当上司提出要求，而我们又没有直接拒绝理由的话，我们可以委婉地陈述一些原因，否定支持他要求成立的依据，明理的上司自然会放弃自己的要求。

某公司的经理召开了一个确定新商标的讨论会，这个新商标由经理一手策划。本已经决定了，现在开个会，只是走一下形式，以示民主。

"先生们，今天就新商标的事向大家征询意见，请大家踊跃发言。我这里选了一个，大家面前的就是。"经理说着从桌子上抓起一张纸扬了扬，说："这个旭日商标，大家应该没有什么异议吧？迈克尔先生，你认为如何？"

"很好！"营业部主任迈克尔笑着答道。经理接着又问了其他几个部的主任，大家都表示赞同。

"经理先生，我想谈一点自己的看法。"有一个年轻人站了起来说。他是出口部的职员，叫史密斯，因出口部经理正在国外谈生意便由他替上。

"这个商标很不错，充分重视了我们的贸易伙伴日本，但是却忽视了亚洲最大的我们正努力开拓的中国市场。由于中日特殊的历史关系，中国人怎么能够容忍一个像日本国徽似的商标在国内出现呢？所以，这个商标考虑得不太周到。你认为呢，经理先生？"

经理愣了一下，沉思片刻以后，微笑着说："这个商标有欠妥的地方，商标得重新设计，就交给你们出口部负责吧，你们比较了解国际市场。"

在这一次说"不"中，史密斯利用了迂回战术，欲擒故纵。先称赞商标做得好，下了经理心理戒备的武装，接着巧妙地摆出确凿的事实，权衡这个商标的利弊，不动声色地否定了它。这样，既充分维护了经理的自尊心，又从大局出发，指出该商标的害处，使经理心甘情愿地接受手下的意见，放弃自己的观点。

丰臣秀吉，是日本幕府时代权倾朝野的摄政大臣。一人之下，万人之上，没有人敢对他说个"不"字。有一次，丰臣秀吉突然命令下属准备一下，次日随他上山采蘑菇。这可让他的一帮部下急坏了。如今已过了采蘑菇的时节，山上的蘑菇早没了。如果采不到，老虎一发威，可不是闹着玩的。

下属们绞尽脑汁，终于想出了一条计策。他们到附近村落里紧急收购了一批蘑菇，并把它插到了丰臣秀吉要来的地方。第二天一大早，丰臣秀吉便带着下属们来采蘑菇了。"啊呀！这蘑菇真好，没想到现在还有这么好的蘑菇！"丰臣秀吉赞叹道。

"其实这蘑菇是他们怕大王您采不到而降罪，昨晚连夜插上去的。"其中一个下属乘机"告密"。

丰臣秀吉点了点头，叹了一口气说："农民出身的我，怎么会看不出其中的蹊跷。大家为了我而辛苦了一夜，这份苦心，我又怎么会怪罪呢？为了感谢大家，这些蘑菇就分给你们去品尝吧！"

面对这个没人敢说"不"字的人物，聪明的下属们巧用心机，让他自动放弃了不切实际的需要。属下的行为，使丰臣秀吉明白了属下的一片苦心。这份苦心又是对丰臣秀吉无声的赞美，赞美他拥有的权力和地位。他有支配下属生死的地位，他们不择手段地来满足自己的愿意。想到这些，丰臣秀吉自然会产生心理上的满足感。那些下属拒绝的行为，也达到了赞美的效果。

当你的上司向你提出了你不可能做到的要求，只要你做出竭尽全力为他的要求忙碌的样子，领导一般都会发现自己的要求过分了，而主动放弃他的要求。虽然你拒绝了上司的要求，但同样会博得他的好感。